2 Auswertung der Karte 5
a) Arbeiten Sie die Grundzüge der sozialräumlichen Gliederung von Köln heraus.
b) Nennen Sie mögliche Probleme, die sich aus dieser Situation ergeben.

Basisaufgaben über alle drei Anforderungsbereiche hinweg, mit denen Sie Neues lernen

4 Stellen Sie – auch auf der Grundlage einer Behördenbefragung in Ihrer Heimatgemeinde – konkrete Maßnahmen dar, um „Orte der Integration" zu schaffen.

Zusatzaufgaben, die vor allem der Anwendung und Vertiefung des Erlernten dienen, sowie zusätzliche Aspekte erschließen

Kompetenzen erwerben
- Einstellungen gegenüber Migranten diskutieren;
- Ansätze zur Lösung von Integrationsproblemen darstellen;
- am Beispiel der „Banlieues" in Frankreich Ursachen und Folgen misslungener Integration erklären.

Die jeweils erste Seite eines Teilkapitels zeigt Ihnen, welche **Kompetenzen** Sie hier erwerben.

Die Arbeitsaufträge helfen Ihnen bei der Erschließung der Inhalte und Materialien des Buches und somit beim Erwerb Ihrer Kompetenzen. Im hinteren Buchumschlag finden Sie Erläuterungen zu den Operatoren.

Räumliche Orientierung

1 Nennen Sie die aktuellen Mitgliedstaaten der EFTA.

2 Lokalisieren Sie in einer Europakarte (abrufbar unter dem Online-Code aw7n2n) die Baltischen Staaten sowie vier mittelosteuropäische Transformationsländer.

Fachwissen

1 Charakterisieren Sie die europäischen Raumstrukturmodelle „Blaue Banane" und „Kreuzbanane" (Karte 6 auf S. 67).

2 Erläutern Sie die Gründe für die Krise altindustrieller Räume.

3 Stellen Sie wichtige Maßnahmen zur Zukunftssicherung der Uckermark dar.

4 Erläutern Sie Deutschlands Stellung im EU-Binnenhandel.

Methoden

1 Altindustrielle Region Nord-Pas-de-Calais
Arbeiten Sie mit der Karte 2:
a) Beschreiben Sie die wirtschaftliche Struktur der Region.
b) Erläutern Sie, wie dieser altindustrielle Raum seine strukturellen Probleme zu lösen sucht.
c) Beurteilen Sie die erkennbaren Maßnahmen zur Krisenbewältigung.

Kommunikation

1 Erarbeiten Sie mithilfe einer Internetrecherche eine Präsentation zu einer der in Text 3 genannten Krisensituationen.

2 Diskutieren Sie mit den anderen Kursteilnehmern die im Text 3 aufgestellten Thesen.

Beurteilen und bewerten

1 „Auf kaum eine andere Landschaft Europas trifft die Kennzeichnung als ‚Ein Natur- und Lebensraum in Gefahr' so zu wie auf die Alpen."
Nehmen Sie Stellung zu dieser Aussage.

2 Der Hafen von Piräus soll von einem privaten Investor übernommen werden. Erörtern Sie Vor- und Nachteile.

Aufgaben als Anregungen zur Selbstüberprüfung Ihres Arbeitsstandes.

Klausurtraining (grün)

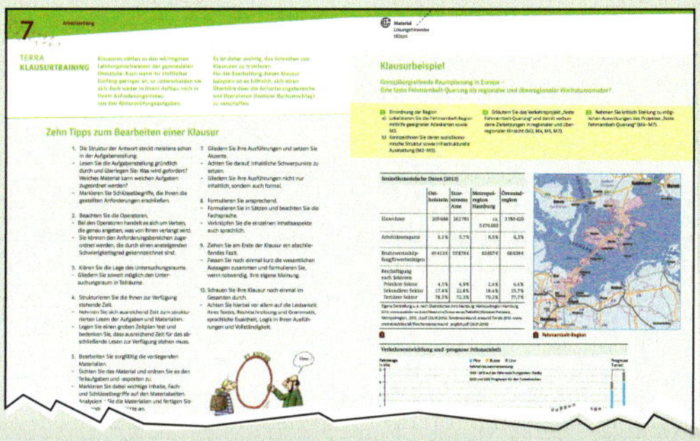

Mit dem **Klausurtraining** können Sie sich auf die Klausuren in der Oberstufe vorbereiten.

ihre eigenen Gebräuche und Wertvorstellungen mit. Ihre **Integration**, d.h. die Eingliederung in die Gesellschaft der Aufnahmeländer führt bei ihnen

Fette Begriffe im Text werden auf den TERRA **Kompetenz**-Seiten gelistet und sind im Glossar im Arbeitsanhang definiert.

←
Klimadiagramm Bergen
Seite 47

Mit dem **Verweispfeil** in der Randspalte wird auf andere Seiten im Buch verwiesen.

Material
Gastarbeiterwanderungen
n4p9jh

Material
Lösungshinweise
46sx3n

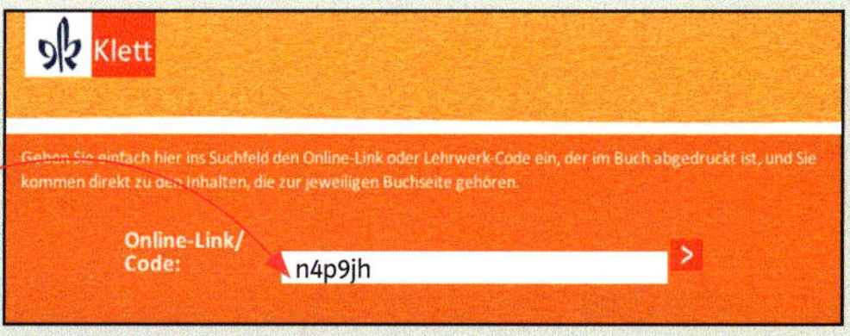

Arbeitshilfen, weitere Materialien sowie Links zu den Themen dieses Buches finden Sie im Internet mithilfe von **Online-Codes**.
Die Online-Codes, z. B. 2d86uw, stehen immer oben auf der rechten Buchseite.
Öffnen Sie die Internetseite **www.klett.de/online** und geben den Online-Code im Suchfenster ein. So gelangen Sie zum jeweiligen Material.

Umschlagbild: Brücke über den Öresund: Verbindung zwischen Dänemark und Schweden – Blick von der dänischen Seite
© Picture-Alliance, Jens Noergaard Larsen/Scanpix

1. Auflage 1 5 4 3 2 1 | 20 19 18 17 16

Autoren: Pasquale Boeti, Pulheim; Dr. Wilfried Korby, Korb; Arno Kreus, Aachen
Redaktion: Wiebke Hebold, Klaus-Peter Herr
Herstellung: Birgit Jäkel

Gestaltung: Nathanaël Gourdin & Katy Müller GbR, Leipzig
Umschlaggestaltung: Nathanaël Gourdin & Katy Müller GbR, Leipzig
Illustrationen: Steffen Butz, Karlsruhe; Bettina Eckenfelder, Hörselberg-Hainich; Rudolf Hungreder, Leinfelden-Echterdingen; Diana Jäckel, Erfurt; Wolfgang Schaar, Grafing;
Karten: Artalis, Mühlhausen/Felchta (Jacqueline Böttcher); Klett-Perthes, Gotha (Thomas Hönicke, Peer Janson, Dr. Henry Waldenburger)
Satz: Schaltwarte Medienbüro, Kilian Plath, Leipzig
Reproduktion: Druckmedienzentrum Gotha GmbH, Gotha
Druck: Firmengruppe APPL, aprinta druck, Wemding

Printed in Germany
ISBN 978-3-12-104703-1

9 783121 047031

Pasquale Boeti, Dr. Wilfried Korby, Arno Kreus

TERRA

Europa

Ernst Klett Verlag
Stuttgart · Leipzig

INHALT

1

Europa – zwischen Integration und Zerfall? 6

1.1 „Weniger“ oder „mehr“ Europa? 8
1.2 Europäische Identität – Vision oder Realität? 10
Einstellungen der Bürger 12
Methode: Ein Interview führen 14
1.3 Das „europäische Haus“ – vom Atlantik bis zum Ural? 16
Ukraine – „jedes Recht, an die Tür der EU zu klopfen“? 17
Wissen vernetzen/Kompetenzen überprüfen 18

2

Europa – Migration und Bevölkerung 20

2.1 Vom Auswanderungskontinent zur Festung Europa 22
Emigration im 19. und 20. Jahrhundert 22
Wanderungsziel Europa 24
2.2 Binnenmigration in Europa – Freizügigkeit in der EU 26
Europäische Binnenmigration 26
Europa ohne Grenzen? 27
2.3 Zuwanderung als Problem und Chance 28
2.4 Bevölkerungsstrukturen 30
Demografischer Wandel 30
Bevölkerungsentwicklung und ihre Folgen 31
Bevölkerungsverteilung 32
Wissen vernetzen/Kompetenzen überprüfen 34

3

Natürliche Grundlagen: Nutzung und Gefährdung 36

3.1 Naturräumliche Gliederung Europas 38
3.2 Geologische Strukturen – eine Grundlage der Wirtschaft 40
Geologisches Puzzle mit Risiken 40
Schiefergas – ein neuer Energieboom! 42
Geothermie – Energie aus der Tiefe 44
3.3 Europas Klima 46
Klimavielfalt 46
Klimaänderungen 48
Klimaschutz – eine europäische Herausforderung 50
3.4 Europas Landschaften im Spannungsfeld zwischen Nutzung und Bewahrung 52
Mar del Plástico – Landschaftsveränderungen in Andalusien 54
Umgestaltung einer mitteleuropäischen Flusslandschaft – der Rhein 56
Wissen vernetzen/Kompetenzen überprüfen 60

4

Wirtschaftsraum Europa – Erfolgsgeschichte mit Schattenseiten 62

4.1 Vielfalt der europäischen Raumstruktur 64
Europa – wirtschaftsräumliche Vielfalt 64
Europa – Strukturmodelle 67
Methode: Thematische Karten auswerten 68
4.2 Wirtschaftsräume in Europa – zwischen Krise und Wachstum 70
Altindustrielle Räume im Wandel 70
Stagnationsräume zwischen Vergangenheit und Zukunft 76
Wachstumsräume als Motoren Europas und globale Impulsgeber 82
Tourismusräume zwischen Boom und Gefährdung 86
Agrarräume im Spannungsfeld von Natur und Markt 92

Farblegende:

TERRA **METHODE**
TERRA **KOMPETENZ**

4.3 **Ausgewählte Dienstleistungsstrukturen** **98**
Intraregionaler Handel –
Europäische Union und Deutschland 98
Verkehrskonzepte – Zukunftssicherung für
Europas Passagier- und Warenströme 100
Infrastruktur für den internationalen Handel –
europäische Häfen 104
Wissen vernetzen/Kompetenzen überprüfen 108

5

Zusammenarbeit in der Europäischen Union 110

5.1 **Der europäische Integrationsprozess: Chancen und Probleme** **112**
Stationen der Integration 112
Bereiche der Integration 114
5.2 **Bedeutung der Landwirtschaft und des EU-Agrarmarktes** **118**
Die Gemeinsame Agrarpolitik (GAP) 118
Neuausrichtung der GAP 120
5.3 **EU-Osterweiterung und Transformationsprozesse** **122**
Fallbeispiel Ungarn: EU-Mitglied 2004 –
ohne Beitritt zur Eurozone 124
Fallbeispiel Lettland:
EU-Mitglied 2004 –
Beitritt zur Eurozone 2014 126
5.4 **Regional- und Strukturpolitik in der EU** **128**
Messung regionaler Disparitäten in der EU 129
Kohäsionspolitik: Förderung der Solidarität 130
Grenzüberschreitende Zusammenarbeit:
Das Euregio-Konzept 136
Methode: Szenariotechnik 138
Wissen vernetzen/Kompetenzen überprüfen 140

6

Globale Wirtschaftsverflechtungen der EU und Deutschlands 142

6.1 **Die Europäische Union als Teil der Triade** **144**
Welthandel –
die Rolle der EU und Deutschlands 145
Deutschland in Europa –
von der lahmen Ente zum Zugpferd 148
6.2 **Regionale Bündnisse in globaler Konkurrenz** **150**
Regionalisierung vs. Globalisierung? 150
Neue Wirtschaftsbündnisse und die EU –
Kooperation oder Konkurrenz? 152
6.3 **Wirtschaftliche Zusammenarbeit als globale Zukunftssicherung?** **156**
TTIP – zukunftsweisender Baustein
für eine globale Ökonomie? 156
Wirtschaftssanktionen –
sinnvoll oder zerstörerisch? 160
Wissen vernetzen/Kompetenzen überprüfen 162

7

Arbeitsanhang 164

7.1 Klausurtraining 166
7.2 **Literatur für die Schülerhand** **170**
7.3 **Glossar** **172**
7.4 **Sachregister** **178**
7.5 **Strukturdaten Europa** **180**
7.6 **Bildquellennachweis** **181**
Physische Karte Europa **182**
Anforderungsbereiche und Operatoren **184**

1 Europa – zwischen Integration und Zerfall?

„Wir leben heute miteinander, wie es nie zuvor möglich war. Wir Bürgerinnen und Bürger der Europäischen Union sind zu unserem Glück vereint." So euphorisch feierten die Staats- und Regierungschefs der EU in der „Berliner Erklärung" 2007 den 50. Jahrestag der Römischen Verträge. Diese hatten einen Integrationsprozess eingeleitet, bei dem sich bis heute 28 der insgesamt 46 europäischen Staaten in einer Union zusammengefunden haben. Der dabei entstandene Binnenmarkt stellt den größten einheitlichen Wirtschaftsraum der Welt dar. Die politischen Entscheidungen und wirtschaftlichen Prozesse innerhalb dieses integrierten Wirtschaftsraumes wirken sich auch auf die Nichtmitglieder der EU aus. Die Bürgerinnen und Bürger dieser Union genießen einen Lebensstandard, von dem vor 60 Jahren niemand zu träumen wagte. Ohne Beschränkungen können sie in allen Staaten der EU studieren, arbeiten oder ihren Urlaub verbringen. Für die meisten ist das friedliche Zusammenleben in Freiheit und Wohlstand zu einer Selbstverständlichkeit geworden.

1 Jubelfeiern in Kroatien beim Beitritt zur Europäischen Union 2013

Doch die Strahlkraft der Integrationsidee scheint zu schwinden. Die Schulden- und Finanzkrise, aber auch der unkoordinierte Umgang mit der Flüchtlingsproblematik beschädigt das Ansehen der EU. „Rettungspläne“ mit langfristigen, aus Steuermitteln zu finanzierenden Verpflichtungen beunruhigen die Bürgerinnen und Bürger. Sparbeschlüsse und wirtschaftliche Reformmaßnahmen führen in einigen Ländern zu Kürzungen der Renten- und Sozialleistungen und lassen dort auch die Arbeitslosigkeit drastisch ansteigen. Betroffen sind vor allem Jugendliche. Sie nehmen in ihrer momentanen Situation den europäischen Integrationsprozess oft nicht mehr als die Erfolgsstory wahr. Skeptiker, die in der „Brüsseler Bürokratie“ schon immer den Hauptschuldigen aller Fehlentwicklungen gesehen haben, aber auch scharfe Kritiker formieren sich zu anti-europäischen Bewegungen. Knapp 60 Jahre nach ihrem Beginn scheint die europäische Integration an einem Scheideweg zu stehen. Wir müssen nicht nur fragen: „Was wird aus dem Euro?“, sondern auch: „Was wird aus der EU?“.

2 Demonstration gegen Missstände in der EU

1.1 „Weniger" oder „mehr" Europa?

Kompetenzen erwerben

- Positionen der „Europaskeptiker" charakterisieren;
- Ergebnis der Europawahl 2014 im Hinblick auf die Bedeutung der „Europaskeptiker" analysieren;
- Argumente eines Europa-Befürworters beurteilen.

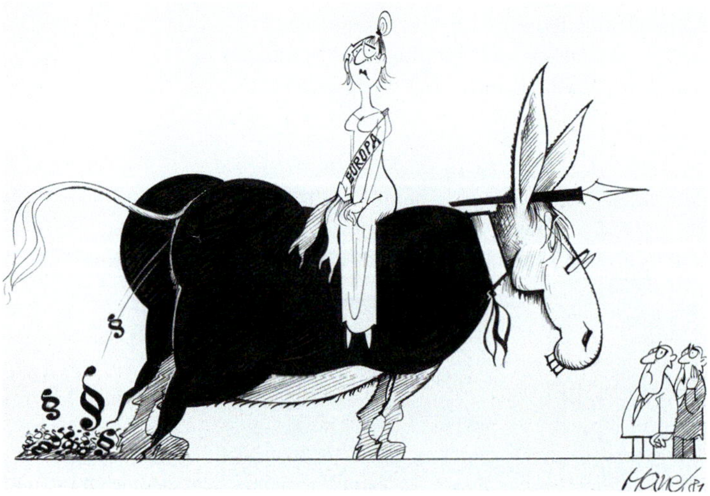

1 „Eurokratie"

„Wider die Regelungswut der Eurokraten!" – „Europa ja – EU nein!" – „Wir helfen zuerst unserem eigenen Land!" – „We will not be a colony!" – „Sollen wir Mitglied sein oder frei?" – In diesen Wahlkampfparolen spiegelt sich das ganze Spektrum der eurokritischen und anti-europäischen Bewegungen. In vielen Ländern gärt es, auch in Deutschland ist zurzeit von Begeisterung für die **Europäische Union (EU)** wenig zu spüren. Und das schon deshalb, weil die Bürgerinnen und Bürger mit ansehen müssen, dass sich in einigen Staaten scheinbar sogar die Regierungen von europäischen Ideen und Werten verabschieden. So verfolgt zum Beispiel die britische Regierung einen sehr eurokritischen Kurs. In Ungarn schränkt die – von der nationalpopulistischen Fidesz-Partei getragene – Regierung unter Viktor Orban die Befugnisse der Justiz und die Meinungsfreiheit ein. Proteste durch das **Europäische Parlament**, die **EU-Kommission**, ja sogar durch die UNO-Menschenrechtskommission blieben bisher erfolglos. Ähnliche Entwicklungen wie in Ungarn sind in Polen zu beobachten. Ist „Europa … ein Sanierungsfall", wie es der EU-Kommissar Günther Öttinger ausgedrückt hat?

Euroskepsis und Rechtspopulismus

„Im Unterschied zu rechtsextremen Positionen lehnen Rechtspopulisten den europäischen Einigungsprozess … nicht ab. Vorrangig kritisieren sie das ‚Wie', nicht das ‚Ob' …

Generell umfasst die euroskeptische Agenda von Europas Populisten drei Komplexe:

Bereich Euro und Eurozone

(1) Infragestellen des Solidaritätsprinzips bei den Geberländern;

(2) Kritik an der Fiskal- und Austeritäts[Spar]politik; Schüren der Angst vor Fremdbestimmung (innerhalb der Südländer);

(3) … Überlegungen, die EU oder zumindest die Eurozone zu verlassen; Ablehnung der Währung ‚Euro';

EU-Strukturen generell

(4) [für] ein Modell des Europas der Nationen oder Vaterländer; Ablehnung eines regulativen Superstaates …; mitunter [jedoch] auch Forderung nach einem starken Europa nach außen;

(5) Wendung gegen die ‚Mehr-Europa'-Rhetorik …;

(7) Anklage in Richtung der EU, zu zentralistisch, bürokratisch, kostspielig, technokratisch oder ineffizient zu sein …;

(8) Vorwurf des in der Tat vorhandenen demokratischen Defizits (Frage der Verantwortlichkeiten politischer Entscheidungen);

Nationale, kulturelle und regionale Identität

(10) Erhalt des traditionsreichen Nationalstaats;

(11) Verantwortung der EU für Massenimmigration und etwa Schleuserkriminalität (durch die Grenzöffnung via Schengen);

(12) [Vorwurf des] Multikulturalismus … als fester Bestandteil der EU-Ideologie;

(13) [Gefährdung] der regionalen Identität durch Brüsseler Zentralismus …"

Nach Florian Hartleb: Rechtspopulismus und Euroskepsis. In: Deutschland & Europa, H. 66, Stuttgart: Landeszentrale für politische Bildung Baden-Württemberg 2013, S. 66–68, leicht verändert

2

Sitzverteilung im Europäischen Parlament nach Fraktionen 2009 und 2014 und Anteil der deutschen Mitglieder (Tabelle)

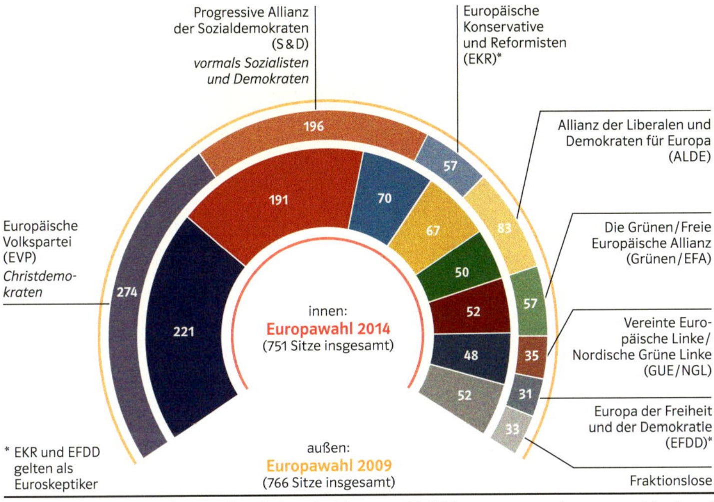

Fraktion	Davon deutsche Mitglieder
EVP	29 (CDU), 27 (CSU)
S & D	27 (SPD)
EKR	7 (AfD)
ALDE	3 (FDP)
Grünen/EFA	11 (Die Grünen)
GUE/NGL	7 (Die Linke)
Fraktionslose	7 (fraktionslos)

Nach Europäisches Parlament: Ergebnisse der Europawahl 2014: www.europarl.europa.eu/elections2014-results/de/election-results-2014.html (21.10.2015)

3

Martin Schulz: „Europas letzte Chance“

„Ich … will, dass wir die EU besser machen. Warum sollten wir das weit verbreitete Unbehagen über dieses Europa nicht aufnehmen und konstruktiv nützen können? …

Aus meiner Sicht brauchen wir mehr Europa vor allem bei Handels- und Währungsfragen, bei der Wirtschafts- und Finanzpolitik und bei der Umwelt- und Migrationspolitik. Wir werden uns auch Gedanken machen müssen, wie wir die außer Rand und Band geratenen Finanzmärkte wieder bändigen und unsere sozialen Sicherungssysteme im 21. Jahrhundert bewahren können. In keinem dieser Felder kann ein einzelner europäischer Staat allein noch effektiv etwas erreichen. Auch in der Außenpolitik brauchen wir Europa, wenn unsere Vorstellungen von einer gerechten und friedlichen Welt in der globalen Diskussion gehört werden sollen …

Um all das Genannte zu tun, werden wir die Struktur der EU deutlich effizienter machen müssen. Die Politik muss wieder in die Lage versetzt werden, gegenüber multinationalen Konzernen und Fonds, die Milliardenbeträge zur Verfügung haben, ihren Primat durchzusetzen und zu behaupten. Das können wir nur, wenn die einzelnen EU-Mitgliedsländer sich nicht mehr so einfach wie bisher von anderen Staaten oder großen ökonomischen Playern gegeneinander ausspielen lassen. Dafür müssen die EU-Gemeinschaftsinstitutionen gestärkt werden, also das Europäische Parlament, die Kommission und der Ministerrat …

Wenn wir diese Reformen anpacken, werden wir dies über einen neuen europäischen Vertrag regeln müssen. … Der neue Vertrag muss von einem Konvent ausgearbeitet werden, in dem die europäischen Institutionen, nationale Parlamentarier, Regierungen und Nichtregierungsorganisationen eingebunden sind. Diejenigen Länder, die den Vertrag nicht ratifizieren, sollten dann automatisch aus der EU ausscheiden …“

Nach Martin Schulz: Der gefesselte Riese. Europas letzte Chance. Berlin: Rowohlt 2013, S. 249–260

4

1 Interpretieren Sie die Karikatur 1.

2 Analysieren Sie die Ergebnisse der Europawahlen 2009 und 2014 (Grafik 3) im Hinblick auf die Bedeutung der Euroskeptiker.

3 Nehmen Sie Stellung zur Position des EU-Parlamentspräsidenten Martin Schulz.

4 „Weniger“ oder „mehr“ Europa? Diskutieren Sie diese Frage in Ihrem Kurs.

1.2 Europäische Identität – Vision oder Realität?

Kompetenzen erwerben

- Wurzeln europäischer Identität charakterisieren;
- die Bedeutung ausgewählter Ideen und geistiger Strömungen für die europäische Identität erörtern;
- Umfrageergebnisse (Eurobarometer) zur Einstellung der Bürger interpretieren und bewerten.

Bei einem Kontinent mit so großer kultureller, geistiger, sprachlicher und politischer Vielfalt von „europäischer Identität" zu sprechen, erscheint auf den ersten Blick fragwürdig. Haben nicht jahrhundertelange nationalstaatliche Entwicklungen, Machtstreben, ideologische Auseinandersetzungen und Kriege gezeigt, dass letztendlich das Trennende, die spezifischen Traditionen, Eigenheiten und Eitelkeiten überwiegen?

Ein Blick zurück zeigt aber auch, dass es in der Geschichte der europäischen Staaten viele Gemeinsamkeiten gibt. Über zweieinhalb Jahrtausende hinweg sind in den einzelnen Epochen verbindende Ideen entwickelt worden und gemeinsame geistige Strömungen entstanden, die als Wurzeln einer europäischen Identität gelten können. Verbunden waren diese Ideen mit herausragenden Persönlichkeiten der Politik, Religion oder Philosophie.

1 Arbeiten Sie aus der Abbildung 1 Grundaussagen heraus.

2 Diskutieren Sie in Ihrem Kurs, inwieweit die in Text 2 vorgestellten Ideen Ihrer Ansicht nach tatsächlich als „Wurzeln einer europäischen Identität" gelten können.

3 Überlegen Sie, ob der Text nicht durch weitere Ideen und geistige Strömungen bzw. Persönlichkeiten ergänzt werden müsste.

4 Wählen Sie aus Text 2 eine Idee aus, die Sie in besonderer Weise für eine „Wurzel europäischer Identität" halten und begründen Sie Ihre Auswahl.

5 Gestalten Sie zu dieser Idee und deren Vertreter ein Kurzreferat für Ihren Kurs (Schulbücher der Fächer Geschichte oder Deutsch, Biografien, Internet).

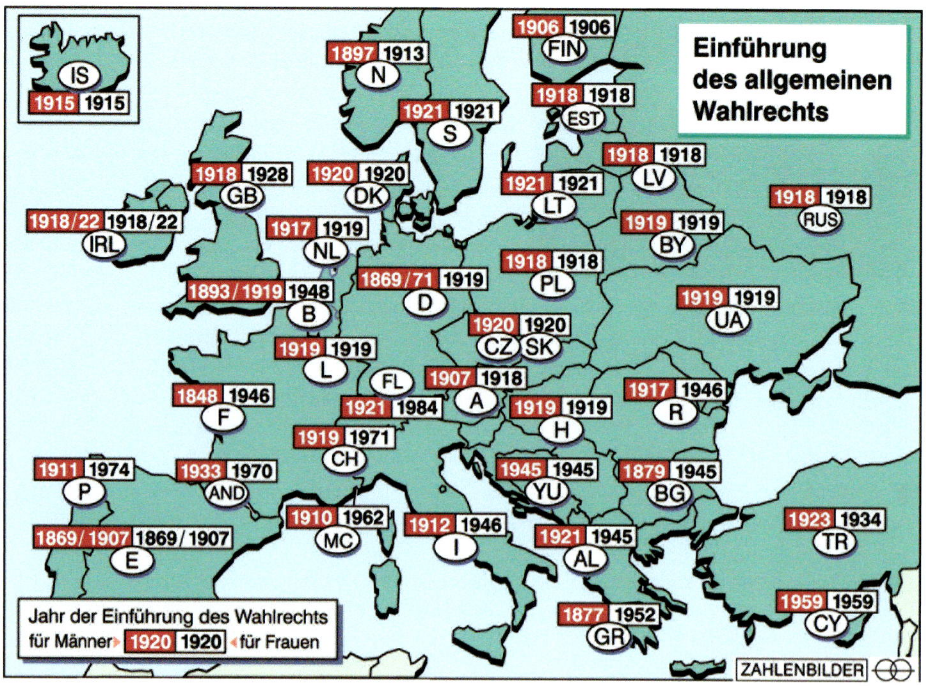

1 Einführung des allgemeinen Wahlrechts in Europa

Geistige Wurzeln europäischer Identität
Zu den wichtigsten Ideen, die Europa hervorgebracht hat, gehört die **Demokratie**. Sie ist vor allem der griechischen Antike entsprungen, hat aber auch durch die Französische Revolution und besonders durch die Entwicklungen in Europa nach dem Zweiten Weltkrieg ihre entscheidende Ausformung erfahren. Sie ist heute weltweit die prägende Staatsform. Der griechische Staatsmann Perikles definierte sie für das Athen seiner Zeit: „Die Verfassung, die wir haben, … heißt **Demokratie**, weil der Staat nicht auf wenige Bürger, sondern auf die Mehrheit ausgerichtet ist."

Bis zum 5. Jh. n. Chr. hatte sich das **Christentum** als die einzige öffentliche Religion der damals von Rom beherrschten Welt etabliert. Sie postulierte Grundwerte wie das Recht auf Leben, Toleranz, Barmherzigkeit und Nächstenliebe oder Gerechtigkeit und Recht (Psalm 33, 5 „Gott liebt die Gerechtigkeit und das Recht"). Diese Werte sind zur Basis europäischer Rechtsordnungen und Sozialsysteme geworden.

Nahezu 1 500 Jahre später trat Erasmus von Rotterdam (ca. 1466–1536) für eine Überwindung des Nationalismus in Europa ein. Er forderte einen Umgang der Staaten miteinander, der von der Leitidee des **Humanismus** geprägt sein sollte: „Der Engländer ist dem Franzosen Feind aus keinem andern Grund, als weil er Franzose ist. … Der Deutsche ist wider den Franzosen und der Spanier wider beide. Welche Verkehrtheit: Ein bloßer Ortsname bringt sie auseinander; gäbe es nicht genug Umstände, die sie zusammenbringen könnten? Du Engländer willst dem Franzosen übel – warum willst du nicht lieber als Mensch dem Menschen wohl?"

Das Zeitalter der Aufklärung (17. und 18. Jh.) erklärte die Vernunft zum Maßstab jeglichen menschlichen Handelns und zur obersten Urteilsinstanz. Philosophen kritisierten den blinden Gehorsam gegenüber der Kirche und den damaligen absolutistischen Herrschern. Sie entwickelten rational begründete Staatskonstruktionen, die die **Freiheit und Gleichheit** aller Bürger garantieren sollten. Einer ihrer ersten Vordenker, der englische Arzt und Philosoph John Locke, stellte in seiner 1690 erschienenen Schrift „Two Treatises on Government" fest: „Der Mensch wird, wie nachgewiesen worden ist, mit einem Rechtsanspruch auf vollkommene Freiheit und uneingeschränkten Genuss aller Rechte und Privilegien des natürlichen Gesetzes in Gleichheit mit jedem anderen Menschen … geboren." Lockes Gedankengang mündete in die Forderung nach einem „Gesellschaftsvertrag" zwischen der Regierung und den Bürgern. Dadurch sollte die politische Herrschaft beschränkt und die Freiheit des Individuums (z. B. die Glaubens- und Meinungsfreiheit) gesichert werden. Diese Ziele sollten auch durch die Institutionen des Rechtsstaates (z. B. Grundrechte, Verfassung) und durch die – mithilfe des staatlichen Gewaltmonopols – garantierte Rechtssicheit erreicht werden. Mit diesen Ideen gilt Locke als einer der Begründer des **politisch-gesellschaftlichen Liberalismus**.

Der **wirtschaftliche Liberalismus** geht auf die Theorien von Adam Smith (1723–1790) zurück. Er betrachtete das Privateigentum insbesondere an den Produktionsmitteln, den freien Wettbewerb und den internationalen Freihandel als Grundlage für den „Wohlstand der Nationen" (so der Titel seines Hauptwerkes). Die wirtschaftliche Liberalisierung führte dann tatsächlich ab dem 18. Jh. zu einer dynamischen industriellen Entwicklung. Es etablierte sich ein kapitalistisches Wirtschaftssystem, das zwar für bestimmte Schichten großen Wohlstand brachte, gleichzeitig aber breite Teile der Bevölkerung verarmen ließ.

Mit der Industriellen Revolution entstand in Europa eine neue gesellschaftliche Klasse: das Arbeiterproletariat. Zur Überwindung des kapitalistischen Systems entwickelten Karl Marx und Friedrich Engels die Ideologie des **Kommunismus**, in der die Forderung nach der Herrschaft des Proletariats zur Leitidee wurde. Ein erster Versuch zu deren Umsetzung in die politische Praxis war die Oktoberrevolution in Russland 1917.

Die Europäer fanden aber auf die mit der Verelendung des Proletariats entstandene „Soziale Frage" nicht nur radikale Antworten, die eine Überwindung des kapitalistischen Systems zum Ziel hatten. Mit der von Reichskanzler Bismarck angestoßenen Sozialgesetzgebung wurden zwischen 1883 und 1891 schrittweise die Kranken-, Unfall- und Rentenversicherung eingefürt. 1927 folgte die Arbeitslosenversicherung. Der Ausbau des **Sozialstaates** wurde – mit Abstufungen von Land zu Land – in alle europäischen Länder übernommen. Um seine weitere Finanzierung und Ausgestaltung wird gegenwärtig in der Europäischen Union heftig gerungen.

2

Perikles
(ca. 500–429 v. Chr.)

Jesus von Nazareth
(7 / 4 v. Chr. – 30 / 31)

Erasmus von Rotterdam
(ca. 1466–1536)

John Locke
(1631–1704)

Karl Marx
(1818–1883)

3 **Europäische Persönlichkeiten**

Einstellungen der Bürger

Die Materialien auf dieser Doppelseite zeigen in einer Auswahl die Ergebnisse der Umfrage von 2015. Sie geben nicht nur Auskunft über den Stand und die Entwicklung eines „europäischen Bewusstseins“, sondern bieten auch eine Grundlage für eigene Erhebungen.

6 Entwickeln Sie in Kleingruppen mithilfe der Fragen in den Materialien 4, 6 und 7 eine eigene Erhebung und führen Sie diese im Freundes- und Bekanntenkreis oder in einer größeren Öffentlichkeit durch.

7 Vergleichen Sie die Ergebnisse im Plenum.

Eurobarometer 83 (2015): Auswertung der Frage nach den positivsten Errungenschaften der EU

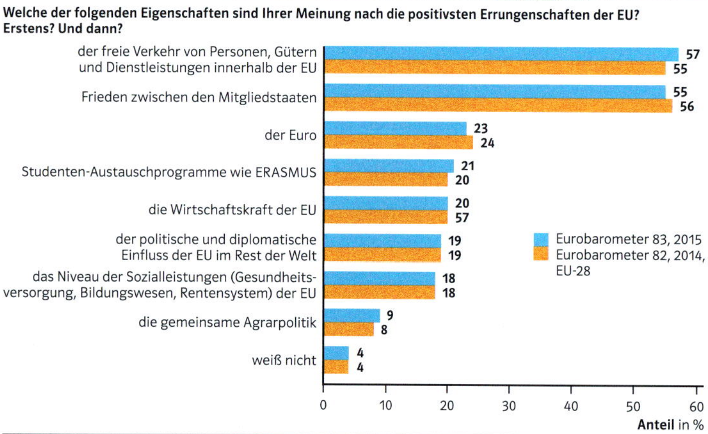

Nach Europäische Kommission (Hrsg.): Standard-Eurobarometer 83 Frühjahr 2015. Die öffentliche Meinung in der Europäischen Union. Erste Ergebnisse, Juli 2015, S.31, Frage QD3T

4

→ **TERRA METHODE**
Ein Interview führen
Seiten 14–15

Auf den beiden vorangegangenen Seiten wurden die gemeinsamen Wurzeln, wurde das Verbindende zwischen den Völkern Europas herausgestellt. Aber sind sich die Bürger dieser Gemeinsamkeiten auch bewusst? Fühlen sie sich als Europäer oder doch eher als Deutsche, Franzosen, Engländer oder vielleicht sogar in erster Linie als Hessen, Elsässer und Waliser? Wie fest ist die Europäische Union in den Köpfen der Bürger verankert? Was schätzen, was kritisieren, was vermissen sie?

Um die Einstellung der Bürger gegenüber dem integrierten Europa zu ermitteln, lässt die **Europäische Kommission** in regelmäßigen Abständen zweimal jährlich eine öffentliche Meinungsumfrage durchführen. Dabei werden den Bürgern immer die gleichen Standardfragen vorgelegt, die durch wechselnde Aspekte zu unterschiedlichen Themen ergänzt werden. Die erste derartige Umfrage wurde 1973 realisiert.

Die europäische Integration im Bewusstsein der Bürger

„Die Zustimmung zur europäischen Einigung hat im Bewusstsein der Bürgerinnen und Bürger unterschiedliche Phasen durchlaufen: Nach der Katastrophe des Zweiten Weltkrieges überwog die Aufbruchstimmung. Der Wunsch nach Überwindung nationalistischer Kleinstaaterei beflügelte das Integrationsprojekt. Auch wenn die Schaffung der Europäischen Gemeinschaft vor allem ein Projekt der politisch-gesellschaftlichen Eliten war, so fand sie doch die Grundzustimmung in der Bevölkerung der beteiligten europäischen Staaten. Das fortschreitende Zusammenwachsen der Mitgliedstaaten und die auch geografisch immer größer werdende EU schufen eine enorme Regelungsdichte und Unübersichtlichkeit der Strukturen. Der wachsende Einfluss der EU im Alltagsleben, besonders spürbar in Wirtschaft, Wettbewerbsregeln und Rechtsnormen, … das sich in den letzten Jahren verstärkende Empfinden, dem Zwang eines sich ausweitenden und nicht mehr beherrschbaren Finanztransfers innerhalb der EU zu unterliegen, … rufen bei vielen Menschen zunehmend ein Gefühl der Verunsicherung hervor.
Die Gründe für die stetige Weiterentwicklung der EU, nämlich Frieden, Freiheit und Demokratie in Europa zu verwirklichen, verlieren im Bewusstsein der Bevölkerung an Wirkungsmacht. Heute stehen darüber hinaus die Nebenerscheinungen der europäischen Integration im Blickpunkt der Kritik: die Undurchschaubarkeit der Entscheidungsvorgänge, die – zum Teil vermutete – mangelnde demokratische Legitimation europäischer Institutionen und Entscheidungen, … das Empfinden, wenig Einfluss auf europapolitische Entscheidungen nehmen zu können, sowie der Anschein von Überbürokratisierung, welcher von … ‚Brüssel‘ ausgeht. Einige Umfrageinstitute haben als Folge eine Renationalisierung des Denkens festgestellt, das den Europa-Gedanken von innen her aushöhle.“

Nach Melanie Piepenschneider: Die Europäische Union im 21. Jahrhundert, vom 30.03.2015: www.bpb.de/izpb/203852/die-europaeische-union-im-21-jahrhundert (23.02.2016)

5

Eurobarometer 83 (2015): Auswertung der Frage zu dem „Gefühl, ein Bürger der Europäischen Union zu sein“

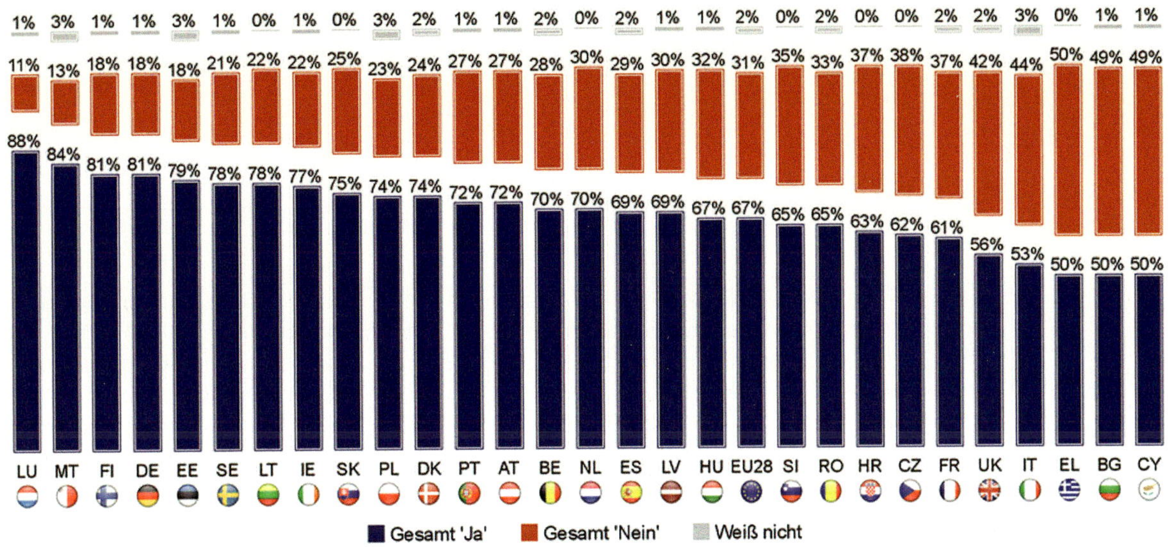

Nach Europäische Kommission (Hrsg.): Standard-Eurobarometer 83 Frühjahr 2015. Die öffentliche Meinung in der Europäischen Union. Erste Ergebnisse, Juli 2015, S.28, Frage QD1.1, deutsche Version: http://ec.europa.eu/COMMFrontOffice/PublicOpinion/index.cfm/Survey/getSurveyDetail/instruments/STANDARD/surveyKy/2099 (21.10.2015)

6

Eurobarometer 83 (2015): Das Image der EU aus Sicht der EU-Bürger im Trend von 2006 bis 2015

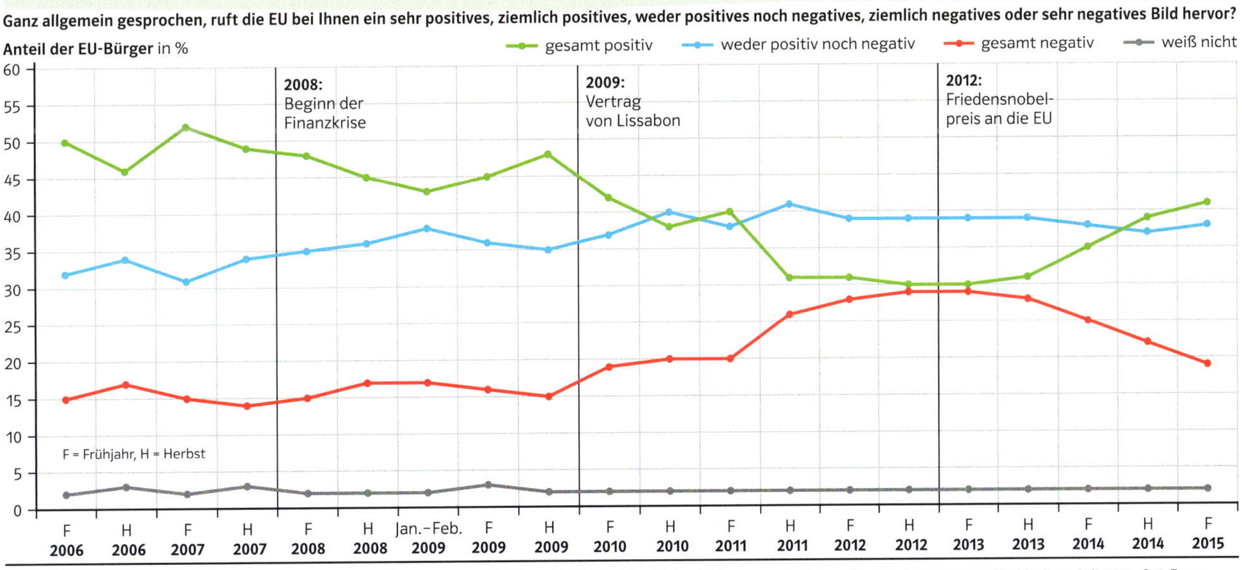

Nach Europäische Kommission (Hrsg.): Standard-Eurobarometer 83 Frühjahr 2015. Die öffentliche Meinung in der Europäischen Union. Erste Ergebnisse, Juli 2015, S. 7, Frage QA9.1, deutsche Version: http://ec.europa.eu/COMMFrontOffice/PublicOpinion/index.cfm/Survey/getSurveyDetail/instruments/STANDARD/surveyKy/2099 (21.10.2015)

7

TERRA
METHODE

Interviews können verschiedenen Zwecken dienen:
- Durch eine umfassende Befragung lässt sich eine bestimmte Person in ihrem Werdegang, in ihren Anschauungen, politisch-gesellschaftlichen Positionen und Wirkungen erfassen.
- Das Interviewziel kann aber auch darin bestehen, sich zu einem bestimmten Thema möglichst sachdienliche und vor

Ein Interview führen

Zu den wichtigsten Voraussetzungen für ein ertragreiches Interview gehört, dass der Fragesteller mit dem Thema, um das es geht, sehr gut vertraut ist. Er muss sich also vorab gründlich informieren. Auf dieser Basis sollte der Interviewer seine Befragung inhaltlich strukturieren, d.h. er muss einzelne Teilthemen abgrenzen und ihnen Fragen zuordnen. Dem Ungeübten ist zu empfehlen, den Typ des „strukturierten Interviews" zu wählen, das heißt vorab einen Katalog mit einer festgelegten Abfolge bestimmter Fragen zu entwerfen. Auf diese Weise kann sichergestellt werden, dass die Befragung ergebnisorientiert verläuft und nicht durch unterhaltungsorientierte Auffassungen des Interviewpartners gestört wird.

1. Schritt: Checkliste zur Vorbereitung eines Interviews abarbeiten
- Interviewziel festlegen
- Interviewart wählen (direktes Gespräch oder Telefonat)
- kompetenten Interviewpartner suchen
- mit dem Interviewpartner Kontakt aufnehmen (Information über Thema, Zweck, Ort)
- Art der Ergebnissicherung entscheiden (z.B. Gedächtnisprotokoll, Mitschrieb, Aufzeichnung); Einverständnis des Interviewpartners einholen

2. Schritt: Fragenkatalog für ein strukturiertes Interview erstellen
- Fragen und deren Reihenfolge festlegen
- Themenblöcke bilden und jeweils Überleitungsfragen formulieren
- Fragetypen festlegen (Tabelle 8)

3. Schritt: Interview durchführen
- Formulierungen und Reihenfolge der Fragen genau einhalten
- gegebenenfalls hartnäckig nachfragen
- Interviewdauer auf maximal eine Stunde begrenzen
- sich am Ende für das Gespräch bedanken

Fragetypen für ein Interview

Fragetypus	Merkmal	Einsatz und Wirkung	Beispiel
Offene Frage	Impuls setzen	Auflockerung der Gesprächsatmosphäre, Motivierung zum Reden, Einholen von Hintergrundinformationen	„Berichten Sie doch über Ihr ehrenamtliches Engagement"
Direkte Frage	konkrete Frage stellen	Sachverhalt wird direkt angesprochen	„Wie engagieren Sie sich denn genau?"
Rhetorische (Schein-)Frage	erwartet im Grunde keine Antwort	Eröffnungsplausch, Warming-up-Phase	„Wir sind uns doch einig, dass …"
Indirekte Frage	fragt scheinbar nach Nebensächlichkeiten	Vermeidung von gezwungener Rationalität, Entlockung von Aussagen	„Sie sind ehrenamtlicher Vizepräsident der IHK. Bringt das Amt nicht viele Pflichten mit sich?"
Suggestivfrage	dem Befragten wird die Antwort unterschwellig nahegelegt	Testen der Stabilität des Befragten; zum Einschlagen oder Beibehalten einer bestimmten Gesprächsrichtung	„Meinen Sie nicht auch, dass …?" „Gehe ich recht in der Annahme, dass …?"
Entscheidungs-(geschlossene) Frage	Antwort nur mit Ja oder Nein möglich	Zwingt den Befragten zu einer eindeutigen Aussage, Zusammenfassung von Ergebnissen	„Glauben Sie, dass …?"

8

allem originäre Informationen zu beschaffen. Das heißt, es dient der Recherche.
- Durch die Eingrenzung auf ein vorgegebenes Thema lassen sich Einstellungen und Meinungen zu aktuellen gesellschaftlichen bzw. politischen Fragen ermitteln. Die Ergebnisse einer Vielzahl von Interviews werden in einem Stimmungsbild zusammengefasst.

9 **Europäische Identität?**

4. Schritt: Interview nachbereiten
- Antworten vom Befragten autorisieren lassen
- Interviewinhalt analysieren und auswerten
- Interviewergebnisse als Informationsquelle aufbereiten
- das gesamte Verfahren im Hinblick auf künftige Befragungen kritisch überprüfen

Eines der zentralen Themen dieses Kapitels ist die Frage nach einer europäischen Identität. Gibt es diese überhaupt angesichts der Vielfalt von Staaten, Völkern, Sprachen, Traditionen, Interessen usw.? Inwieweit fühlen Sie sich als Europäer? Was bedeutet es für Sie persönlich, Teil der Europäischen Union zu sein?

Spätestens nach der Arbeit mit Kapitel 1 werden Sie eine eigene Position zu den oben gestellten Fragen gefunden haben. Es ist sicher reizvoll und von Interesse, diese Einstellung mit den Einstellungen Ihrer Mitschüler oder von Bürgern Ihrer Schulstadt zu vergleichen. Um diese zu ermitteln, könnten Sie eine kleine Interviewserie durchführen. Der Kreis der Befragten ließe sich dann dadurch erweitern, dass Sie auch die Schülerinnen und Schüler europäischer Partnerschulen mit einbeziehen. Ihnen könnten Sie z. B. die zentralen Interviewfragen zusenden. Die Auswertung der Rückmeldungen und der Vergleich mit den Aussagen in Ihrer Kursgruppe liefert dann sicher genügend Impulse für eine Diskussion über die Frage „Europäische Identität - Vision oder Realität?".
In diese Diskussion ließen sich auch die Umfrageergebnisse des Eurobarometers (Seiten 12 - 13) einbeziehen.
Bei der Erstellung Ihres Interview-Fragebogens können Sie sich an den Fragen des Eurobarometers orientieren. Diese wären aber je nach persönlicher Interessenlage zu ergänzen.

Eine Einstiegsfrage für Ihren Interview-Fragebogen könnte wie folgt lauten:

1. Fühlst du dich/fühlen Sie sich in erster Linie als Europäer und dann als Bürger deines/Ihres Landes oder eher umgekehrt?
2. ...
3. ...

Interviewformen
- freies Interview (ohne jede Vorgabe)
- halbstrukturiertes Interview (mit Fragebogengerüst, aber freier Reihenfolge und Formulierung)
- strukturiertes Interview (fester Fragenkatalog mit festgelegter Abfolge der Fragen)

Tipps für die Durchführung eines Interviews
- vor Interviewbeginn ein „warming up" zur Schaffung einer entspannten Atmosphäre
- Gesprächsverlauf „im Griff" behalten
- Abschweifungen und Exkurse nur zulassen, wenn sie den geplanten Ablauf nicht stören
- aktiv zuhören
- Blickkontakt halten mit ruhiger, positiver Körpersprache
- freundliche Atmosphäre mit einer gewissen Distanziertheit durchhalten

8 Ein Interview durchführen
a) Führen Sie anhand der vorgeschlagenen Schrittfolge bei Mitgliedern einer ausgewählten Gruppe eine Interviewserie zum Thema „Europäische Identität" durch.
b) Präsentieren Sie die Ergebnisse dieser Interviews in Ihrem Kurs und gegebenenfalls auch in Ihrer Schule, z. B. als Ausstellung oder Wandplakat.

1.3 Das „europäische Haus“ – vom Atlantik bis zum Ural?

Kompetenzen erwerben
- Die traditionellen Grenzen Europas beschreiben;
- den Sinn dieser Abgrenzung bewerten;
- am Beispiel der Ukraine die Problematik bei der Aufnahme neuer Mitglieder an der Ostgrenze der EU erörtern.

1 Grenzstein Asien-Europa im Ural: Tatsächlich die Grenze?

Seit dem Beitritt Kroatiens im Jahr 2013 umfasst die Europäische Union 28 Mitglieder. Mit der Türkei laufen Beitrittsverhandlungen. Weitere Staaten wie Moldawien sowie Georgien und sogar die Ukraine haben ihr Interesse zumindest an einer Annäherung und engeren Zusammenarbeit bekundet. Das aber hat, wie insbesondere die Ukraine-Krise zeigt, zu Interventionen Russlands und zum Entstehen eines neuen Konfliktherdes an den Ostgrenzen der EU geführt. Auch wegen der zahlreichen wirtschaftlichen und finanziellen Schwierigkeiten sowie der zu lösenden Strukturprobleme innerhalb der EU wird diskutiert, ob zusätzliche **EU-Erweiterungen** überhaupt sinnvoll, machbar und verkraftbar sind.

Direkt gefragt: Welche Staaten gehören eigentlich zum „europäischen Haus“? Wo „endet“ die Idee der europäischen Einigung? Wie weit „reicht“ Europa?

Bei der Abgrenzung Europas hilft ein Rückgriff auf die geographischen Grenzen nicht viel weiter. Unser Kontinent ist der westliche Anhang der großen asiatischen Landmasse, weshalb man häufig auch von „Eurasien“ spricht. Wo aber verläuft die Grenze zwischen diesen beiden Erdteilen?
So klar sich die Grenzen Europas im Norden, Westen und Süden bestimmen lassen, wo der europäische Kontinent vom Polarmeer, Atlantik und Mittelmeer umrahmt wird, so umstritten ist die Begrenzung im Osten. Hier verläuft die Grenze im Wesentlichen auf dem Festland, und zwar nach traditioneller Definition entlang von Uralgebirge, Uralfluss, Kaspischem Meer, Kaukasus oder Manytsch-Niederung, Schwarzem Meer und Bosporus. Aber diese konventionelle Abgrenzung ist mehr oder weniger willkürlich. Sie folgt keinem durchgängigen geologischen oder geomorphologischen Prinzip.

Lassen sich die Grenzen Europas bzw. der Europäischen Union durch kulturell-historische Traditionen bestimmen? Die Anerkennung der drei Grundprinzipien des **Europarats** – Menschenrechte, freiheitliche Demokratie, Rechtsstaatlichkeit – ist Grundlage einer gemeinsamen kulturellen Identität. Aber es gibt viele Staaten in europafernen Regionen, die sich zu denselben Grundwerten bekennen, ohne daraus das Ziel einer EU-Mitgliedschaft ableiten zu wollen. Das Christentum ist ein weiteres wesentliches gemeinsames Element der „Alten Welt“. Im 18. Jh. ging man davon aus, dass Europa ein zusammenhängend christlich geprägter Raum sei. Vielfach wird diese Definition auch heute noch, bewusst oder unbewusst, zugrunde gelegt. Zwar spielt die christliche Kultur seit der Renaissance, der Aufklärung und der Säkularisation im Alltag nicht mehr die dominierende Rolle, trotzdem wird es schwer fallen, zum Beispiel bei der Frage des EU-Beitritts der Türkei die Hürden dieser Tradition zu überwinden.

Material
Stumme Karte Europa
aw7n2n

Ukraine – „jedes Recht, an die Tür der EU zu klopfen“?

Antrag auf EU-Mitgliedschaft bis 2020

„Bis zum Jahr 2020 will Petro Poroschenko den EU-Beitritt für sein Land beantragen. Der ukrainische Präsident kündigte rund 60 Reformen an, die die Ukraine in den kommenden sechs Jahren auf einen Beitritt zur Union vorbereiten sollen … Die östliche Grenze sei die Ostgrenze im Kampf um Europa. Deswegen habe die Ukraine jedes Recht, an die Tür der EU zu klopfen.“

dpa, AFP, Reuters, sdo: Poroschenko will EU-Mitgliedschaft bis 2020 beantragen. In: www.zeit.de/ politik/ausland/2014-09/ukraine-petro-poroschenko-eu-beitritt-2020 vom 25. 09. 2014 (04.04.2015)

2

3 **Die Wirtschaft der Ukraine**

Bemühungen der Ukraine und auch der EU sowie der NATO um eine Annäherung mit dem Ziel eines Beitritts reichen bis in die 1990er Jahre zurück. Gleichzeitig legte die Ukraine auch Wert auf enge Beziehungen zu Russland. Diese von außen als uneinheitlich wahrgenommene Politik ist auf die innere Situation des Landes zurückzuführen. Der Osten verfügt über eine industrielle Basis und einen hohen russischen Bevölkerungsanteil. In religiöser Hinsicht ist dieser Teil der Ukraine stärker russisch-orthodox und damit am Moskauer Patriarchat ausgerichtet. Die Westukraine dagegen ist stark agrarisch strukturiert. Ihre ukrainisch-orthodoxe Bevölkerung orientiert sich am Kiewer Patriarchen. Gegen den Widerstand Russlands wurde im März 2014 ein Assoziierungsabkommen zwischen der EU und der Ukraine unterzeichnet. Parallel zu diesem Annäherungsprozess kam es im Osten der Ukraine zu schweren Konflikten. Nach einer zunächst nur verdeckten, schließlich offenen Intervention annektierte Russland im März 2014 unter Bruch des Völkerrechts die Krim. In der Ostukraine kam es zwischen pro-russischen Separatisten und ukrainischem Militär zu bewaffneten Auseinandersetzungen. Die gipfelten im Mai 2014 in einem – von der Zentralregierung in Kiew nicht anerkannten – Referendum zur Abspaltung dieses Landesteils.

Ukraine im Vergleich: Ausgewählte Strukturdaten 2013/2014

	Ukraine	EU-28	Polen	Rumänien	Deutschland
Bevölkerung (Mio.)	42,9	507,0	38,5	20,0	80,9
Natürl. Wachstumsrate (%)	−0,4	0,0	−0,1	−0,3	−0,2
Gesamtfruchtbarkeitsrate	1,5	1,5	1,2	1,3	1,4
Lebenserwartung (Jahre)	71	74	77	74	80
Wirtschaftsleistung und -struktur					
BIP nominal (Mrd. US-$)	178,3	13 069,4	389,7	142,2	2 737,6
BIP nach Wirtschaftssektoren in %: Primärer/ Sekundärer/ Tertiärer Sektor					
	9/24/67	2/25/74	4/32/65	6/43/50	1/30/69
BIP nach Beschäftigten in %: Primärer/ Sekundärer/ Tertiärer Sektor					
	17/21/62	5/25/70	13/30/57	30/29/41	15/28/70
Soziales					
Arbeitslosigkeit (%)	7,4	10,4	10,3	7,1	5,1
HDI-Index/-Rang (von 191 Staaten)	0,734/83	–	0,834/35	0,785/54	0,911/6

Eigene Zusammenstellung u. a. nach: Der neue Fischer Weltalmanach 2015. Frankfurt a. M.: Fischer 2014; DSW-Datenreport 2014

4

1 Grenzen Europas
a) Erstellen Sie mithilfe des Atlas eine Karte mit den traditionellen Grenzen Europas (Stumme Karte zum Ausdrucken unter Online-Code aw7n2n).
b) Stellen Sie dar, in welcher Weise Sie selbst Europa abgrenzen würden.
c) Erläutern Sie, inwieweit Sie die Frage nach den Grenzen Europas überhaupt noch für relevant halten.

2 Arbeiten Sie aus Karte 3 die Grundaussagen heraus.

3 Erörtern Sie die Frage einer EU-Mitgliedschaft der Ukraine.

TERRA **KOMPETENZ**

Europäische Union
EU-Erweiterung

Europäische Kommission

Europäisches Parlament

Europarat

Wissen vernetzen

Die Europäische Union steht vor einer Zerreißprobe. Finanzielle und wirtschaftliche Probleme haben scharfe Kritiker des europäischen Integrationsprozesses auf den Plan gerufen. Schlagworte wie „Eurokrise", „Schuldenkrise" oder „Die EU – eine Transferunion" werden zu Kampfbegriffen der Euroskeptiker bzw. Eurogegner. Staaten wie die Schweiz oder Norwegen sehen sich in ihrem Kurs außerhalb der Europäischen Union bestätigt. Aber auch sie sind von der wirtschaftlichen und finanziellen Entwicklung der EU betroffen.

Für die Bürger und Politiker der Europäischen Union stellen sich heute entscheidende Fragen:

Findet sich die Lösung der aufgezeigten Probleme in einer Vertiefung der Integration, also in einer noch engeren Zusammenarbeit, in einer Übertragung weiterer Kompetenzen an zentrale Institutionen? Oder soll eine Renationalisierung bestimmter Politikfelder eingeleitet werden? Soll der Erweiterungsprozess in Richtung Osten angesichts der dort aufgebrochenen Konflikte, aber auch wegen der Spannungen im Innern der EU vorerst gestoppt werden?

Bei allen Antworten auf diese Fragen muss beachtet werden, dass das „Projekt Europa" nur gelingen kann, wenn es von den Bürgern getragen wird. Die europäische Integration darf kein „Elitenprojekt" sein, das die Gesellschaft, das den Souverän ausblendet. Notwendig ist eine breite Diskussion über die zentralen Werte der europäischen Einigung. Nur auf dieser Grundlage kann sich eine „europäische Identität" herausbilden und verfestigen.

Die weiteren Kapitel dieses Bandes sollen Ihrer persönlichen Einstellung zu Europa eine sachlich fundierte Grundlage geben. Sie sollen Europa sowohl in seiner Vielfalt als auch in seinen verbindenden Elementen kennenlernen.

Ein Kontinent – unterschiedliche Grenzen

Ein Kontinent – zahlreiche Staaten

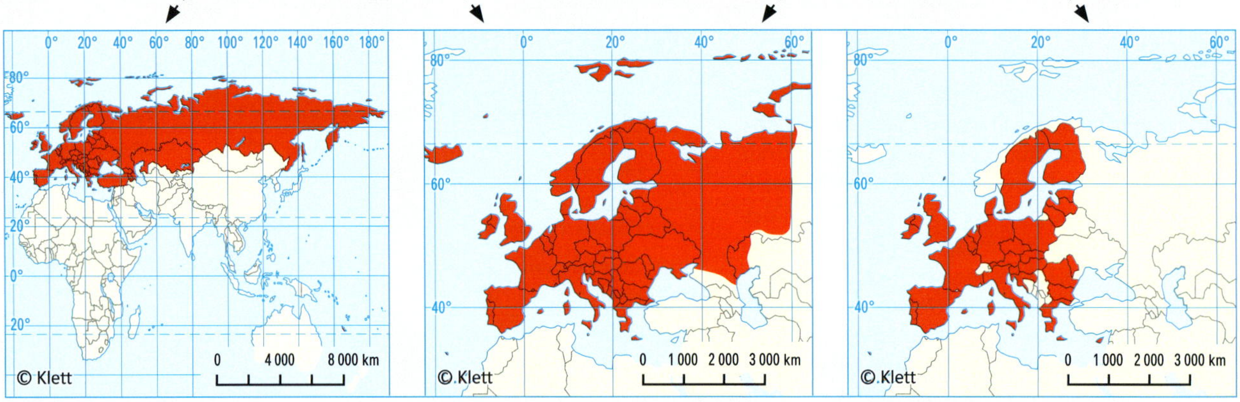

Europa: So? … … oder so? … oder nur so?

„Einheit in Vielfalt" – ein Modell für Europa?

1 Europa: ein Begriff – unterschiedliche Grenzen

Material
Lösungshinweise
4y7t8y

Kompetenzen überprüfen

Überprüfen Sie Ihre in diesem Kapitel erworbenen Kompetenzen mit den folgenden Aufgaben und Materialien. Gehen Sie bei der Erarbeitung wie folgt vor:
- Erarbeiten Sie für jede Aufgabe schriftlich eine Lösung.
- Vergleichen Sie diese dann mit den Lösungshinweisen (Online-Code 4y7t8y).
- Bewerten Sie Ihre Lösung anhand der Notenskala von 1 bis 6.
- Überlegen Sie, wie Sie eventuell festgestellte Defizite beseitigen können.

2 Wahrnehmung der EU

Räumliche Orientierung

1 Arbeiten Sie aus den Karten 1 heraus, welche Abgrenzungskriterien für den Begriff „Europa" jeweils zugrunde liegen.

2 Vergleichen Sie diese Abgrenzung mit der Einteilung, die vom Weltfußballverband (FIFA) bzw. der UEFA vorgenommen wird.

Fachwissen

1 Beschreiben Sie die traditionelle geographische Abgrenzung Europas.

2 Stellen Sie drei wesentliche Kritikpunkte der Euroskeptiker dar.

3 Erläutern Sie eine „Wurzel europäischer Identität".

Methoden

1 Auswertung des Diagramms 3:
a) Arbeiten Sie die Hauptaussagen heraus.
b) Führen Sie in Ihrem Freundes- und Bekanntenkreis eine entsprechende Umfrage durch.
c) Vergleichen Sie die Ergebnisse Ihrer Umfrage mit Diagramm 3.

2 Interpretieren Sie die Karikatur 2.

Kommunikation

1 Verfassen Sie einen Kommentar, in dem Sie darlegen, was Sie persönlich mit dem Begriff „europäische Identität" verbinden.

2 Erstellen Sie eine Collage zum Thema „Was eint, was trennt Europa?".

Beurteilen und bewerten

1 „Die Einflüsse anderer Kulturen auf Europa sollten zurückgedrängt werden, da sie die Herausbildung einer europäischen Identität erschweren." Erörtern Sie diese Aussage.

2 Beurteilen Sie die Frage einer erneuten EU-Osterweiterung aus der Sicht eines Ost- und eines West-Ukrainers.

Eurobarometer 83 (2015): Die wichtigsten Probleme der EU aus Bürgersicht

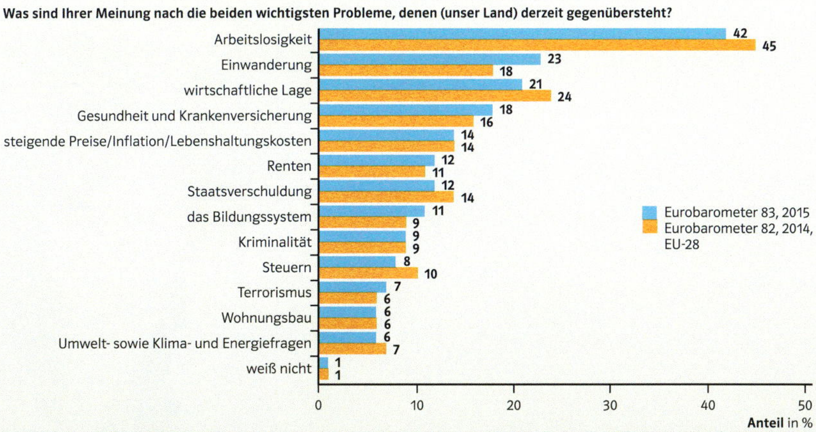

Nach Europäische Kommission (Hrsg.): Standard-Eurobarometer 83 Frühjahr 2015. Die öffentliche Meinung in der Europäischen Union. Erste Ergebnisse, Juli 2015, S. 17, Frage QA3a

3

2 Europa – Migration und Bevölkerung

Die Situation hat sich in den letzten Jahren nicht verändert, immer wieder zeigen Medien die gleichen erschütternden Bilder: Auf hoffnungslos überfüllten und kaum noch seetüchtigen Schiffen versuchen Männer und Frauen aus Afrika die Küsten Europas zu erreichen und hier Fuß zu fassen. Diese Bootsflüchtlinge erwecken zwar Mitleid, sie werden aber auf dem Alten Kontinent von Teilen der Gesellschaft auch als Bedrohung und Gefahr wahrgenommen. Dabei ist der Flüchtlingsstrom aus Afrika nur ein Teil der in den letzten Jahrzehnten auf Europa ausgerichteten Migration. Seit 2015 ist auch eine Zuwanderung in nur schwer zu bewältigenden Ausmaßen aus dem Nahen Osten zu verzeichnen. Hinzu kommen die im Rahmen einer geregelten Zuwanderung angeworbenen Arbeitskräfte. Europa, noch im 19. und beginnenden 20. Jh. ein ausgesprochener

1 **Europa: alternde Gesellschaften; Ziel von Arbeitsmigranten und Flüchtlingen**

Auswanderungskontinent, ist heute ein bevorzugtes Ziel internationaler Migration.
Sofern diese Migranten über eine entsprechende berufliche Qualifikation verfügen, werden sie auf dem hiesigen Arbeitsmarkt dringend benötigt. Denn aufgrund der demografischen Alterung fehlen den europäischen Gesellschaften bereits jetzt und vor allem in naher Zukunft erwerbsfähige Altersgruppen.

- Wo liegen die Ursachen dieser Entwicklung?
- Welche Chancen, welche Folgen ergeben sich aus der Migration für die Auswanderungs- und für die Zielländer?
- Wie werden die Immigranten integriert?
- Kann Zuwanderung tatsächlich dazu beitragen, die Probleme alternder Gesellschaften zu lösen?

2.1 Vom Auswanderungskontinent zur Festung Europa

Kompetenzen erwerben

- Den Prozess der europäischen Emigration im 19. und beginnenden 20. Jh. mit seinen Ursachen und Folgen beschreiben;
- den Wandel Europas vom Auswanderungs- zum Einwanderungskontinent erläutern;
- Chancen und Probleme der aktuellen Zuwanderung nach Europa erörtern.

1 Überfülltes Auswandererschiff 1905

Das Auswanderermartyrium des 19. Jh.

„Die Segelschiffe, mit denen die Menschen der ersten Auswanderungswellen Anfang des 19. Jahrhunderts … Deutschland verließen – meist in Richtung Süd- und Nordamerika – waren eigentlich Frachtschiffe. In ihren Zwischendecks wurden Waren von Amerika nach Europa gebracht. Auf dem Rückweg war der Platz frei – Auswanderer waren für die Reedereien also ein willkommenes Zusatzgeschäft. Die Auswanderer mussten als ‚Fracht' mehrere Wochen dicht gedrängt, oft ohne Tageslicht und Frischluft, unter Deck bleiben.

Die hygienischen Verhältnisse verursachten schwere Krankheiten wie Typhus und Mundfäule. Die Verpflegung mussten sich die Leute selbst mitbringen – doch wenn die Fahrt statt sechs Wochen zehn dauerte, verhungerten die Passagiere. Nur rund 50 Prozent überlebten diese Tortur."

Christiane Gorse: Auswanderer. In: Planet Wissen, vom 23.11.2015: www.planet-wissen.de/ geschichte/neuzeit/auswanderer/pwwbauswanderer100.html (21.06.2016)

2

Emigration im 19. und 20. Jahrhundert

Die **Emigration**, also die Auswanderung aus Europa, begann bereits im 18. Jh. Ihre Höhepunkte erreichte sie dann etwa 100 Jahre später. Denn weltweiter Kolonialbesitz europäischer Staaten, insbesondere Großbritanniens, bot räumliche Alternativen für Auswanderungswillige. Die Bedeutung Europas als Auswanderungskontinent verringerte sich erst durch den wirtschaftlichen Aufschwung infolge der Industriellen Revolution seit der zweiten Hälfte des 19. Jh.

Überseeische Migration

„Die Überseewanderungen des 19. Jh. stellen bis heute die größte Massenmigrationsbewegung in der Geschichte dar. Der immense Migrationsanstieg … war eng mit der beschleunigten Ausweitung der Verkehrs- und Kommunikationsmittel, der Märkte und des Handels sowie der internationalen Arbeitsteilung verbunden und hatte … starke Auswirkungen auf die weltwirtschaftlichen und … transatlantischen Verflechtungen. …

Bis zum Ersten Weltkrieg bildete die europäische Auswanderung in die USA und andere Weltregionen die zahlenmäßig stärkste Teilbewegung. Insgesamt verließen zwischen 1820 und 1914 rund 43,6 Millionen Menschen den europäischen Kontinent, wobei die stärkste Wanderungsbewegung (rund 32 Millionen Menschen) im Zeitraum zwischen 1880 und 1914 stattfand. …

Die Gründe für die Massenauswanderung sind vielfältig. Generell lässt sich festhalten, dass zwei Faktoren zusammenkommen mussten: auf der einen Seite schlechte Lebensbedingungen in der Heimat, auf der anderen Seite eine hohe Attraktivität des Zielgebietes. Ca. 90 Prozent der europäischen Auswanderer verließen ihre Heimat aufgrund wirtschaftlicher Not, während diejenigen Menschen, die aus politischen, ethnischen oder religiösen Gründen ihrer Heimat mehr oder minder freiwillig den Rücken kehrten, von zahlenmäßig untergeordneter Bedeutung sind."

Universität Augsburg: Überseeische Migration 1820–1914: www.philhist.uni-augsburg.de/lehrstuehle/geschichte/didaktik/forschung/weltgeschichte_e-learning/kommentare/kommentar_17.html (03.07.2015)

3

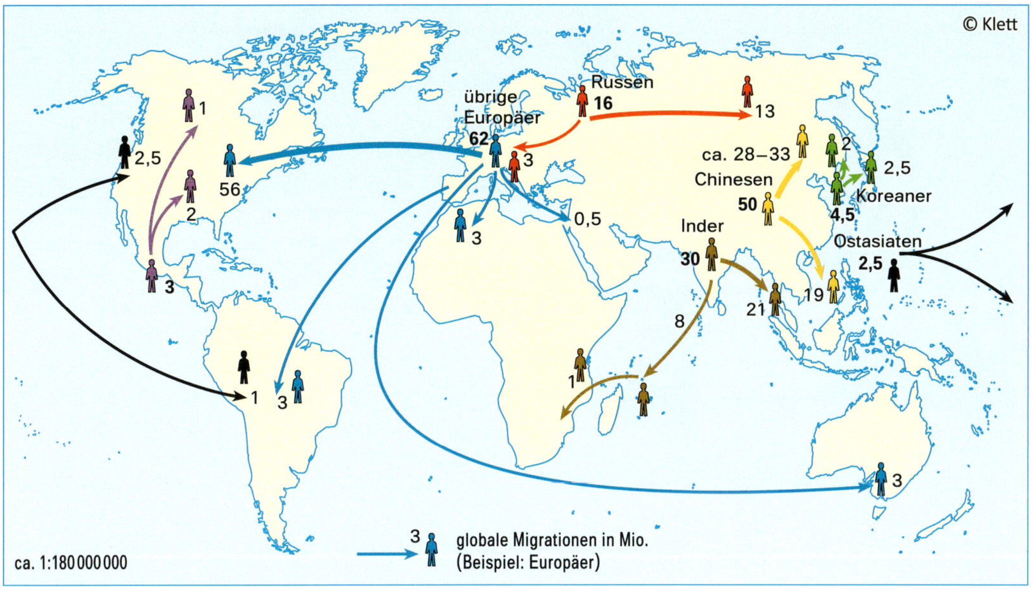

4 Überseeische Migration im 19./20. Jh.

Massenauswanderung der Iren

„Die extremen Umstände während der Hungersnot [Great Famine 1846–52, verursacht durch die Kartoffelfäule] waren für viele Iren ein großer Antrieb, ihr Land zu verlassen. Doch setzte sich die Emigration nach der Hungersnot fort und dauerte während der zweiten Hälfte des 19. Jh. an, bedingt durch den Niedergang der Heimindustrie, den Übergang von Ackerbau zu Weidewirtschaft sowie die Tendenz, das Anerbenrecht anzuwenden, demzufolge Bauernhöfe ungeteilt an den ältesten Sohn vererbt und nicht mehr zwischen allen Söhnen aufgeteilt wurden. Zwischen 1850 und 1913 verließen mehr als 4,5 Mio. Iren ihr Heimatland.

Die hohe Sterblichkeit während der Hungersnot sowie die anhaltend hohe Auswanderung, die von der Hungersnot ausgelöst worden war, führten zu einem dramatischen Bevölkerungsrückgang auf der Insel: Der Mitte der 1840er Jahre erreichte Höchststand von fast 8,5 Mio. fiel auf … 4,4 Mio. im Jahr 1911.

Nach der Hungersnot bestanden unterschiedliche Gründe für die Emigration, etwa der Rückgang des Bedarfs an Arbeitskräften in der Landwirtschaft, das hinter den Vereinigten Staaten zurückbleibende Lohnniveau …, sowie zunehmende Kontakte zwischen Irland und der irischen Community in Nordamerika."

Nach Irial Glynn: Emigration über den Atlantik: Iren, Italiener und Schweden im Vergleich, 1800–1950. In: http://ieg-ego.eu/de/threads/europa-unterwegs/arbeitsmigration-wirtschaftsmigration/irial-glynn-emigration-ueber-den-atlantik-iren-italiener-und-schweden-im-vergleich-1800-1950#Irland/dc_export vom 30. 11. 2011 (21.01.2016)

5

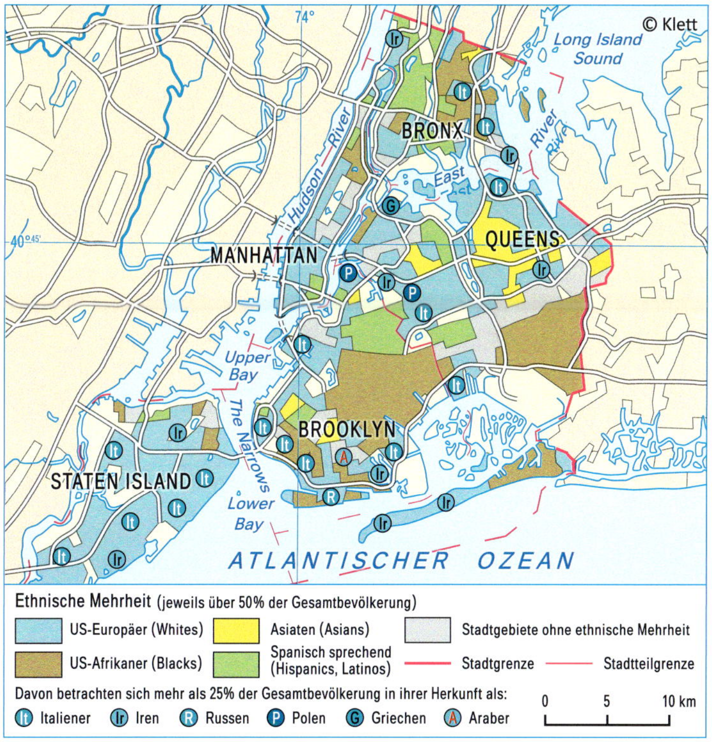

6 Die Nachfahren der Migranten in New York

1 Arbeiten Sie Motive der Auswanderung im 19. Jh. heraus.

2 Analysieren Sie Karte 4 im Hinblick auf Umfang und Ziele der Migrationsströme.

3 Erläutern Sie mögliche Ursachen und Folgen der in Karte 6 dargestellten Situation.

7 Stopp eines Flüchtlingsbootes durch die italienische Küstenwache

Flüchtling: siehe Glossar

Migrant: siehe Glossar

Wanderungsziel Europa

Im 18. und 19. Jh. trieben wirtschaftliche Not, gesellschaftliche Missstände und politische Unterdrückung viele Menschen zur Auswanderung nach Übersee. Dieselben Faktoren bewirken seit einigen Jahrzehnten eine **Migration** in die entgegengesetzte Richtung. Der Alte Kontinent ist zu einem bevorzugten Einwanderungsziel geworden. Neben Kriegsflüchtlingen und politisch Verfolgten bilden auch Zuwanderer aus ehemaligen (besonders französischen und britischen) Kolonialgebieten wichtige Migrantengruppen.

Auf der Suche nach Perspektiven

„Im Mittelmeer ... ertrinken Menschen, weil sie von einem besseren Leben träumten. Sie kommen aus Afrika [und dem Nahen Osten] und wollen nach Europa ... [Sie] tun genau das, was wir Deutschen auch getan haben. Millionen von Deutschen haben ihre Ersparnisse genommen und sich einen Platz in einem überfüllten Boot gekauft. Sie fuhren nach Amerika, Australien, Südafrika, weil sie auf ein besseres Leben hofften. Sie teilten diese Hoffnung mit Iren, mit Italienern, mit Juden aus Osteuropa. Allerdings nahmen die Einwanderungsländer auch damals nicht jeden. Viele wurden, etwa in den USA, erst interniert, dann zurückgeschickt, sie waren zu alt oder hatten politische Ansichten, die man für gefährlich hielt. ...
Die Afrikaner [und Migranten aus dem Nahen Osten], die nach Europa illegal einreisen möchten, ... flüchten vor Armut, Krieg und Hunger. ... Ihr Traum ist es, eine Arbeit in Europa zu finden, eine Existenz zu gründen, mit Wohnung, vielleicht mit Auto, mit all dem, was für einen durchschnittlichen Deutschen selbstverständlich ist. Die [Menschen], die ihre Ersparnisse einem Schlepper in die Hand drücken, um dafür einen Platz in einem überfüllten Boot zu kaufen, tun das, was vor ihnen Millionen Deutsche getan haben."

Nach Harald Martenstein: Flüchtlinge aus Afrika. In: Der Tagesspiegel vom 13.10.2013: www.tagesspiegel.de/meinung/fluechtlinge-aus-afrika-wir-wuerden-es-genauso-machen/8925288.html (08.07.2015)

9

Motive der Flüchtlinge und Migranten

Push-Faktoren	Pull-Faktoren
– schlechte Entwicklungsperspektiven der Heimatländer wegen fehlenden Kapitals und Know-how, hoher Schuldenlast, sinkender Rohstoffpreise, Behinderung des Warenexports, instabiler politischer Situation, mangelnder Rechtssicherheit, Korruption – Fehlen wichtiger Lebensgrundlagen im Heimatland, z. B. ausreichend fruchtbares Ackerland, Nahrung, Wasser, Arbeit – Vertreibung durch Naturkatastrophen oder Folgen von Umweltzerstörungen, z. B. Dürren, Überschwemmungen – hohes Bevölkerungswachstum ohne entsprechendes Angebot an Bildungsmöglichkeiten und Arbeitsplätzen – persönliche Verfolgung wegen Rasse, Religion, ethnischer Zugehörigkeit, politischer Überzeugung – Vertreibung wegen eskalierender Gewalt („Kriegsvertriebene"), z. B. Bürgerkriege	– Informationen über die besseren Lebensbedingungen und den Wohlstand in fortgeschrittenen Ländern durch Tourismus, Fernsehen, Internet – Hoffnung auf Verbesserung der eigenen Lebensverhältnisse, auf Arbeit, auf gesichertes Einkommen, auf ausreichende Versorgung und sozialen Aufstieg – Hilfe für Verwandte bei der Auswanderung durch Geldüberweisungen oder Informationen durch erfolgreiche Migranten („Migration erzeugt Migration")
Armuts-, Wirtschafts-, Klima-, Kriegsflüchtlinge und Verfolgte – genaue Unterscheidung kaum möglich	

8

Surftipp
Europäische Asylpolitik in der Praxis
ky2jn8

Surftipp
Ursachen von Migration
z7z4qw

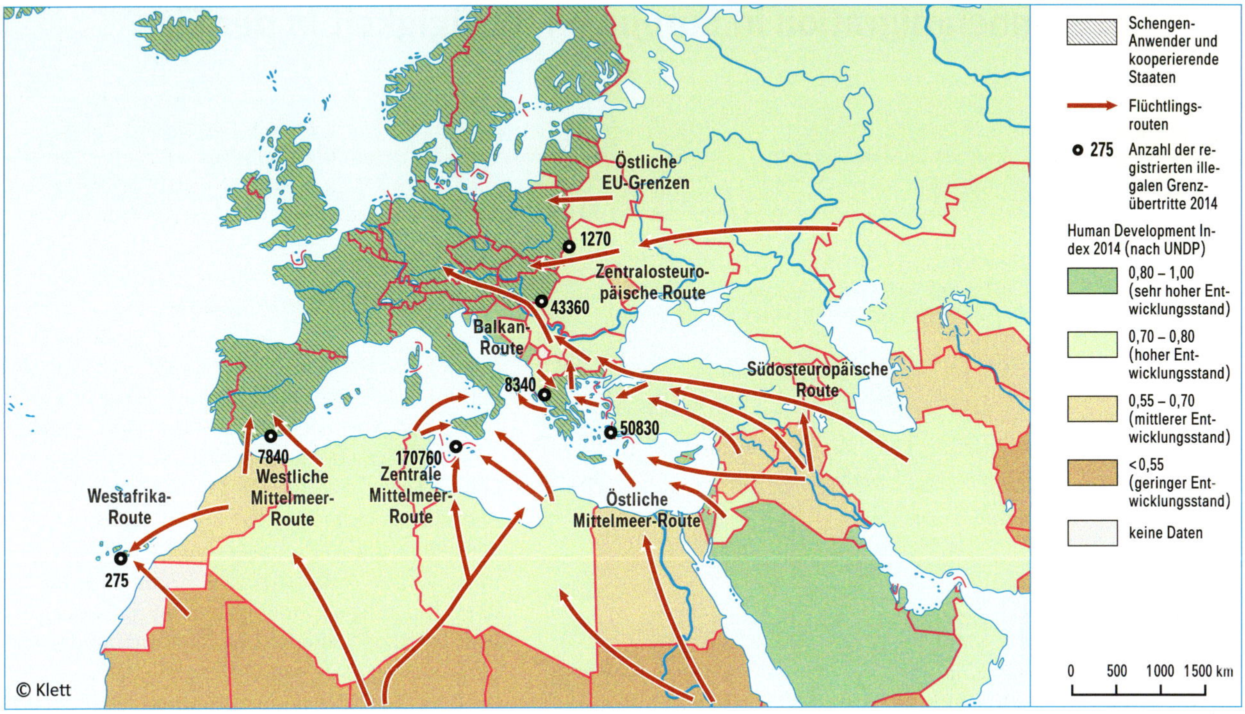

10 **Hauptrouten der Flüchtlinge nach Europa, Stand 2015**

Aus europäischer Perspektive spielen bei der Bewertung der Zuwanderungen humanitäre und wirtschaftliche Gesichtspunkte eine wichtige Rolle. Nicht nur die Genfer Flüchtlingskonvention, auch die Charta der Grundrechte der EU gewährleistet in ihrem Artikel 18 das Recht auf Asyl. In der Praxis entscheiden die Behörden allerdings bei einem Großteil der Anträge restriktiv. Hierin spiegeln sich Stimmen und politische Strömungen, die vor einer „neuen Völkerwanderung", einer Einwanderungswelle mit all ihren gesellschaftlichen und politischen Folgen warnen. Andererseits sind die alternden Gesellschaften in Europa auf die Zuwanderung qualifizierter Arbeitskräfte dringend angewiesen. Nur so lässt sich das erreichte Wohlstandsniveau halten. Die EU reagiert im Grundsatz mit einer Doppelstrategie: „Blue Cards" für Fachkräfte bei gleichzeitigem – angesichts der Flüchtlingsströme – vielfach unkoordiniertem Versuch, den Schengen-Raum gegenüber Zuwanderern abzuschotten.

Mögliche Folgen für die Herkunftsländer

„Sobald … [Migranten] im Zielland … eine Beschäftigung gefunden haben, schicken viele von ihnen regelmäßig Geld an ihre Familien. … Diese können dann die Kinder zur Schule schicken, medizinische Behandlungen … bezahlen und vielleicht sogar ein kleines Geschäft eröffnen. … Die Mehrzahl der Migranten sind überdurchschnittlich ausgebildete junge Menschen. … Wandern sie aus, ist das ein großer Verlust für die Entwicklung des Landes (brain drain) … Viele Entwicklungsländer leiden unter einem extremen Mangel an Ärzten, Pflegepersonal und Lehrkräften. … Für die Familien der Migranten entsteht eine große Belastung. Die Kinder müssen … in vielen Fällen ganz ohne Eltern aufwachsen. In einigen Regionen haben Dorfgemeinschaften durch Migration ihre gesamte aktive Bevölkerung verloren."

Nach Bundesministerium für wirtschaftliche Zusammenarbeit und Entwicklung: Chancen für die Entwicklung. Die Schattenseiten: www.bmz.de/de/was_wir_machen/themen/migration/hintergrund/chancen/ (08.07.2015)

11

HDI: siehe Glossar

4 Beschreiben Sie ausgehend von den Materialien 8 und 9 für einen (fiktiven) afrikanischen Flüchtling die Lebenssituation in seinem Heimatland.

5 Vergleichen Sie Motive und Rahmenbedingungen der Auswanderung aus Europa im 19. Jh. mit der aktuellen Zuwanderung.

6 Stellen Sie in einer Tabelle mögliche positive und negative Folgen für die Herkunfts- und Zielländer der Migration dar.

7 Erörtern Sie, auch unter Berücksichtigung der Push-Faktoren, Maßnahmen Deutschlands und der EU zur Bewältigung der Flüchtlingsströme in Europa.

2.2 Binnenmigration in Europa – Freizügigkeit in der EU

Kompetenzen erwerben
- Die Stellung Deutschlands innerhalb der europäischen Migration beschreiben;
- Grundlagen der Freizügigkeit im „Schengen-Raum" erläutern;
- die Aussage „Europa ist ohne Grenzen" beurteilen.

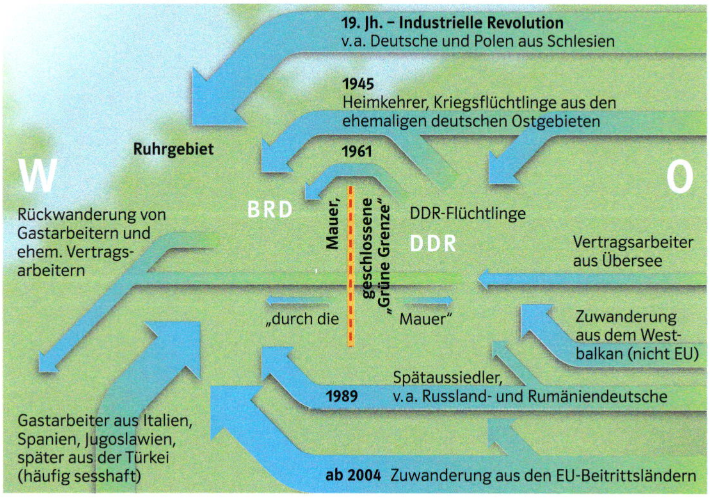

1 Deutschland innerhalb der europäischen Migration seit dem 19. Jh.

Wanderungssaldo Irlands 1985–2015

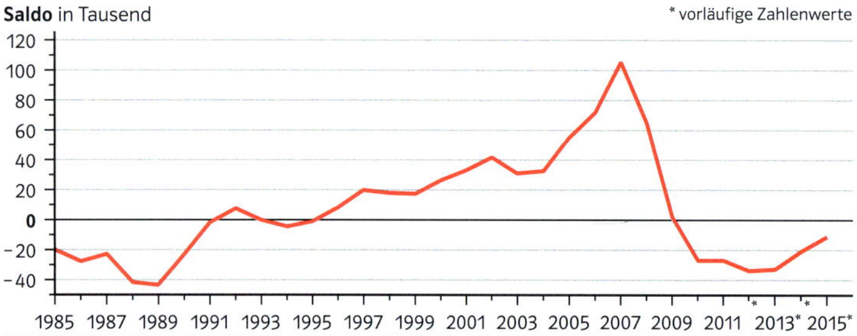

Nach Central Statistics Office (Ireland): Statbank, Annual Population Estimates, PEA15: www.cso.ie/px/pxeirestat/Statire/SelectVarVal/Define.asp?Maintable=PEA15&Planguage=0 (22.10.2015)

2

Europäische Binnenmigration

Bei der Debatte über „Flüchtlingsströme" von anderen Kontinenten, vor allem aus Afrika und dem Nahen Osten, wird leicht übersehen, dass ein Großteil der Einwanderer in europäische Staaten aus Europa selbst stammt. Für Deutschland stellt der Migrationsbericht 2014 der Bundesregierung fest, dass etwa drei Viertel aller Zuwanderer aus dem europäischen Ausland zu uns kamen. Die höchsten Wanderungsgewinne gab es gegenüber Polen. Aber auch aus Bulgarien und Rumänien sind starke Zuwanderungen zu verzeichnen.

Diese europäische **Binnenmigration** ist aber kein neues Phänomen. So führte z. B. der Aufruf von Katharina der Großen 1763 zur **Immigration** von landwirtschaftlichen Fachkräften nach Russland und zur Bildung deutscher Bevölkerungsgruppen in der Wolga-Region. Von ihnen stammen die meisten Übersiedler ab, die seit dem Zusammenbruch des Ostblocks aus der ehemaligen Sowjetunion nach Deutschland kommen. Ohne Zuwanderung aus Schlesien wäre der Arbeitskräftebedarf im aufstrebenden Ruhrgebiet seit Mitte des 19. Jh. nicht zu bewältigen gewesen. Der massenhafte Zustrom von Gastarbeitern, zunächst aus süd- und südosteuropäischen Ländern wie z. B. Spanien, Italien, Jugoslawien und später auch aus der Türkei, trug wesentlich zum „Wirtschaftswunder" in der Bundesrepublik Deutschland bei.

EU-Binnenmigration: Beispiel Irland

„Im Jahr 2004 war Irland einer der drei EU-Mitgliedstaaten, die sich dafür entschieden, die Zuwanderung aus den neuen Mitgliedstaaten nicht zu beschränken. In der Folge trugen vor allem die vielen polnischen Arbeitsmigranten dazu bei, dass die Zuwanderung die Abwanderung stark überstieg. … Irland war besonders hart von der Rezession [2008] betroffen. Dies zeigt sich unter anderem in der Arbeitslosenquote, die von 4,7 % im Jahr 2007 auf 14,8 % im Jahr 2012 anstieg. Insgesamt waren … Migranten in größerem Ausmaß von dem Konjunktureinbruch betroffen als gebürtige Iren; in den meisten Sektoren verloren sie häufiger ihren Arbeitsplatz als einheimische Arbeitskräfte. Die sich verschlechternde wirtschaftliche Situation führte zu einem Anstieg der Abwanderung von EU-12-Staatsangehörigen*, aber auch von Irinnen und Iren."

*EU 12 = die 2004/2007 der EU beigetretenen mittel- und osteuropäischen Staaten sowie Zypern und Malta.

Lisa Breford: Kurzdossier Irland, vom 19.02.2013: www.bpb.de/gesellschaft/migration/kurzdossiers/155488/irland (08.07.2015)

3

Surftipp
Migrationsbericht
3t3a88

Material
Gastarbeiterwanderungen
n4p9jh

Europa ohne Grenzen?

Freizügigkeit für jeden EU-Bürger

„Die Freizügigkeit von Arbeitnehmern ist ein in Artikel 45 des Vertrags über die Arbeitsweise der Europäischen Union verankerter Grundsatz … EU-Bürgern steht es demnach zu,

- in einem anderen EU-Land Arbeit zu suchen,
- dort zu arbeiten, ohne dass eine Arbeitserlaubnis erforderlich wäre,
- zu diesem Zweck dort zu wohnen,
- selbst nach Beendigung des Beschäftigungsverhältnisses dort zu bleiben,
- hinsichtlich Zugang zu Beschäftigung, Arbeitsbedingungen und aller anderen Sozialleistungen und Steuervorteile genauso behandelt zu werden wie die Staatsangehörigen des Aufnahmelandes.

Bei EU-Bürgern können bestimmte Ansprüche des Kranken- und Sozialversicherungsschutzes auf die Systeme des Landes übertragen werden, in dem sie Arbeit suchen. Gewährleistet ist die Freizügigkeit … generell auch in den Ländern des Europäischen Wirtschaftsraums, d. h. in Island, Liechtenstein und Norwegen. In bestimmten Berufen können die in einem EU-Land erworbenen beruflichen Qualifikationen auch in den anderen Ländern anerkannt werden.“

http://ec.europa.eu © Europäische Union, 1995–2016, Für die Wiedergabe und Anpassung ist allein die Ernst Klett Verlag GmbH verantwortlich

4

Schengener Abkommen

1985 wurde von Deutschland, Frankreich, Belgien, Luxemburg und den Niederlanden in Schengen (einem Ort in Luxemburg) ein Abkommen über den schrittweisen Abbau der Personenkontrollen an den Binnengrenzen unterzeichnet. Es trat 1995 in Kraft, nachdem die technischen und rechtlichen Voraussetzungen geschaffen worden waren (z. B. Vereinheitlichung der Einreise- und Aufenthaltsbestimmungen sowie Einführung gemeinsamer Kontrollen; siehe S. 115).
Durch den „Vertrag von Amsterdam“ 1997 wurde dieses **Schengener Abkommen** in das Rechtssystem der EU überführt.

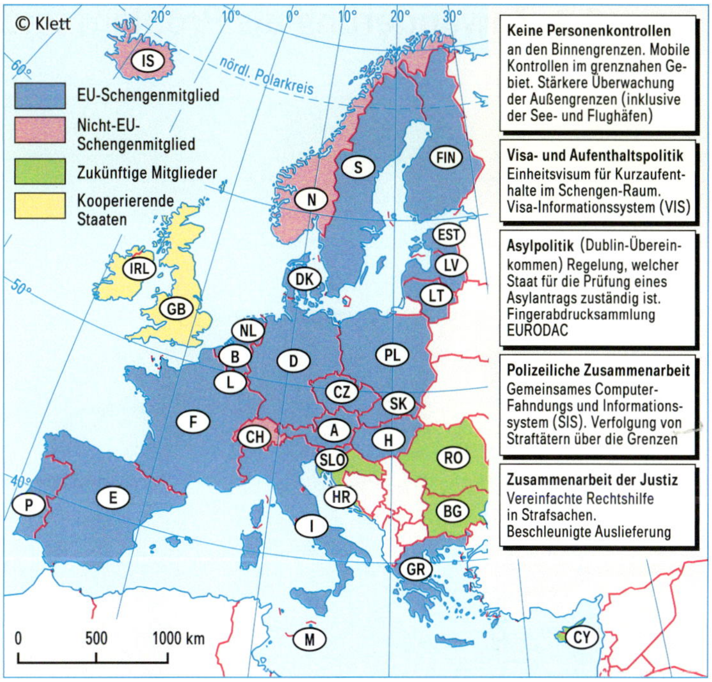

5 Europa ohne Grenzen

Europa wieder mit Grenzen?

„Die EU-Institutionen haben sich [2013] … auf eine Reform des Schengen-Raums geeinigt. Künftig ist es möglich, innerhalb Europas wieder Grenzkontrollen einzuführen, wenn ein Mitgliedstaat nicht mehr in der Lage ist, die gemeinsame Außengrenze zu sichern. Außerdem werden schärfere Kontrollen eingeführt, um besser zu gewährleisten, dass die Mitgliedstaaten die Grenzen vorschriftsmäßig überwachen. … Anlass der Reform sind vor allem … die Erfahrungen mit einem Migrantenansturm aus Nordafrika, der vor zwei Jahren dazu führte, dass Frankreich für kurze Zeit wieder Kontrollen an seiner Grenze zu Italien vornahm.“

Nach Nikolas Busse: Notfalls wieder Grenzkontrollen in der EU. In: www.faz.net/aktuell/politik/europaeische-union/schengen-abkommen-notfalls-wieder-grenzkontrollen-in-eu-12202003.html vom 30.05.2013 (09.07.2015)

Steht die Zukunft von Schengen auf dem Spiel?

„Angesichts von Flüchtlingskrise und Terrorgefahr diskutieren die europäischen Innenminister darüber, die Grenzkontrollen im Schengen-Raum auszudehnen. … Ist das das Ende des unkontrollierten Reisens in Europa? Werden Schlagbäume und Grenzhäuschen wieder aufgestellt? … Seit Monaten gibt es Klagen darüber, dass Griechenland die vielen ankommenden Flüchtlinge nicht registriert und sie unkontrolliert nach Westeuropa weiterreisen lässt. ‚Es geht hier um die Artikel 19 und 26 des Schengen-Grenzkodex‘, sagte eine Sprecherin der EU-Kommission. … Ausgedehnte Grenzkontrollen, schleppende Verteilung: Die Flüchtlingskrise stellt den inneren Zusammenhalt der EU auf eine harte Probe.“

Karin Bensch: An den Grenzen europäischer Solidarität. Beitrag der ARD vom 04.12.2015: www.tagesschau.de/ausland/eu-fluechtlingspolitik-109.html (09.01.2016)

6

1 Beschreiben Sie die Stellung Deutschlands innerhalb der europäischen Migration.

2 Erläutern Sie anhand von Grafik 2 die Entwicklung des Wanderungssaldos von Irland.

3 Beurteilen Sie die Überschrift „Europa ohne Grenzen“ der Karte 5.

4 Gestalten Sie eine Präsentation zu einem der Migrationsströme in Karte 1.

2.3 Zuwanderung als Problem und Chance

Kompetenzen erwerben
- Einstellungen gegenüber Migranten diskutieren;
- Ansätze zur Lösung von Integrationsproblemen darstellen;
- am Beispiel der „Banlieues" in Frankreich Ursachen und Folgen misslungener Integration erklären.

1 „Türkenviertel" in Köln – Störung des „gewohnten kulturellen Umfeldes"?

Vorbehalte gegenüber Migranten

„Fragt man EU-Bürger nach ihren größten Sorgen, nennen sie das Thema Migration am vierthäufigsten. Besonders stark ausgeprägt sind die Vorbehalte gegen Ausländer in Griechenland und Ungarn, Deutschland liegt im Mittelfeld. ‚Es gibt in ganz Europa eine starke gesellschaftliche Opposition gegen stärkere Zuwanderung', stellen ... Ökonomen ... in einer jetzt erschienenen Studie fest. ...

Es ist nicht die Angst um Arbeitsplätze oder vor Lohneinbußen, die die Vorbehalte gegen Ausländer schürt. Die Befürchtung, dass sich das gewohnte kulturelle und soziale Umfeld zu stark verändern könnte, treibt die Menschen viel stärker um. Soziokulturelle Faktoren prägen die Haltung gegenüber Migration laut Studie zwei- bis fünfmal so stark wie ökonomische Aspekte. ...

Für die Politik lassen sich aus diesen Ergebnissen wichtige Schlussfolgerungen ableiten: Wer den Bürgern Zuwanderungspolitik ausschließlich mit ökonomischen Vorteilen schmackhaft machen will, der argumentiert an den wahren Sorgen der Menschen vorbei."

Johannes Pennekamp: Voruteile sind sozial, nicht ökonomisch begründet.
In: www.handelsblatt.com/politik/konjunktur/oekonomie/wissenswert/einwanderung-vorurteile-sind-sozial-nicht-oekonomisch-begruendet/6230698.html vom 20.02.2012 (09.07.2015)

2

Die Aussagen der in Text 2 zitierten Studie werden durch das Eurobarometer bestätigt. Demnach lehnen im Durchschnitt nahezu 60% aller befragten Europäer die Zuwanderung aus Nicht-EU-Ländern ab. Für die meisten ist das Thema Einwanderung das wichtigste Problem in Europa, noch vor der Schuldenkrise. Dabei differenzieren sie sehr genau: Einwanderern aus anderen EU-Staaten stehen sie aufgeschlossener gegenüber.

Die Migranten aus Nicht-EU-Ländern stammen meistens aus fremden Kulturkreisen mit einer nichtchristlichen Religion und sie bringen ihre eigenen Gebräuche und Wertvorstellungen mit. Ihre **Integration**, d.h. die Eingliederung in die Gesellschaft der Aufnahmeländer führt bei ihnen – spätestens in der zweiten und dritten Generation – zu Fragen ihrer eigenen kulturellen und politischen Identität. Bei einer deutlichen Mehrheit der Einheimischen erzeugen sie laut Eurobarometer ein „negatives Gefühl".

In vielen Städten leben Immigrantengruppen in bestimmten Stadtteilen räumlich konzentriert (Foto 1). Damit verbunden sind weitere Faktoren wie niedriges Bildungsniveau und Sprachbarrieren der Migrantenkinder sowie deren geringere Chancen auf dem Arbeitsmarkt mit der Folge hoher Arbeitslosigkeit. Die räumliche Verdichtung und zuweilen Abgrenzung ethnischer Zuwanderergruppen und religiöser Gemeinden wird auch als **Segregation** bezeichnet und birgt die Gefahr, dass sich „Parallelgesellschaften" herausbilden. Oft wird aber übersehen, dass Zuwanderer zu einer größeren Vielfalt im gesellschaftlichen und kulturellen Bereich beitragen. Das zeigt sich z.B. in der Gastronomie und in anderen Dienstleistungen, in der Musik, Kunst und Literatur sowie in der Wirtschaft. Als Unternehmer haben sie Tausende Arbeitsplätze geschaffen.

Die Vorschläge zu einer einvernehmlichen Lösung der Integrationsprobleme sind vielfältig. Im Mittelpunkt steht die Forderung und Förderung eines verstärkten Dialogs. Der Migrationsbericht der Bundesregierung sieht dabei alle politischen Ebenen in der Pflicht, betont aber die besondere Rolle der Kommunen und der Akteure in den Gemeinden.

Surftipp
Soziale Stadt in NRW
z5g5mh

Kommunen: „Orte der Integration" schaffen

„Übergeordnetes Ziel ist es, die Lebens- und Bildungssituation von Kindern und Jugendlichen [aus Migrantenfamilien] sowie den Zusammenhalt zwischen den Generationen und Nachbarschaften zu verbessern. … Dazu sollen zentrale Bildungs- und Gemeinschaftseinrichtungen im Stadtteil, z. B. Stadtteilschulen, Kitas oder Stadtteiltreffs … zu ‚Orten der Integration' weiterentwickelt werden. …
[Es sollen] verschiedene Akteure vor Ort eingebunden werden. … Auch der Aufbau von Ehrenamtsstrukturen unter Einbindung von Vereinen und Migrantenorganisationen … wird unterstützt."

Nach Die Beauftragte der Bundesregierung für Migration, Flüchtlinge und Integration (Hrsg.): 10. Bericht der Beauftragten d. Bundesregierung für Migration, Flüchtlinge und Integration über die Lage der Ausländerinnen und Ausländer in Deutschland. Berlin: 2014, S. 247–248

3

Folgen misslungener Integration: „Problemgebiet Banlieue" in Frankreich

„Der Großteil der Banlieues in Frankreich entstand nach dem Zweiten Weltkrieg, als massive Wohnungsnot zum Bau neuer Hochhaussiedlungen … führte. … Infrastrukturelle Mängel … sowie bauliche Missstände wurden [aber] schnell sichtbar. Wer es sich leisten konnte, zog in die Einfamilienhausgebiete im suburbanen Raum oder in die Innenstadt.
Größtenteils bezogen Einwanderer insbesondere aus den ehemaligen französischen Kolonien in Nordafrika die leer stehenden Wohnungen. In den 1970er Jahren führten Wirtschaftskrise und Deindustrialisierung zu hoher Arbeitslosigkeit. … So entwickelten sich die Banlieues rasch zu einem Auffangbecken für die sogenannte Problembevölkerung. Sozialräumliche Ausgrenzung, infrastrukturelle Mängel und politische Vernachlässigung bilden seither eine explosive Mischung, die sich regelmäßig in kollektiver Gewalt entlädt. … Aufgrund des hohen Migrantenanteils … sind die Vororte auch zu einem Synonym für gescheiterte Integration geworden."

Nach Simona Gnade: Problemgebiet Banlieue: Konflikte und Ausgrenzung in den französischen Vorstädten.
In: www.bpb.de/internationales/europa/ frankreich/152511/problemgebiet-banlieue vom 21.01.2013 (09.07.2015)

4

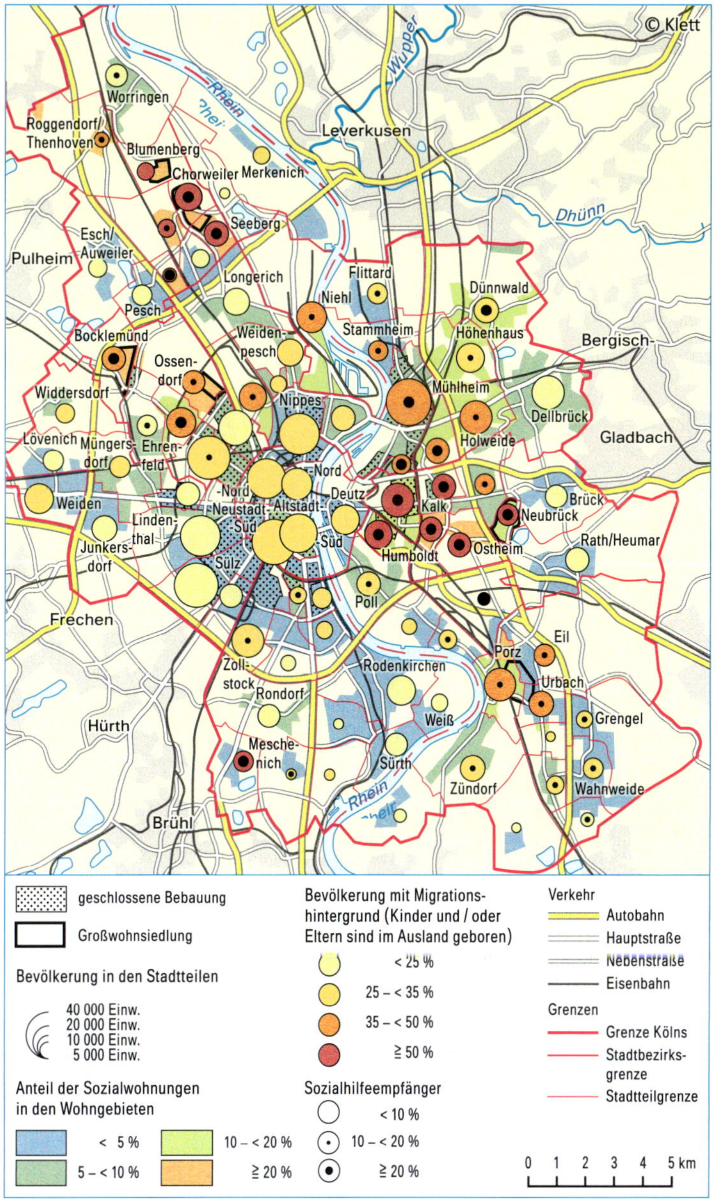

5 Sozialräumliche Gliederung von Köln

1 Diskutieren Sie im Plenum die Bildunterschrift zu Foto 1.

2 Auswertung der Karte 5
a) Arbeiten Sie die Grundzüge der sozialräumlichen Gliederung von Köln heraus.
b) Nennen Sie mögliche Probleme, die sich aus dieser Situation ergeben.
c) Stellen Sie auf der Grundlage einer Internetrecherche konkrete Maßnahmen dar, um die Probleme sozialräumlicher Segregation in Köln zu entschärfen (siehe Online-Code z5g5mh).

3 Erklären Sie die Integrationsprobleme in den französischen Vorstädten.

4 Stellen Sie – auch auf der Grundlage einer Behördenbefragung in Ihrer Heimatgemeinde – konkrete Maßnahmen dar, um „Orte der Integration" zu schaffen.

2.4 Bevölkerungsstrukturen

Kompetenzen erwerben

- Den demografischen Wandel in seinen Dimensionen und Ursachen beschreiben;
- ausgewählte Folgen der Bevölkerungsentwicklung darstellen;
- Chancen und Probleme der demografischen Alterung beurteilen;
- Bevölkerungsverteilung in Europa analysieren;
- Lebensbedingungen und Perspektiven der Bevölkerung in dünn- und dichtbesiedelten Räumen bewerten.

Demografischer Wandel

1 Folgen des demografischen Wandels

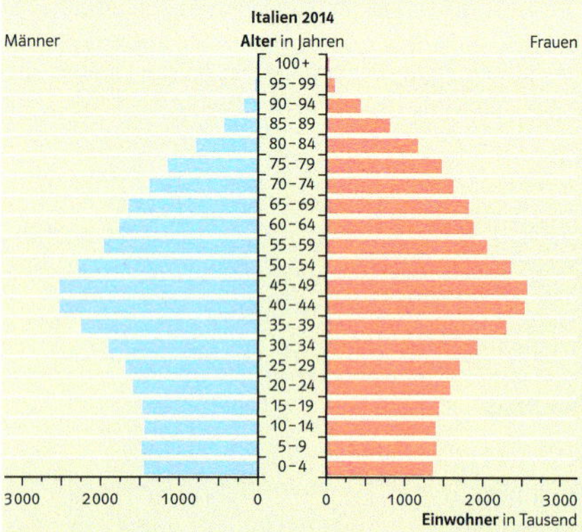

Demografische Alterung

„Die Jüngeren werden weniger, die Älteren werden mehr: Diese Verschiebung in der Altersstruktur, auch demografischer Wandel [bzw. demografische Alterung] genannt, ist die Folge von anhaltend niedrigen Geburtenraten (EU-28: 1,58 Kinder je Frau) und steigender Lebenserwartung. Zuwanderung konnte die Alterung der Bevölkerung bisher allenfalls dämpfen, nicht jedoch aufhalten. Die Illustration der Bevölkerungsstruktur, die traditionell als Alterspyramide bezeichnet wird, hat deshalb mit der Form einer Pyramide zunehmend weniger gemeinsam. In nur zehn Jahren ist der Anteil der Menschen ab 65 Jahren in der Europäischen Union von 16 % auf 18 % gestiegen. In zwei großen Staaten der Europäischen Union – Deutschland und Italien – liegt er bereits jenseits der 20 %-Marke."

Statistisches Bundesamt: Europa in Zahlen. Bevölkerung. 09 / 2014: www.destatis.de/Europa/DE/Staat/Vergleich/DEUVergleich.html (19. 04. 2015).

2

Fruchtbarkeitsziffern im Vergleich

	1970	2015
Welt	4,7	2,5
Europa	2,3	1,6
Afrika	6,7	4,7
Lateinamerika & Karibik	5,3	2,1
Nordamerika	2,3	1,8
Asien	5,1	2,2
Ozeanien	3,4	2,5

Nach DSW-Datenreport 2015

3

Die wesentlichen Steuerungsfaktoren jeder natürlichen Bevölkerungsentwicklung sind Fruchtbarkeit (Fertilität), Anzahl der Geburten und Sterblichkeit (Lebenserwartung). Bedeutsam ist dabei vor allem die durchschnittliche Kinderzahl pro Frau. Sie wird als Fertilitätsrate oder **Gesamtfruchtbarkeitsrate** (engl. „Total Fertility Rate" TFR) bezeichnet. Von ihr hängt es in der jeweiligen Gesellschaft ab, ob und um wie viel die nächste Generation größer oder kleiner sein wird als die gegenwärtige. In Ländern mit höherem Entwicklungsstand, gutem medizinischen Standard und geringer Säuglingssterblichkeit reicht z. B. eine TFR von 2,1 aus, um die jeweilige Elterngeneration zu ersetzen bzw. den Bestand der Bevölkerung zu erhalten. Dieser auch als Ersatz- oder Bestandserhaltungsniveau bezeichnete Wert liegt in vielen Entwicklungsländern mit ihrer höheren Säuglings- und Kindersterblichkeit bei Werten zwischen 2,5 und 3,0.

Für die europäischen Staaten ergeben sich aus dem veränderten generativen Verhalten und der demografischen Alterung große Herausforderungen. Alle Bereiche der Wirtschaft und Gesellschaft sind hiervon betroffen, vor allem der Arbeitsmarkt und der Schulsektor, die künftigen Wohnformen und die Stadtgestaltung, aber auch die Gesundheit und Pflege sowie die sozialen Sicherungssysteme.

Bevölkerungsentwicklung und ihre Folgen

Demografischer Wandel und Migration

„Die demografische Entwicklung der letzten Jahre macht Folgendes klar:
- In Europa wächst die Zahl der Staaten, in denen mehr Menschen sterben als Kinder zur Welt kommen. Dadurch schrumpft zumindest die einheimische Bevölkerung. ... Ob die Einwohnerzahl dieser Länder zukünftig insgesamt schrumpft, hängt somit sehr wesentlich vom Ausmaß der Zuwanderung und von der Kinderzahl der Zugewanderten ab.
- ... Niedrige Geburtenzahlen werden ... die Zahl der Kinder und Jugendlichen weiter verringern. Dies führt ... zu einer schrumpfenden Zahl von jungen Erwachsenen, die mit frischem Wissen aus Europas Bildungssystemen auf den Arbeitsmarkt übertreten. Ohne Zuwanderung würde das Erwerbspotenzial [stark] schrumpfen ... [siehe Tabelle 6].
- Die meisten Länder West- und Mitteleuropas haben inzwischen mehr Zuwanderung als Abwanderung. [Das führt] dazu, dass die Bevölkerung ... nicht bloß durch die demografische Alterung ergraut, sondern zugleich durch Zuwanderung sprachlich, kulturell und religiös bunter wird."

Nach Rainer Münz: Migration in Europa. In: Praxis Geographie 42 Jg., H. 6, Braunschweig: 2012, S. 89

4

In den Staaten der EU werden die sozialen Sicherungssysteme im Wesentlichen über Abgaben und Steuern der Erwerbstätigen finanziert. Diese gehören in der Regel zur Gruppe der 15- bis unter 65-Jährigen. Wie sich die Belastung dieser Altersgruppe entwickelt, ergibt sich aus dem „Altenquotienten" (siehe Grafik 5). Dabei wird die Anzahl der Personen, die 65Jahre und älter sind, ins Verhältnis zur Gruppe der 15- bis 64-Jährigen gesetzt. Je größer dieser Quotient wird, umso niedriger ist die Zahl der Erwerbstätigen, die einen wachsenden Anteil an Älteren tragen muss. Der „Jugendquotient" gibt Auskunft darüber, wie viele unter 15-Jährige auf je einhundert 15- bis 64-Jährige entfallen.

Entwicklung der Altersstruktur in der EU und in Deutschland

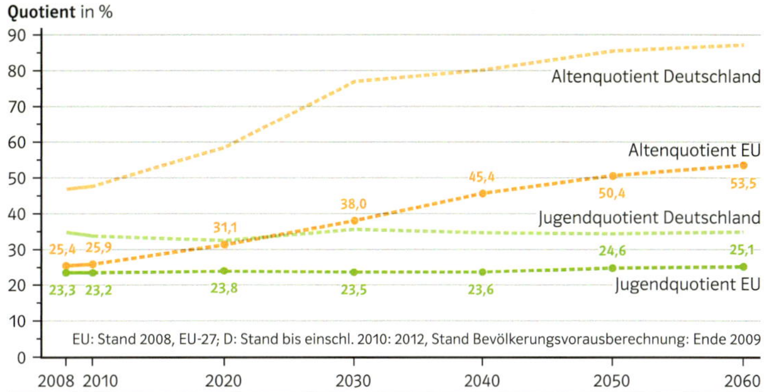

Eigene Darstellung, u.a. nach Bundeszentrale für politische Bildung: Entwicklung der Altersstruktur, vom 23.07.2011: www.bpb.de/nachschlagen/zahlen-und-fakten/europa/70506/entwicklung-der-altersstruktur (22.10.2015)

5

Entwicklung der Bevölkerung in Europa (48 Staaten)

Altersgruppen (Anteile in %)	1950	1970	1990	2010	2030	2050
> 64 Jahre	8,2	10,5	12,7	16,2	22,4	26,9
15–64 Jahre	65,5	64,2	66,8	68,4	62,2	57,2
< 15 Jahre	26,2	25,3	20,5	15,4	15,4	15,9
Bevölkerungsstand (in Mio.)	547,3	655,9	720,5	738,2	741,2	719,3

Eig. Darstellung, u.a. nach Bundeszentrale für politische Bildung: Entwicklung der Altersstruktur, vom 23.07.2011: www.bpb.de/nachschlagen/zahlen-und-fakten/europa/70503/altersstruktur (22.10.2015)

6

Folgen für die Stadtgestaltung

„Stadtentwickler, Kommunen, Verkehrsbetriebe werden sich ebenfalls auf eine Gesellschaft mit einem höheren Anteil Älterer einstellen müssen. ... Konzepte der Stadtentwicklung, von der Verkehrsführung bis hin zu Sportstätten und Sportmöglichkeiten für Ältere, die Erreichbarkeit von Arztpraxen, Poststellen und Supermärkten sind zu überdenken. Auch das Planen und Ausstatten von Häusern und Wohnungen wird sich durch den größeren Anteil Älterer mit ihren eigenen Anforderungen wandeln. Veränderungen in der Pflege sind ebenfalls absehbar. Etwa ein Drittel der über 85-Jährigen ist heute pflegebedürftig. Was aber passiert, wenn der Anteil der über 85-Jährigen in der Bevölkerung steigt?"

Ursula Lehr: Alterung der Bevölkerung. Berlin-Institut für Bevölkerung und Entwicklung. Aktualisiert Februar 2013

7

1 Interpretieren Sie die Karikatur 1.

2 Nennen Sie mögliche Ursachen für den Rückgang der Fruchtbarkeitsraten.

3 Analysieren Sie die Materialien dieser Doppelseite im Hinblick auf die Folgen der Bevölkerungsentwicklung.

4 Stellen Sie ausgehend von Text 7 dar, welche entsprechenden Maßnahmen in Ihrer Gemeinde ergriffen werden (Behördenbefragung, Stadtexkursion). Nutzen Sie auch das Online-Material.

5 Erörtern Sie in Ihrer Lerngruppe Chancen und Probleme, die sich aus der demografischen Alterung für Europa und seine Menschen, also auch für Sie selbst, ergeben.

6 Erläutern Sie mithilfe des Online-Codes (5fm7kf) die Entwicklung der Altersstrukturen seit 1950:
a) von Deutschland,
b) der Europäischen Union.

8 Satellitenaufnahme von Europa bei Nacht

Bevölkerungsverteilung

Europa ist mit rund 10 Mio. km² der zweitkleinste Kontinent der Erde. Im Hinblick auf die Bevölkerung werden aber fast Dimensionen wie bei den flächenmäßig erheblich größeren Kontinenten Amerika und Afrika erreicht. Denn in Europa leben gegenwärtig rund 750 Mio. Menschen. Die durchschnittliche Bevölkerungsdichte beträgt also 75 Menschen je km². Doch die Bevölkerung Europas ist ungleich verteilt. Teile des Kontinents sind nur dünn besiedelt, andere dagegen viel dichter. Die Ursachen dieser ungleichen Bevölkerungsverteilung sind vielschichtig.

Das Statistische Amt der Europäischen Union, EUROSTAT, erhebt für verschieden große territoriale Einheiten (siehe **NUTS**) regelmäßig statistische Daten zu allen wichtigen Lebens- und Wirtschaftsbereichen.

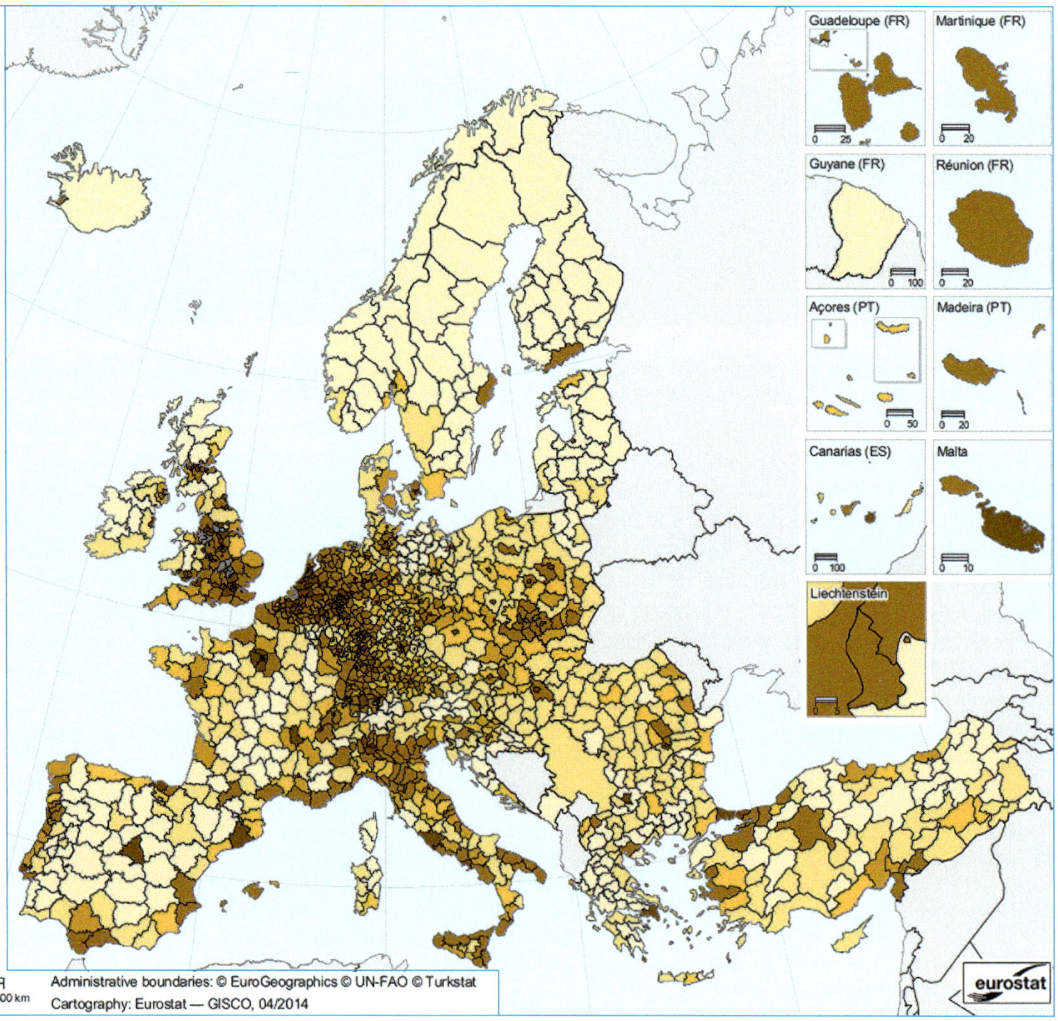

NUTS (Nomenclature des unités territoriales statistique) ist eine von EUROSTAT entworfene räumliche Gliederung der EU in verschiedenen Maßstabsebenen. Sie klassifiziert neben der Ebene der Mitgliedstaaten drei weitere Gebietseinheiten:
- NUTS-1-Ebene (> 3 Mio Ew.); entspricht etwa den größeren Bundesländern
- NUTS-2-Ebene (800 000 – 3 Mio Ew.); umfasst in Deutschland die Regierungsbezirke und kleineren Bundesländer
- NUTS-3-Ebene (< 800 000 Ew.); bezieht sich auf Landkreise und kreisfreie Städte

9 Bevölkerungsdichte in der EU nach NUTS-3 Regionen im Jahr 2012

10 **Dünnbesiedelter Raum in Finnland**

12 **Dichtbesiedelter Raum Paris**

Bevölkerungsdichte in Europa im Jahr 2013

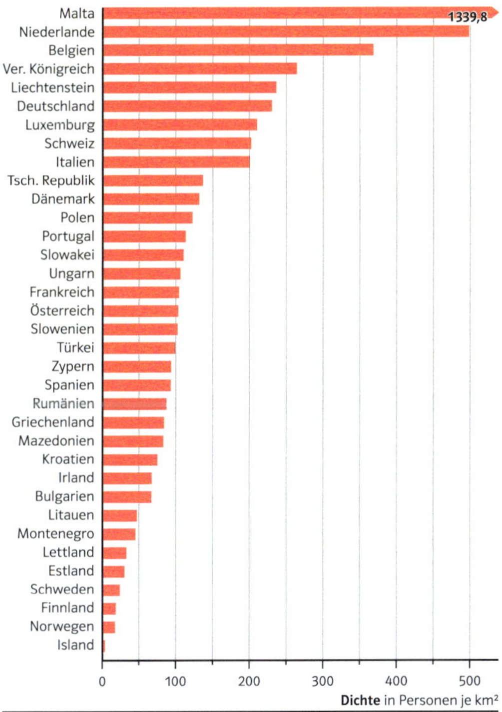

Nach Eurostat, Bevölkerungsdichte: http://ec.europa.eu/eurostat/tgm/table.do?tab=table&init=1&language=de&pcode=tps00003&plugin=1 (10.07.2015)

11

Population density

"EU-28 population density was estimated at 116.3 inhabitants per square kilometre (km²) in 2012. Map [9] shows the diversity of NUTS 3 regions across the EU: from the most densely populated areas, such as the capital cities of Paris (21 516 inhabitants per km²) and London (10 374 and 9 311 for Inner London – West and Inner London – East), to remote, sparsely inhabited areas, such as those of northern Scandinavia, for example, the Swedish region of Norrbottens län had the largest total area of all NUTS 3 regions (105 205 km²) and the second lowest population density (2.6 inhabitants per km²). For comparison, the total area covered by Norrbottens län was almost 1 000 times as large as the area covered by Paris (105.4 km²). There were 10 regions in the EU where population density was above 5 000 inhabitants per square kilometre. Aside from Paris and the two Inner London regions, the most densely populated regions in the EU-28 – with above 5 000 inhabitants per km² – included: the suburban regions surrounding Paris (Hauts-de Seine, Seine-Saint-Denis and Val-de-Marne); Bucuresti, the capital of Romania; the Arrondissement de Bruxelles-Capitale/Arrondissement van Brussel-Hoofdstad, the capital of Belgium; the Spanish autonomous city of Melilla; and Portsmouth on the southern coast of the United Kingdom. …

Among the EFTA countries, the highest population density in Switzerland was registered in Basel-Stadt (5 049.7 inhabitants per km²) … Within the candidate countries, the population density of İstanbul (2 644.2 inhabitants per km²) was also much higher than that of the Turkish capital, Ankara (201.0).

There were almost 11 000 times as many persons living on each square kilometre of land in Paris as there were in Lappi (in the north of Finland)."

http://ec.europa.eu © Europäische Union, 1995–2016, Für die Wiedergabe und Anpassung ist allein die Ernst Klett Verlag GmbH verantwortlich

13

7 Strukturen der Bevölkerungsverteilung

a) Arbeiten Sie aus den Materialien dieser Seiten wesentliche Strukturen in der Bevölkerungsverteilung Europas heraus.

b) Erklären Sie für ausgewählte Räume Ursachen der Bevölkerungsverteilung.

8 Arbeit mit der Karte 9, dem Satellitenbild 8 sowie den Fotos 10 und 12

a) Lokalisieren Sie die beiden Fotos in Karte und Satellitenbild.

b) Bewerten Sie die beiden dargestellten Beispielregionen im Hinblick auf die jeweiligen Lebensbedingungen und Perspektiven ihrer Bevölkerung.

TERRA **KOMPETENZ**

Emigration
Freizügigkeit
Gesamtfruchtbarkeitsrate
Immigration
Integration
Migration
NUTS
Push- und Pull-Faktoren
Schengener Abkommen
Binnenmigration
Segregation

Wissen vernetzen

Migration ist nicht nur ein aktuelles globales Phänomen. Auch im historischen Rückblick zeigt sich, dass Wanderungsbewegungen eigentlich einen „Normalfall der Geschichte" darstellen. Einzelne oder Gruppen verlagern auf Zeit oder auf Dauer ihren sozialen Lebensmittelpunkt innerhalb der Grenzen eines Staates oder eines Staatenverbundes wie der EU (Binnenmigration), grenzüberschreitend (Außenmigration) oder in Form von Saisonwanderungen. Die Motive hierfür sind sehr unterschiedlich. Im Grunde geht es den Betroffenen aber meist um Arbeit und Lohn sowie Frieden und Sicherheit.

Im 19. und 20. Jh. verließen Auswanderer in großer Zahl den Alten Kontinent und suchten ihr Glück und eine neue Existenz in Übersee. Seit mehreren Jahrzehnten haben sich die Wanderungsströme umgedreht: Europa ist Einwanderungskontinent geworden. Aus dem Zustrom von Arbeitssuchenden ergeben sich Chancen und Probleme sowohl für die Herkunftsregionen als auch für die Aufnahmeländer. Für Europa bietet die Zuwanderung die Möglichkeit, den absehbaren Mangel an qualifizierten Arbeitskräften in der alternden Gesellschaft zu decken. Aber unter den Migranten befinden sich auch viele gering oder gar nicht Qualifizierte. Nicht nur bei dieser Gruppe, sondern bei allen Zuwanderern ergibt sich die gesellschaftliche Aufgabe, die Probleme der Integration zu meistern und die Grundlagen für ein geregeltes Miteinander zu schaffen.

Ein besonderes Problem stellen die Tausenden von Menschen aus Asien und aus Afrika dar, die mithilfe von Schlepperbanden versuchen, das Territorium der Europäischen Union zu erreichen. Armut, Bürgerkriege, Menschenrechtsverletzungen und wirtschaftliche Perspektivlosigkeit treiben sie nach Europa. Bei ihren verzweifelten Versuchen, die EU-Außengrenzen auf dem Seeweg über das Mittelmeer zu überwinden, riskieren sie ihr Leben. Das allein ist ein aufrüttelnder Beleg für die Notsituation, der sie in ihren Heimatländern ausgesetzt sind. Der Umgang mit diesen Asylsuchenden, deren Zahl ständig zunimmt, wird zum Prüfstein für die europäischen Demokratien und deren Wertesysteme.

Migration und Bevölkerung

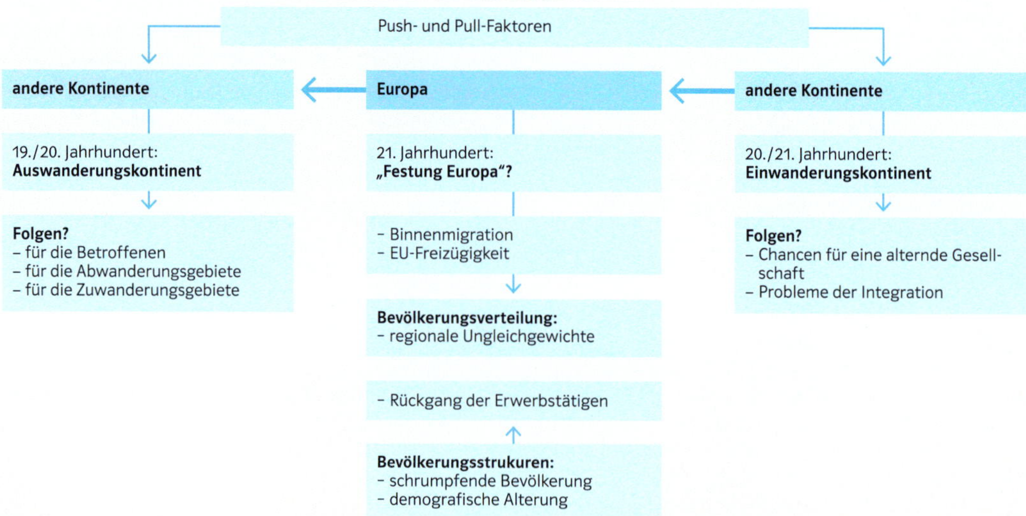

1

Kompetenzen überprüfen

Überprüfen Sie Ihre in diesem Kapitel erworbenen Kompetenzen mit den folgenden Aufgaben und Materialien. Gehen Sie bei der Erarbeitung wie folgt vor:

- Erarbeiten Sie für jede Aufgabe schriftlich eine Lösung.
- Vergleichen Sie diese dann mit den Lösungshinweisen (Online-Code 46sx3n).
- Bewerten Sie Ihre Lösung anhand der Notenskala von 1 bis 6.
- Überlegen Sie, wie Sie eventuell festgestellte Defizite beseitigen können.

Räumliche Orientierung

1 Stellen Sie drei bedeutende Migrationsströme des 19. Jh. dar.

2 Lokalisieren Sie mithilfe geeigneter Atlaskarten die Hauptrouten der illegalen Zuwanderung in die EU.

3 Nennen Sie fünf Mitgliedstaaten an den Außengrenzen des Schengen-Raumes.

Methoden

1 Auswertung einer Grafik
a) Beschreiben Sie den Altersaufbau der Bevölkerung von Europa im Jahr 2080 in Grafik 2.
b) Vergleichen Sie die Situation 2013 und 2080.
c) Erklären Sie Ursachen der Entwicklung.

2 Interpretieren Sie die Zeichnung 3.

3

Fachwissen

1 Erklären Sie anhand konkreter Beispiele die Begriffe „Push- und Pull-Faktoren".

2 Stellen Sie Chancen und Probleme der aktuellen Zuwanderung nach Europa für die Aufnahmeländer dar.

Kommunikation

1 Erstellen Sie für einen Kurzvortrag in Ihrem Kurs ein Push- und Pull-Modell der internationalen Migration.

2 Stellen Sie in der Form eines Zeitungsberichts Hintergründe und Zielräume der irischen Migration des 19. Jh. dar.

3 Gestalten Sie auf der Grundlage einer Behördenbefragung eine Präsentation zur Altersstruktur und Bevölkerungsentwicklung Ihrer Gemeinde.

Beurteilen und bewerten

1 Erörtern Sie mögliche soziale und wirtschaftliche Folgen der europäischen Migration im 19. Jh. für die Auswanderer- und Einwandererregionen.

2 „Nur eine selektive Zuwanderung nach Europa kann die Probleme des demografischen Wandels lösen." Diskutieren Sie diese Aussage.

Altersstruktur der Europäischen Union (EU-28) 2013 und 2080

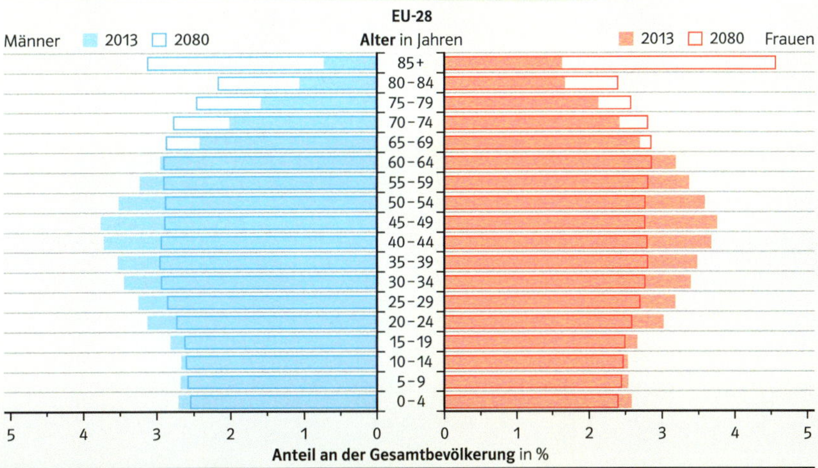

Eigene Darstellung nach EUROSTAT

2

3 Natürliche Grundlagen: Nutzung und Gefährdung

Im Verhältnis zu seiner Größe zeigt Europa hinsichtlich seiner naturräumlichen Ausstattung eine erstaunliche Vielfalt. Verschiedenste Landschaften, wie die Tundren Skandinaviens, die ausgedehnten Gras- und Waldlandschaften des osteuropäischen Flachlands, die mediterranen Hartlaubformationen entlang des Mittelmeeres oder die alpinen Matten, prägen den Kontinent. Sie sind Ergebnis ganz spezifischer geologischer, klimatischer, hydrologischer und pedologischer Einflussfaktoren und bilden seit jeher für den Menschen die Grundlage zur räumlichen Erschließung und wirtschaftlichen Nutzung. In Anpassung an die verschiedenen natürlichen Gegebenheiten entstand so im Laufe der vergangenen Jahrtausende in Europa eine vielfältige Kulturlandschaft.

1 Krater des Vesuv vom Monte Somma nach Süden über den Golf von Neapel zur Halbinsel Sorrent

Doch ist eine wirtschaftliche Nutzung oft mit Risiken verbunden, wie das Schrägluftbild der Bucht von Neapel eindrucksvoll zeigt. Bereits seit dem Altertum waren ertragreiche vulkanische Böden und die Lage am Meer Gunstfaktoren für eine Besiedlung und intensive Nutzung der Region in unmittelbarer Nähe des aktiven Vulkans Vesuv. Spektakuläre Ausbrüche in der Vergangenheit hatten oft schwere Zerstörungen zur Folge und forderten immer wieder auch eine hohe Zahl an Todesopfern.

Welche Bedeutung haben die naturräumlichen Gegebenheiten in den verschiedenen Ländern und Regionen Europas für eine wirtschaftliche Nutzung?
Welche Gefährdungen sind mit der Nutzung verbunden?
Welche Lösungsansätze gibt es, um die natürlichen Grundlagen zu schonen bzw. zu erhalten?

1 Großlandschaften Europas

3.1 Naturräumliche Gliederung Europas

Kompetenzen erwerben

- Die Großlandschaften des europäischen Kontinents in naturräumlicher Hinsicht charakterisieren;
- eine Landschaft als ein Ergebnis des Zusammenwirkens von Geofaktoren erklären und als Ausschnitt aus dem System Erde erkennen;
- zum Verständnis der Genese und des Charakters einer Natur- und Kulturlandschaft die Geofaktoren heranziehen.

Europa bietet nicht nur in politischer und kultureller Hinsicht ein vielschichtiges Bild. Auch hinsichtlich der naturräumlichen Grundlagen zur wirtschaftlichen Nutzung sind die Gegebenheiten sehr unterschiedlich. Die Karte 1 zeigt deutlich, dass Europa mit seinen tief gegliederten Küsten und der daraus folgenden Hafengunst mit den weit in das Rückland reichenden schiffbaren Flüssen als ein den Meeren zugewandter Kontinent bezeichnet werden kann. Diese Lageverhältnisse begünstigen den Warenaustausch genauso wie die verkehrsmäßige Durchgängigkeit des Kontinents. Weder in Ost-West- noch in Nord-Süd-Richtung existieren Verkehrsbarrieren, die nicht mit den heutigen technischen Mitteln überwindbar wären. Die Alpen und die Pyrenäen wurden dank ihres Reichtums an Bodenschätzen sehr früh besiedelt, sodass sie statt eines Hindernisses eher eine Klammer zwischen ihren zentraleuropäischen bzw. mediterranen Vorländern bilden. Europa ist in physisch-geographischer Hinsicht, anders als z. B. Nordamerika, ein Kontinent „mittleren Maßstabs“ – gewaltige Gebirgsmassive fehlen genauso wie „Riesenströme“. Demgegenüber ist Kleinräumigkeit ein hervorstechendes Merkmal in der Reliefgestaltung Europas. Ein Mosaik aus Hoch- und Mittelgebirgen, Schichtstufen und Hügelländern, Becken, Flusstälern und Tiefländern führt zu einem starken Landschaftswandel auf kurzen Distanzen.

Aus dieser Vielfalt und Kleinräumigkeit resultiert eine gewisse Raumenge, die seit der Besiedelung und wirtschaftlichen Erschließung Europas durch den Menschen zur Entstehung einer vielseitigen Kulturlandschaft geführt hat.

Landschaft und Geosphären

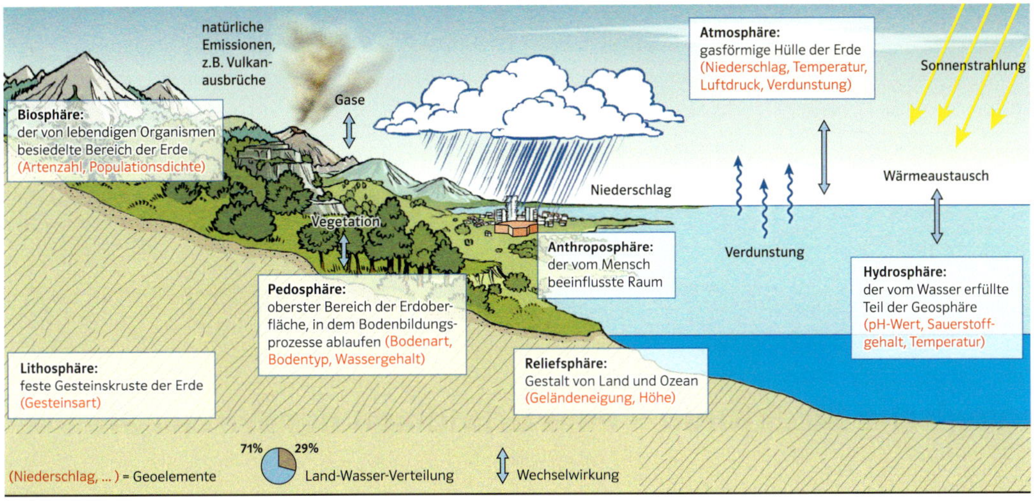

2

Geofaktoren sind die das Aussehen einer Landschaft bestimmenden natürlichen Gegebenheiten
- Relief
- Klima
- Gesteine
- Böden
- Wasser
- Vegetation
- Tierwelt

Landschaft

Wenn im Alltag über „europäische Landschaften" gesprochen wird, entstehen bei uns meist Bilder von unberührter Natur in Schutzgebieten, wie sie medial vermittelt werden oder wir sie auf Reisen in die Alpen oder an die Mittelmeerküste gesehen haben. Der Begriff kann aber auch komplexer für einen Natur- bzw. Kulturraum wie beispielsweise die Toskana verwendet werden.

In geographischer Hinsicht steht der Begriff Landschaft für einen Teil der Erdoberfläche. Dieser wird durch das Zusammenwirken verschiedener **Geofaktoren** geprägt. Je nach deren Zusammenwirken ergibt sich ein kleinräumiges Muster von unterschiedlich großen Einzellandschaften (z.B. Lüneburger Heide), die wiederum zu größeren Einheiten zusammengefasst werden können, z.B. zum Norddeutschen Tiefland.

Naturlandschaften, d.h. weitestgehend vom Menschen unbeeinflusste Landschaften, gibt es heute in Europa kaum noch. Seit der Antike hat die intensive menschliche Nutzung große Teile des Kontinents so stark verändert, dass man von **Kulturlandschaften** spricht. Vor allem seit der Industriellen Revolution etwa ab dem späten 18. Jh. ist dieser Wandel stark vorangeschritten, die Intensität der Eingriffe hat sich ständig verschärft. In den letzten Jahrzehnten hat jedoch in Europa ein Bewusstseinswandel eingesetzt. Man hat den Wert von Natur- und alten Kulturlandschaften erkannt und sucht nach Lösungen für den Erhalt und die teilweise Wiederherstellung der natürlichen Umwelt.

3 **Natur- und Kulturlandschaften in Europa**

1 Ordnen Sie mithilfe von Karte 1 und des Atlas tabellarisch europäische Landschaften ihren Großlandschaftstypen zu. Beispiel:

Großlandschaftstypen	Landschaft
Tiefland	Baltischer Landrücken

2 Erläutern Sie naturräumliche Gunst- und Ungunstfaktoren für eine wirtschaftliche Erschließung und Entwicklung Europas.

3 Ordnen Sie die Fotos 3 einer europäischen Großlandschaft zu unter dem Aspekt der Natur-/Kulturlandschaft.

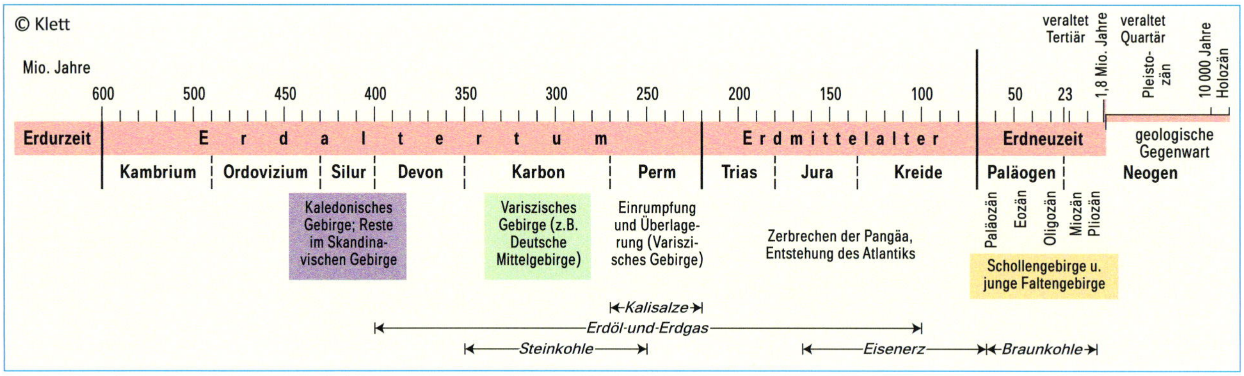

1 Geologische Zeittafel

3.2 Geologische Strukturen – eine Grundlage der Wirtschaft

Kompetenzen erwerben

- Die erdgeschichtliche Entwicklung Europas in Grundzügen beschreiben;
- die Bedeutung geologischer Strukturen als wichtige Grundlage für die wirtschaftliche Nutzung erläutern;
- thematische Karten zur Nutzung und Gefährdung tektonisch aktiver Zonen in Europa auswerten;
- Chancen und Risiken tektonischer Gefährdungsgebiete einschätzen und erörtern;
- Chancen und Risiken der Nutzung alternativer geologischer Energiequellen in Europa diskutieren.

Pangäa (griech. pan = allumfassend, gaia = Erde) Vereinigung aller Landmassen der Erde zu einem Superkontinent vom Karbon bis Jura

Gondwana Urkontinent auf der Südhalbkugel, der vermutlich während des Erdmittelalters zerfiel

Laurasia Urkontinent auf der Nordhalbkugel während der gleichen Zeit wie Gondwana

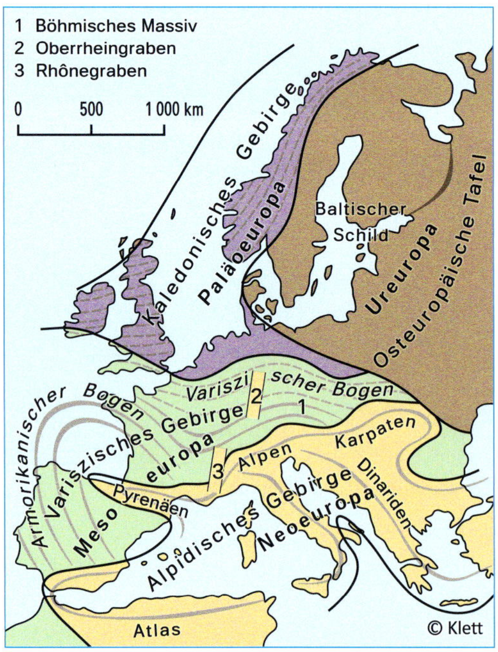

2 Geotektonische Gliederung Europas im erdgeschichtlichen Zusammenhang
Nach Rudi Stauch: Wir schweißen Europa zusammen! In: Geographie heute, 12. Jg., H. 4. Velber: Friedrich 1991, S. 20

Geologisches Puzzle mit Risiken

Die Gestalt des europäischen Kontinents ist das Ergebnis andauernder tektonischer Prozesse, die bis über 500 Mio. Jahre in das Erdaltertum zurückreichen. Alte eingerumpfte Gebirge wie die schottischen Highlands sowie im Untergrund verborgene Senken und Verwerfungen weisen darauf hin, dass sich hier früher Kontinentalplatten bewegt haben. Diese speziellen geologischen Zonen boten die Voraussetzung für die Erschließung von Erz-, Kohle-, Erdöl- und Erdgaslagerstätten, die seit jeher eine wichtige Grundlage zur wirtschaftlichen Entwicklung bilden.
Die Entstehung der heutigen Konturen Europas ist geologisch betrachtet relativ jung, sie beginnt in der Erdneuzeit vor ca. 65 Mio. Jahren. Damals bildete sich zwischen den Kontinentalblöcken Afrika und Europa der von Westen nach Osten verlaufende Ozean Thetys, ein Vorläufer des Mittelmeeres. Als sich im weiteren Verlauf die afrikanische Kontinentalplatte auf den europäischen Kontinent zubewegte, wurde das Meeresbecken des Tethys verengt, die Sedimente zusammengeschoben und kleinere dazwischenliegende Mikroplatten zu eigenen Bewegungen veranlasst. Als Folge dieser plattentektonischen Bewegungen entstanden u. a. die Pyrenäen, die Alpen und die Karpaten als junge Faltengebirgsketten.

Material
Materialsammlung zu Lagerstättenbildung
ut6j8t

Material
Stumme Karte Europa
aw7n2n

Erdbeben. Die beschriebenen tektonischen Vorgänge in Europa dauern bis heute unvermindert an. Sichtbares Zeichen dafür sind die in den Kollisions- und Schwächezonen des Kontinents auftretenden Erdbeben und vulkanischen Erscheinungen. Im Mittelmeerraum als direkter Nahtstelle der Kontinentalplatten besteht ein ständiges Erdbebenrisiko. Zeitpunkt und Stärke der Beben sind kaum vorhersagbar. Heftige Erdbeben haben seit jeher besonders in Italien, Griechenland und der Türkei häufig folgenschwere Schäden verursacht und stellen auch in Zukunft eine ernst zu nehmende Gefährdung für die Bevölkerung und die wirtschaftliche Entwicklung dar.

Vulkanismus. Der Vesuv ist gegenwärtig inaktiv, dennoch einer der gefährlichsten Vulkane. Ein überraschender Ausbruch wäre mit unabsehbaren Folgen verbunden, denn in der unmittelbar gefährdeten Zone leben aktuell rund 700 000 Menschen. Seit Jahrhunderten aktiv ist hingegen der 3 350 m hohe Ätna auf Sizilien, der genau auf der Bruchlinie zwischen Eurasischer und Afrikanischer Platte liegt. An seinen vier Hauptkratern kommt es kontinuierlich zu kleineren Eruptionen, bei denen neben großen Aschemengen aus tiefen Flankenrissen auch z. T. mächtige Lavaströme talwärts fließen.

Der Ausbruch des Vesuv 79 n. Chr.

„Nach langer Zeit erschien ein glimmendes Licht, welches wir eher für den Vorboten eines neuen Flammenausbruchs hielten. … Das wieder ausbrechende Feuer stürzte sich aber in einiger Entfernung von uns nieder und ein schwerer Schauer des Aschenregens bedeckte uns, den wir von Zeit zu Zeit abschütteln mussten, um nicht in dessen Anhäufungen erdrückt und begraben zu werden. Plötzlich loderten ganz in der Nähe Flammen auf, und ein stechender Geruch trieb die meisten in die Flucht, meinen Oheim brachten sie dazu aufzustehen. Gestützt auf zwei Sklaven erhob er sich, um zu fliehen, sank aber im selben Augenblick tot um, wie ich glaube, weil sein Atem durch den allzu dichten Qualm behindert und seine Luftröhre verschlossen war, die bei ihm von Natur aus schwach und eng und häufig entzündet war."

Auszug aus einem Brief Plinius der Jüngere an Tacitus, übers. v. Marc Szeglat, www.vulkane.net/vulkane/pompeji/plinius.html (27.01.2016)

4

Gefahren und Nutzen. Trotz der Bedrohung durch Vulkane zogen die Menschen stets mehr Nutzen aus ihnen, als dass sie geschädigt wurden. Vulkanische Gesteine wie Tuff oder Basalt sind vielseitig als Baustoffe verwendbar. Verwitterte Vulkanite enthalten viele Mineralien und liefern deshalb ertragreiche Böden, sodass die Hänge an Vulkanen oft landwirtschaftlich intensiv genutzt werden. Einige heiße Zonen im Untergrund dienen der Energiegewinnung. Zudem bieten die Vulkane und heiße Thermalquellen ein großes Potenzial für touristische Nutzung.

5 **Zerstörung in L`Aquila (2010)**

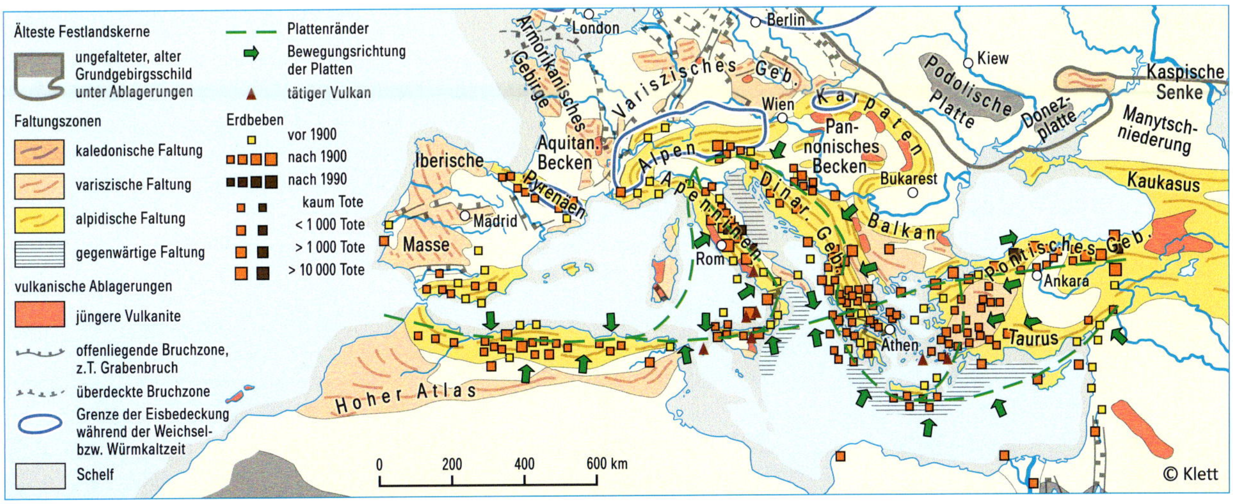

3 **Geologie und Tektonik im Mittelmeerraum**
Nach Horst-Günter Wagner: Mittelmeerraum. Darmstadt: Wissenschaftliche Buchgesellschaft 2001, S. 214

1 Erstellen Sie mithilfe geeigneter Atlaskarten eine Übersicht über Regionen in Europa, die in besonderem Maße über natürliche (Rohstoff-)Ressourcen verfügen.

2 Beschreiben Sie mithilfe der geologischen Zeittafel 1 und der Karte 2 die geologische Entwicklung und Entstehung des Kontinents Europa. Stellen Sie dabei auch Zusammenhänge zur Entstehung von Rohstoffen her.

3 Tektonische Aktivität und vulkanische Erscheinungen in Europa
a) Lokalisieren Sie die Schwerpunktgebiete (Online-Code aw7n2n).
b) Erklären Sie deren Entstehung.
c) Erläutern Sie die Gefahren und Nutzungspotenziale geologisch aktiver Regionen in Europa.

Schiefergas – ein neuer Energieboom!

Außerhalb Europas wird in vielen Ländern das wirtschaftliche Nutzungspotenzial des Schiefergases sehr positiv bewertet. Die Förderung wird dementsprechend massiv vorangetrieben. In der EU hingegen steht Schiefergas eher als Synonym für nachhaltige Landschaftszerstörung und Grundwassergefährdung. Warum ist das so?

4 Nehmen Sie Stellung zu den Positionen verschiedener europäischer Länder zur Schiefergasförderung.

a) Lokalisieren Sie mithilfe der Karte 10 und geeigneter Atlaskarten die Verbreitung von Schiefergasvorkommen in Europa und in den USA.
b) Erklären Sie die Fracking-Methode zur Erdgasgewinnung.
c) Erläutern Sie die mit der Schiefergasförderung verbundenen Chancen und Risiken.
d) Recherchieren Sie im Internet die Positionen verschiedener europäischer Länder zur Schiefergasförderung. Hilfe bietet Ihnen der Online-Code d2z8dt.

Schiefergas ist ein unkonventionelles Erdgas, das sich vom herkömmlichen Erdgas in der Art der Lagerstätte und in der zur Gewinnung erforderlichen **Fracking**-Methode unterscheidet. Es ist angesichts der starken Verknappung fossiler Energierohstoffe auch in Europa zur großen Hoffnung für eine mittelfristig sichere und bezahlbare Energieversorgung geworden. Die Chancen und Risiken dieser neuen Fördertechnologie, die zur Verlängerung des fossilen Energiezeitalters beiträgt, werden jedoch weltweit sehr unterschiedlich eingeschätzt.
In den USA und Kanada setzt man bereits seit einigen Jahren auf die Schiefergasförderung mit der Fracking-Methode. Vor allem dadurch hat sich der Gasanteil an der Energieversorgung auf 38 Prozent verdoppelt. Gleichzeitig kann man heute weitgehend auf Erdgasimporte verzichten. Zudem haben die stark sinkenden Energiepreise und vielfältigen Beschäftigungsimpulse zu einem wirtschaftlichen Aufschwung beigetragen.

Fracking – eine umstrittene Fördermethode. Die Fracking-Methode – Kurzwort für „Hydraulic Fracturing" – wird dafür eingesetzt, um Schiefergas aus Tongesteinen lösen zu können. Dabei wird das Gestein durch Einpressen einer Flüssigkeit (Frack-Fluid) unter großem Druck aufgebrochen. Es entstehen dabei künstliche Risse (Fracs), durch die das Gas entweichen kann. In der Flüssigkeit enthaltener Feinsand verhindert, dass entstandene Risse sich wieder schließen. Hinzu kommen als sogenannte Additive chemische Zusätze, die z. B. biologische oder chemische Reaktionen im Gestein unterbinden bzw. stabilisieren sollen. Sie verhindern u. a. das Entstehen von Biofilmen auf den Rissen, die die Gasdurchlässigkeit beeinträchtigen würden.
Folgende Risikobereiche sind jedoch mit der Fracking-Methode verbunden:

1. Durch das Einpressen der Flüssigkeiten unter sehr hohem Druck können seismische Aktivitäten entstehen, die zu kleineren Erdbeben werden können.
2. Risse könnten sich über die eigentliche Gesteinsformation hinaus ausdehnen und dadurch darüberliegende Grundwasserleiter mit Gas verunreinigen.
3. Es könnte eine Kontamination des Grundwassers durch die in der Flüssigkeit enthaltenen Chemikalien erfolgen.

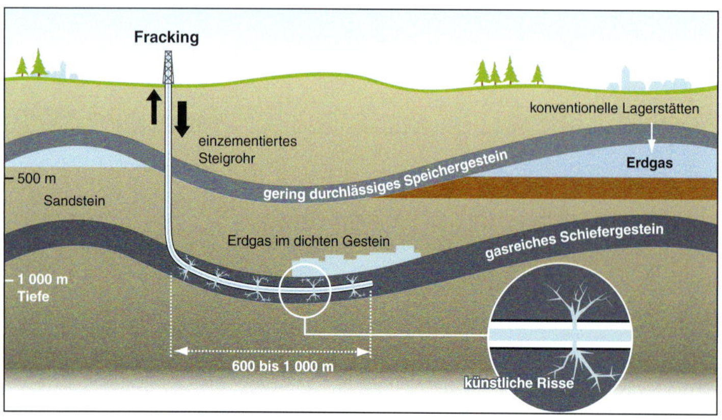

6 Erdgasgewinnung mit der Fracking-Methode

7 Fracking in USA: Bald auch in Europa?

Surftipp
Schiefergasförderung
d2z8dt

Trotz aussichtsreicher Vorkommen und günstiger geologischer Lagerungsverhältnisse hat man in Europa zum Teil deutliche Vorbehalte gegenüber der neuen Technologie. In Frankreich ist Fracking verboten. Trotz Bürgerprotesten setzt man in Polen hingegen auf die Technik. In Deutschland oder Österreich dagegen nimmt man zwar Bohrungen vor, um Schiefergasvorkommen festzustellen, eine Förderung hält man aber politisch nicht für durchsetzbar. Noch nicht. Es stellt sich die grundsätzliche Frage, ob die wirtschaftliche Nutzung natürlicher Ressourcen in einem vertretbaren Verhältnis zur Gefährdung der Umwelt steht.

Goldgräberstimmung an der Weichsel

„Internationale Konzerne wie Chevron, ExxonMobil und ConocoPhillips, aber auch der staatliche Energieriese PGNiG sowie kleinere einheimische Firmen bringen derzeit ihre Probebohrungen auf einem ‚Gas-Streifen' nieder, der Polen von der Danziger Region über Warschau nach Südosten durchzieht. Die polnische Regierung ist für das Schiefergas entflammt. Es geht um Unabhängigkeit. Denn das Land ist mit 10,25 Milliarden Kubikmeter Erdgas im Jahr 2011 einer der großen Kunden von Gazprom, dem russischen Energieriesen. Dessen undurchsichtige Preispolitik gegenüber Polen sorgt immer wieder für bilaterale Konflikte. ... Mit Hilfe des amerikanischen Know-hows hat Polen nicht nur Aussichten, vom ungeliebten russischen Gas unabhängig zu werden, sondern sogar selbst zum Gasexporteur aufzusteigen. ... Dank steigender Gaspreise soll sich das aufwendige Förderverfahren lohnen."

Jens Mattern: Energie-Gewinnung in Polen: Das schmutzige Gas. In: Spiegel Online: www.spiegel.de/wirtschaft/energie-gewinnung-in-polen-das-schmutzige-gas-a-813162.html (15.07.2015)

8

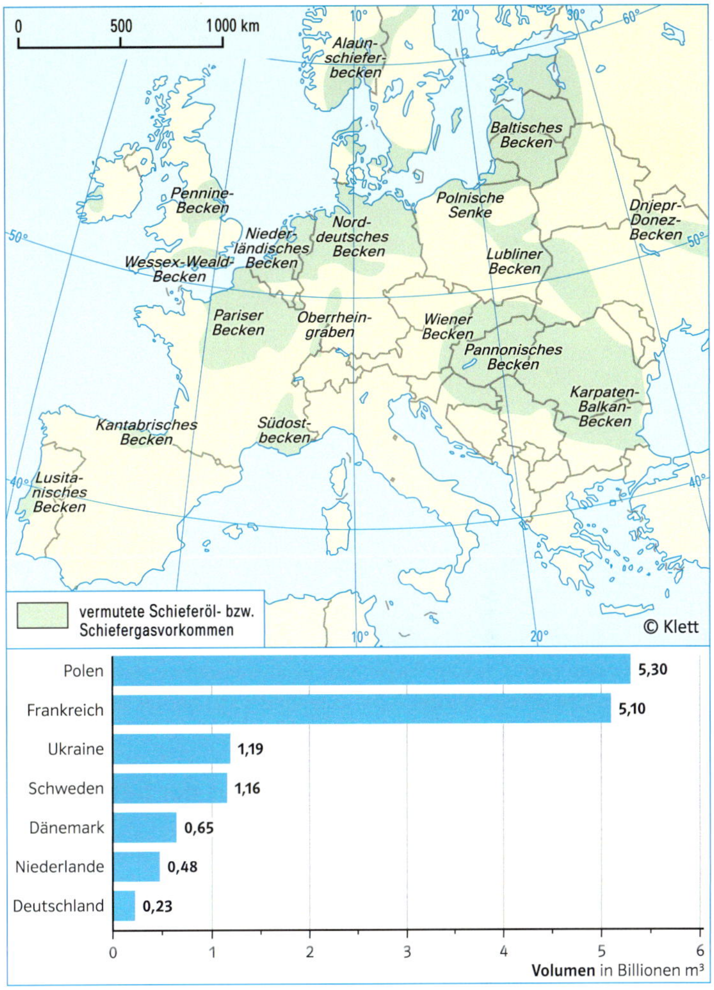

10 **Potenzielle Schiefergas- und Schieferöllagerstätten in Europa**
Nach Bundesanstalt für Geowissenschaften und Rohstoffe (BGR, Hrsg.): Energiestudie 2013. Hannover 2013, S. 37, Abb. 13; Johannes Heinritzi: Fracking als Chance. In: Focus-Money Online, vom 11.01.2013: www.focus.de/finanzen/boerse/tid-28920/oel-und-gas-revolution-mit-rendite-auch-polen-setzt-auf-fracking_aid_895492.html (03.12.2015)

Niederlande verzichten bis 2020 auf Schiefergas-Förderung

„In den Niederlanden wird in den kommenden fünf Jahren kein Schiefergas kommerziell gesucht oder gefördert. ... Zuvor hatte es aus Niedersachsen heftige Proteste gegen die Erkundungspläne der Nachbarn gegeben. Die niederländische Regierung begründet den Schritt unter anderem mit erheblichen Unklarheiten über die Auswirkungen der Schiefergas-Bohrungen im tiefen Untergrund. In den kommenden fünf Jahren werde es keine Exploration oder Förderung von Schiefergas geben, heißt es in einer Mitteilung. Bestehende Genehmigungen würden nicht verlängert. Allein Probebohrungen im Auftrag der Regierung seien denkbar, so das Wirtschaftsministerium."

Dirk Fisser: Kein unkonventionelles Fracking. In: Osnabrücker Zeitung, vom 10.07.2015: www.noz.de/deutschland-welt/wirtschaft/artikel/594762/niederlande-verzichten-bis-2020-auf-schiefergas-forderung (10.07.2015)

9

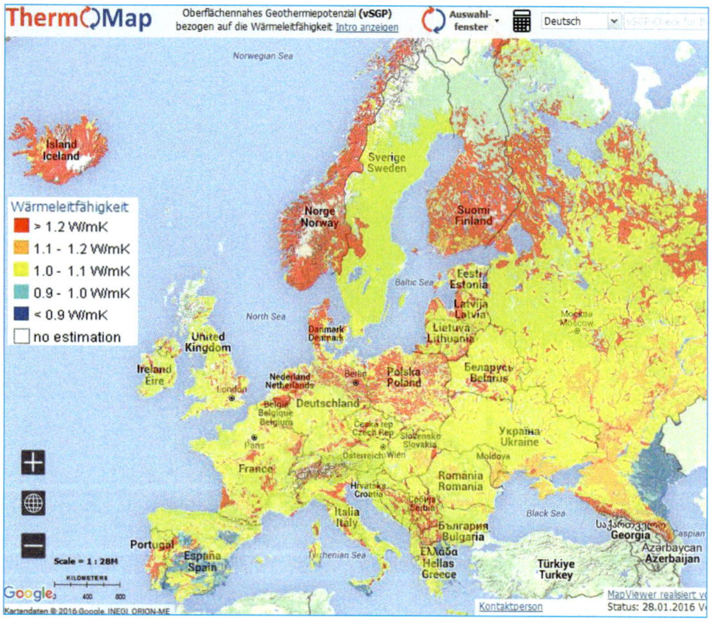

11 Geothermisches Potenzial in Europa
ThermoMap schätzt das oberflächennahe Geothermiepotenzial (vSGP) ab, bezogen auf die Wärmeleitfähigkeit des lockeren Untergrunds bis in 10 m Tiefe.

Geothermischer Gradient:
Maß für den Temperaturanstieg mit zunehmender Tiefe. Der mittlere geothermische Gradient liegt in Deutschland bei 3°/100 m und wird meist in mK/m angegeben.

Geothermie – Energie aus der Tiefe

Im Erdinneren ist eine gigantische Menge Energie in Form von Wärme gespeichert. Sie nimmt vom rund 5000–7000 °C heißen Erdkern zur durchschnittlich 15 °C „kühlen" Erdoberfläche hin ab. Dementsprechend steigt mit zunehmender Tiefe die Temperatur durchschnittlich nach dem geothermischen Gradienten um etwa drei Kelvin (K) pro 100 Meter an. In geotektonisch aktiven Gebieten Europas liegt der geothermische Gradient bei bis zu 10 K. Deshalb lässt sich besonders dort die in tieferen Erdschichten frei werdende thermische Energie zur Strom- und Wärmegewinnung wirtschaftlich nutzen.

Geothermische Energie in Europa (2015)

Land	Installierte Leistung [MWt]*
Schweden	5 600
Deutschland	2 848
Frankreich	2 346
Island	2 040
Schweiz	1 733
Finnland	1 560
Norwegen	1 300
Italien	1 014
Ungarn	905

*MWt = Megawatt thermisch, thermische Leistung eines Kraftwerkes
Bundesverband Geothermie: Wärmeerzeugung durch geothermische Energie weltweit: www.geothermie.de/aktuelles/geothermie-in-zahlen/weltweit.html (03.12.2015)

12

13 Europas ältestes Geothermie-Kraftwerk in Larderello (Italien)

Geothermie gilt als nachhaltige Form der Energiegewinnung mit verhältnismäßig geringem Gefahrenpotenzial. Trotzdem sind auch hierbei Risiken und Beeinträchtigungen insbesondere für die lokale Umwelt nicht auszuschließen:

- Kleinere, kaum spürbare Erderschütterungen sind bei Projekten der tiefen Geothermie möglich. Wenn Wasserdampf entzogen wird, kann es durch Kontraktion des Speichergesteins zu Landabsenkungen kommen.
- Das Wasser der geförderten Thermalquellen kann gesundheitsschädliche Stoffe enthalten, sodass Luftverschmutzung und Gesundheitsbeeinträchtigungen u. a. durch Schwefelwasserstoff-Emissionen auftreten können.
- Infolgedessen kann es zur Gefährdung des Grundwassers und zu erhöhten Anforderungen an die Abwasserbehandlung kommen.
- Die Vegetation in der Nähe der Kraftwerke kann Schaden nehmen.

Fallbeispiel Italien

Italien gilt als Pionier der Nutzung der Erdwärme. Toskana und Latium bieten für die Nutzung der Erdwärme gute natürliche Voraussetzungen. Dort taucht die Tyrrhenische unter die Eurasische Platte ab, wobei überdurchschnittlich viel Wärme aus dem Erdinneren an die Oberfläche fließt. Durch Bohrung fördert man heute ca. 250 °C heißen Wasserdampf aus einer Tiefe von 3 500 m. In 60 geothermischen Anlagen werden mit über 800 MW zwar nur 1,5 % der italienischen Stromproduktion erzeugt, doch liegt das Land damit an der Spitze der EU. In anderen Ländern mit geringerem Potenzial wird Geothermie überwiegend als Wärmeenergie für Heizzwecke genutzt.

Surftipp
Risiken der Geothermie
88d8a5

Island: Relative Wärmenutzung aus Geothermie

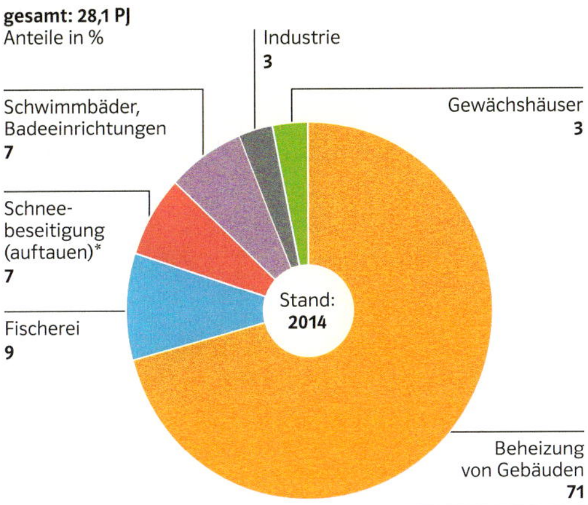

*In Island werden u. a. Straßen beheizt, damit sie schneefrei und somit befahrbar bleiben.

Nach Orkustofnun (National Energy Authority, Hrsg.): Energy statistics in Iceland 2014. Reykjavik 2015, S. 7: http://os.is/gogn/os-onnur-rit/orkutolur_2014-enska.pdf (03.12.2015)

14

Island: Relative Primärenergienutzung 1940–2014

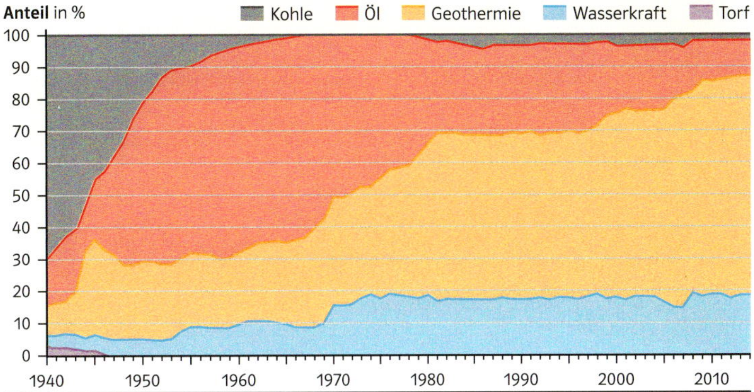

15

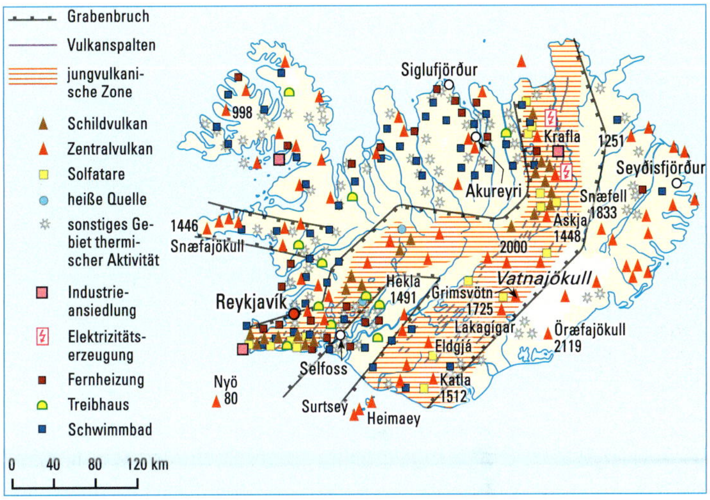

16 **Vulkanische Erscheinungen und Nutzung der Erdwärme auf Island**

17 **Geothermische Nutzung und Energiegewinnung auf Island**

Fallbeispiel Island

Auf Island heizen 37 aktive Vulkane den Untergrund auf, sodass eindringendes Niederschlagswasser erwärmt wird und als heißes Grundwasser oder Wasserdampf an der Oberfläche austreten kann. Heiße Quellen, Geysire und Wasserdampfspalten sind sichtbare Zeichen des geothermischen Potenzials. In Hochtemperaturgebieten der jungvulkanischen Zone tritt heißes Grundwasser bzw. Wasserdampf mit Temperaturen von über 100 °C an Bohrlöchern aus. So können bereits heute etwa 90 % der isländischen Haushalte mit Erdwärme versorgt werden. Gleichzeitig treibt Wasserdampf in sieben Kraftwerken Turbinen an und erzeugt jährlich ungefähr 655 GWh Strom. Der Inselstaat ist auf einem guten Weg, in ca. 20 Jahren völlig unabhängig von fossilen Brennstoffen zu sein. In Zukunft soll die Kapazität der Geothermie-Kraftwerke weiter ausgebaut werden, sodass dann elektrische Energie über eine gigantische Seekabelverbindung nach Großbritannien und sogar zum europäischen Festland exportiert werden kann.

5 Beschreiben Sie mithilfe der Materialien dieser Doppelseite geologische Voraussetzungen zur Nutzung der Geothermie in Europa.

6 Erklären Sie das geothermische Potenzial Islands sowie dessen energiewirtschaftliche Bedeutung.

7 Langfristig möchte Island zum Energieexporteur werden. Diskutieren Sie die Umsetzbarkeit dieser Zielsetzung.

8 Erörtern Sie Chancen und Risiken geothermischer Nutzung in regionaler, nationaler und internationaler Hinsicht.

1 Landschaft auf Spitzbergen

2 Olivenhain in Andalusien

3.3 Europas Klima

Kompetenzen erwerben

- Den europäischen Kontinent im Hinblick auf seine Klima- und Vegetationszonen beschreiben;
- Klimadiagramme sowie Klimakarten auswerten;
- Ursachen des Klimawandels und mögliche Auswirkungen auf Europa erläutern;
- Potenzial und Grenzen verschiedener Formen regenerativer Energiegewinnung als wichtigen Beitrag zum Klimaschutz erläutern.

Klimavielfalt

Die vielfältigen naturräumlichen Einheiten in Europa erhalten ihre spezifischen Ausprägungen neben den geologischen Verhältnissen und dem Relief auch durch das Klima. Das wird durch folgende Faktoren bestimmt:

- Die Lage Europas im Bereich der Westwindzone, der zirkumpolaren Ostwinde sowie der subtropischen Hochdruckgebiete mit deren jahreszeitlichen Verlagerungen,
- den weit in den Kontinent hineinreichenden maritimen Einfluss aufgrund der starken Küstengliederung mit großen Meeresbuchten,
- Behinderung des Luftmassenaustausches zwischen Nord und Süd durch einen breitenkreisparallelen Verlauf europäischer Faltengebirge,
- Lage des größten Teils von Europa innerhalb der gemäßigten Mittelbreiten mit einem vergleichsweise ausgeglichenen Klima sowie einigermaßen sicher vorhersehbaren Witterungsabläufen.

Zudem wirkt sich der Golfstrom als „Warmwasserheizung Nord- und Westeuropas" begünstigend auf die klimatischen Gegebenheiten aus. Er lenkt tropisch warmes Wasser aus dem Golf von Mexiko in Richtung Europa und führt zu einem Temperaturgewinn von bis zu 10 K. Die europäische Atlantikküste bleibt auf diese Weise bis über den Polarkreis hinaus eisfrei, während an der Ostküste Nordamerikas alle Häfen nördlich von New York – immerhin auf der geographischen Breite von Neapel gelegen – von Vereisung bedroht sind. Demzufolge stoßen in Europa auch die Anbaugrenzen und die Waldgrenze weltweit am weitesten nach Norden vor.

1 Beschreiben Sie die Veränderung des europäischen Klimas von Norden nach Süden anhand der Klimastationen Vardø, Prag und Athen.

2 Klima von West nach Ost
a) Vergleichen Sie die Klimadiagramme von Valentia (IRL), Prag und Saratow hinsichtlich des jahreszeitlichen Verlaufs von Temperatur und Niederschlag.
b) Erklären Sie die klimatischen Veränderungen.

3 Charakterisieren Sie das jeweils auf den Fotos 1 und 2 vorherrschende Klima.

4 Bereiten Sie ein Referat zu den Antriebskräften und der Bedeutung des Golfstroms für den europäischen Kontinent vor.

Material
Methode Referat
ys9r7n

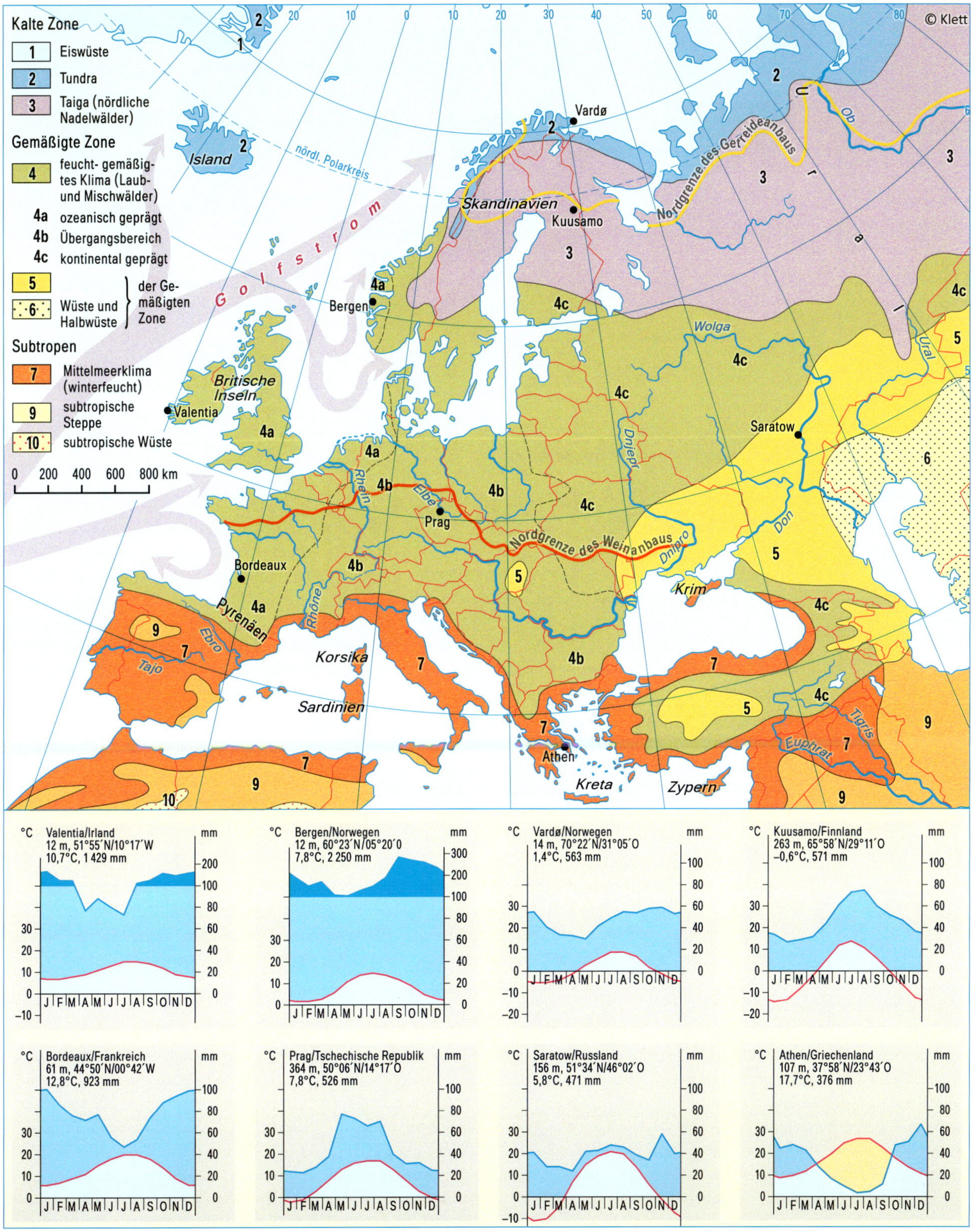

3 Klima- und Vegetationszonen in Europa (nach Troll und Paffen)

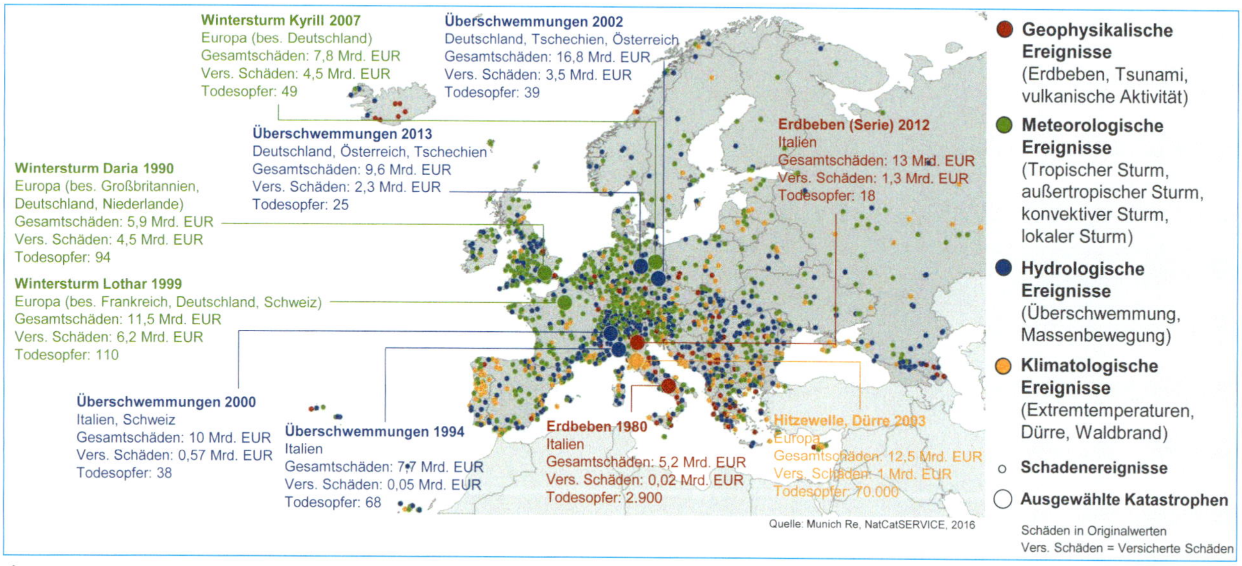

4 **Europäische Schadenereignisse der Münchner Rückversicherung**
Munich Re, NatCatSERVICE, 2016

Klimaänderungen

„US-Wetterbehörde meldet einen Klimarekord: Der Juli war der wärmste Monat weltweit seit Messungsbeginn. Das gesamte Jahr 2015 steuert auf einen Spitzenwert zu." (Spiegel Online vom 20.08.2015) Wenn die Medien heute vom Klimawandel sprechen, sind nicht die Klimaänderungen aus der Erdgeschichte gemeint, sondern die globale **Klimaerwärmung** der letzten 150 Jahre mit ihren Auswirkungen. In der Klimaforschung besteht weitgehend Einigkeit, dass der Mensch für die Klimaänderungen verantwortlich ist und diese in Zukunft auch in Europa zu einer massiven Gefährdung unserer natürlichen Lebensgrundlagen führen werden. In erster Linie wird der Temperaturanstieg durch die Erhöhung der Konzentration von Treibhausgasen wie Wasserdampf, Kohlendioxid (CO_2), Methan, Lachgas und Staubteilchen (Aerosolen) verursacht.

Dem Treibhausgas CO_2 kommt dabei eine besondere Rolle zu. Denn auch die europäische Energieversorgung basiert noch immer vorwiegend auf den Primärenergieträgern Erdöl, Kohle und Erdgas, bei deren Nutzung CO_2 freigesetzt wird. Darüber hinaus hat eine veränderte Landnutzung durch Landwirtschaft und Besiedlung zur Veränderung der Albedo geführt.

Extreme Wetterereignisse – Zeichen des Klimawandels?

Wissenschaftler gehen seit Jahren der Frage nach, ob die Häufung von Wetterextremen wie Starkniederschlägen, Hitzewellen, Dürreperioden oder Stürmen eine Folge der globalen Erwärmung sein könnte. Dabei führten Modellberechnungen zu dem Ergebnis, dass bei einer Zunahme der Treibhausgaskonzentration die Intensität von Niederschlagsereignissen gesteigert wird.

Auszug aus Sonderbericht des IPCC 2013

„Erwärmung des Klimasystems ist eindeutig, und viele dieser seit den 1950er Jahren beobachteten Veränderungen sind seit Jahrzehnten bis Jahrtausenden nie aufgetreten. Die Atmosphäre und der Ozean haben sich erwärmt, die Schnee- und Eismengen sind zurückgegangen, der Meeresspiegel ist angestiegen und die Konzentration der Treibhausgase haben zugenommen. Jedes der letzten drei Jahrzehnte war an der Erdoberfläche sukzessive wärmer als alle anderen Jahrzehnte seit 1850. In der Nordhemisphäre war 1983–2012 wahrscheinlich die wärmste 30-Jahr-Periode der letzten 1400 Jahre. … Die Konzentration von Kohlendioxid (CO_2), Methan und Lachgas sind auf Werte angestiegen, die mindestens seit den letzten 800000 Jahren nicht vorgekommen sind. Die CO_2-Konzentrationen sind seit der vorindustriellen Zeit um 40 % angestiegen, primär durch die Emissionen aus fossilen Brennstoffen und sekundär durch Netto-Emissionen aufgrund von Landnutzungsänderungen. Der Ozean hat ungefähr 30 % des emittierten anthropogenen Kohlendioxids aufgenommen und dadurch eine Versauerung erfahren …"

IPPC: Climate Change 2013. The Physical Science Basis, vom 27.9.2013, Übers. v. Urs Neu: www.climatechange2013.org/images/report/WG1AR5_SPM_brochure_de.pdf (22.01.2016)

5

Klimawandel in Europa?

Es wird als sehr wahrscheinlich angesehen, dass auch Europa nicht von diesen Wetterextremen verschont bleiben wird. Zum Beispiel droht im Winter eine zwar regional unterschiedliche, aber deutliche Zunahme von Niederschlägen und Stürmen mit hohen Windgeschwindigkeiten. Solche Stürme treten heute im Mittel nur einmal im Winter auf.
Klimaforscher sind sich darüber einig, dass ein Einzelereignis niemals als Beleg für den **Klimawandel** gelten kann. Auch in der Vergangenheit gab es Starkniederschläge mit Überschwemmungen und Hitzewellen. Wetterextreme müssen immer über einen längeren Zeitraum betrachtet werden. Doch oft sind nur relativ wenige Daten und meist nur aus der jüngsten Vergangenheit verfügbar. Deshalb bleiben Aussagen zu zeitlichen Veränderungen von Extremereignissen häufig mit Unsicherheiten verbunden.

Extreme Wetterereignisse in Europa werden immer häufiger

„Klimaforscher beobachten eine Häufung extremer Wetterereignisse in Europa. ... So habe es seit 1993 an Rhein, Elbe und Donau fünf Hochwasserwellen gegeben, die als Jahrhundertereignisse gelten. Der Sommer 2003 habe nach neueren Untersuchungen europaweit 35 000 bis 55 000 Hitztote verursacht. Tendenziell würden die Winter feuchter und wärmer, die Sommer trockener und wärmer. Der Meteorologe Thomas Sävert vom Wetterdienst Meteomedia berichtete, Hurrikans und ähnliche Wirbelstürme seien auch in der Vergangenheit bereits zum Beispiel über dem Mittelmeer und dem Schwarzen Meer bei Wassertemperaturen von mehr als 22 Grad entstanden. Wie sich die Häufigkeit dieser Wetterereignisse entwickele, werde noch untersucht. ... Der Vorstand des Deutschen Wetterdienstes, Gerhard Steinhorst, würdigte ... die ‚zunehmend bessere Qualität der Wettervorhersagen in den Medien'."

DPA: Extreme Wetterereignisse häufen sich in Europa. In: Handelsblatt, vom 22.03.2007: www.handelsblatt.com/technik/forschung-innovation/wetter-extreme-wetterereignisse-haeufen-sich-in-europa/2786202.html (12.11.2015)

6

Globale Jahresmittelwerte der Lufttemperatur 1880–2014

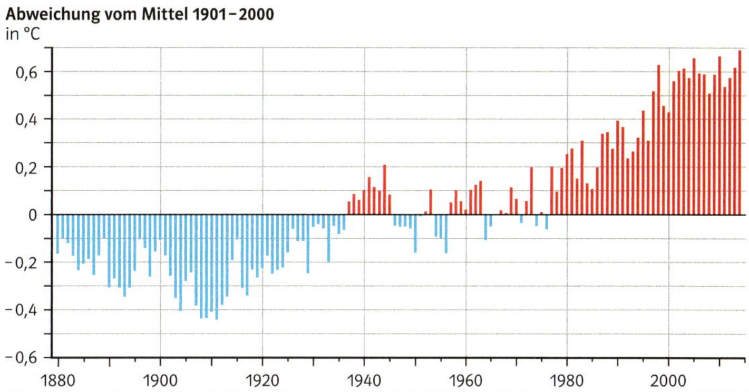

Nach http://bildungsserver.hamburg.de/ (28.1.2016)

7

Treibhausgas-Emissionen im europäischen Vergleich (in t/Mio.€ BIP)

S	141,26	E	331,20	HR	605,51
DK	210,55	EU28	350,96	SK	606,48
F	241,25	D	352,19	HU	639,18
A	260,78	IRL	357,03	LT	656,43
L	275,83	P	417,02	CZ	859,67
I	294,33	M	456,39	RO	902,80
GB	303,27	LV	493,31	PL	1046,63
B	310,02	CY	522,53	EST	1101,89
FIN	316,95	SLO	535,44	BG	1534,28
NL	319,80	GR	574,07		

Nach Umweltbundesamt: Europäischer Vergleich der Treibhausgas-Emissionen, Stand 2012: www.umweltbundesamt.de/themen/klima-energie/treibhausgas-emissionen (03.12.2015)

8

9 **Hochwasser am Inn 2015**

5 Beschreiben Sie die globale Temperaturentwicklung für den Zeitraum 1880–2014.

6 Erläutern Sie Ursachen und Auswirkungen der globalen Klimaveränderung.

7 Analysieren Sie die Karte 4 zur Verteilung der Extremwetterereignisse in Europa.

8 Erarbeiten Sie eine Präsentation zu einer ausgewählten Wetterkatastrophe in Europa.

Klimaschutz – eine europäische Herausforderung

Weltweit sowie in Europa traten in den vergangenen Jahren extreme Wetterereignisse wie Hitzeperioden, Stürme, Dürren oder Überschwemmungen als Zeichen des Klimawandels gehäuft auf. Sie verursachen immer höhere Sachschäden und gefährden z.T. auch Menschenleben. Insofern gehört der **Klimaschutz** zu den Herausforderungen des 21. Jh. Besonders die wohlhabenden Industrienationen in Europa tragen hierfür eine besondere Verantwortung. Klimaschutz ist dabei ein Sammelbegriff für Maßnahmen, der globalen Erwärmung entgegenzuwirken und deren Folgen abzumildern.

Emissionshandel
siehe Glossar

Unsere Energieversorgung basiert noch immer vorwiegend auf den **fossilen Primärenergieträgern** Erdöl, Kohle und Erdgas, bei deren Verbrennung das Treibhausgas CO_2 freigesetzt wird. Daher konzentrierte sich in den letzten Jahren die politische Diskussion auf die Verringerung der CO_2-Emissionen, wodurch die globale Erwärmung verlangsamt und verringert werden soll. Dazu muss der Anteil **regenerativer Energiequellen** wie Biomasse, Geothermie, Wind-, Solar- und Hydroenergie stark ausgebaut werden. Die Umsetzung dieser Energiewende erfordert jedoch globale Kooperation sowie nationale als auch internationale Lösungsansätze, die den Gegebenheiten der Energieversorgung in den einzelnen Ländern Rechnung tragen müssen.

←
Klimadiagramm Bergen
Seite 47

Vereinbarungen der EU zum Klimaschutz

„Der von den Staats- und Regierungschefs der EU im Oktober 2014 angenommene Rahmen wird den kontinuierlichen Fortschritt in Richtung einer CO_2-armen Wirtschaft fördern und einen Beitrag dazu leisten, die ehrgeizige Position der EU in den internationalen Klimaverhandlungen zu stärken. Die Zielsetzung des Rahmens besteht im Aufbau eines Energiesystems, das für die Verbraucher erschwingliche Energie bereitstellt, die Sicherheit der Energieversorgung in der EU erhöht, ihre Abhängigkeit von Energieimporten ebenso verringert wie ihre Treibhausgasemissionen sowie neue umweltverträgliche Wachstums- und Beschäftigungschancen eröffnet. Ein zentrales Element ist das verbindliche Ziel einer Senkung der Treibhausgasemissionen innerhalb der EU bis 2030 um mindestens 40% gegenüber 1990. Ein reformiertes, gut funktionierendes EU-Emissionshandelssystem wird als eines der wichtigsten Instrumente zur Erreichung dieses Ziels bestätigt. Energie aus erneuerbaren Quellen ist für den Übergang zu einem wettbewerbsfähigen, sicheren und nachhaltigen Energiesystem unerlässlich. Die Staats- und Regierungschefs der EU einigten sich darauf, den durch erneuerbare Energien gedeckten Anteil des Energiebedarfs in der EU bis 2030 auf mindestens 27% zu erhöhen."

http://ec.europa.eu © Europäische Union, 1995–2016, Für die Wiedergabe und Anpassung ist allein die Ernst Klett Verlag GmbH verantwortlich

11

Energieverbrauch pro Haushalt nach Energieträgern, 2012

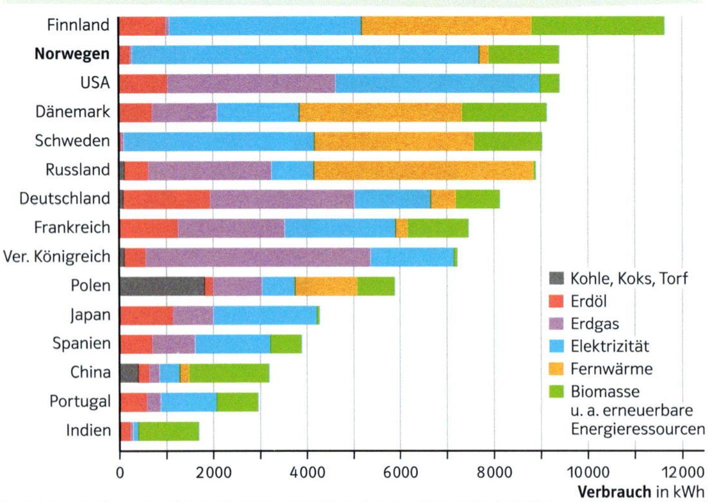

Nach International Energy Agency and Statistics Norway

10

Fallbeispiel: Hydroenergie aus Norwegen

Norwegen gehört neben der Schweiz, Österreich und Schweden mit zu den Pionieren im Bereich der erneuerbaren Energien. Bereits im Jahr 1895 begann man dort auf staatliche Initiative mit dem Bau des ersten Wasserkraftwerks. Heute sind mehrere hundert Wasserkraftanlagen über das ganze Land verteilt und Norwegen deckt rund 99 Prozent seines Strombedarfs. Die natürlichen Gegebenheiten sind wegen des großen Wasserangebots und des Oberflächenreliefs dafür äußerst günstig. Damit ist Norwegen das einzige Industrieland, das sich nahezu ausschließlich mit Strom aus erneuerbaren Energien versorgen kann. Der Anteil fossiler Energieträger ist dementsprechend mit unter 0,5 Prozent verschwindend gering, obwohl das Land zu den weltweit führenden Erdöl- und Erdgasproduzenten zählt. Auf Nuklearenergie verzichtet Norwegen gänzlich.

Wasserkraft in Norwegen

„In Norwegen laufen derzeit 370 Anlagen mit Wasserkraft. Damit ist das Königreich der größte Wasserkraftproduzent Europas. Die bedeutsamste dieser Anlagen ist Kvilldal. Sie gehört zur Kraftwerksgruppe Ulla-Førre, die im Süden des Landes (etwa 115 Kilometer nördlich der Großstadt Stavanger) liegt. Kvilldal besitzt vier Turbinen, auf die das Wasser aus 520 Metern Höhe senkrecht herabstürzt – 66 Kubikmeter pro Sekunde. Das entspricht circa 470 Badewannen; in nicht einmal 40 Sekunden ließe sich damit ein olympisches Schwimmbecken auffüllen. In dem Kraftwerk jedoch sorgen solche Wassermassen für 333 Umdrehungen pro Minute. Die Turbinen erzeugen so über 1 200 Megawatt Leistung, was sogar den Ertrag eines durchschnittlichen Atomkraftwerkes übersteigt. Das Wasser für die Energiegewinnung kommt aus dem Blåsjø, dem ‚blauen See'. Hier sind mehr als drei Millionen Kubikmeter gespeichert, die eine kontinuierliche Versorgung sicherstellen. Und genau darin liegt der entscheidende Vorteil der Wasserkraft gegenüber anderen regenerativen Quellen, wie beispielsweise Wind und Sonne: Sie bietet die Möglichkeit, überschüssige Energie zu sammeln und diese über ein Pumpspeichersystem abzurufen, sobald sie gebraucht wird. Mithilfe dieser Technologie besitzt Norwegen 50 Prozent des Wasserspeicherpotenzials unseres Kontinents: Rund 82 Terrawattstunden. Alle deutschen Pumpspeicher zusammen erreichen gerade einmal 0,04 Terrawattstunden. Deshalb soll das Königreich bald als ‚grüne Batterie' für ganz Europa zum Einsatz kommen. Um auch die Erzeugungskapazitäten Deutschlands voll ausschöpfen zu können, wollen die beiden Länder künftig Hand in Hand arbeiten. Das Ziel ist es, vor allem Wind und Wasser zu einem ganzheitlichen System auszubauen. Überschüssiger Windstrom aus der Bundesrepublik könnte in die norwegischen Speicher gepumpt werden und dann zum Einsatz kommen, wenn er gebraucht wird. Das funktioniert jedoch nur, wenn ein reibungsloser Transport sichergestellt ist."

123energieBlog: Ökostrom aus dem blauen See – Wasserkraft in Norwegen, vom 17.04.2013: http://blog.123energie.de/okostrom-aus-dem-blauen-see-wasserkraft-in-norwegen/ (03.12.2015)

12

13 Künstlicher Stausee Blåsjø, der „blaue See" (Norwegen)

Ökostrom per Seekabel durch die Nordsee

„Deutschland und Norwegen rücken bei der Energiewende enger zusammen. An diesem Dienstag wird im norwegischen Haugesund ein Vertrag für den Bau des 623 Kilometer langen Gleichstrom-Seekabels ‚NordLink' unterzeichnet, mit dem beide Länder erstmals direkt durch die Nordsee Ökostrom austauschen wollen. Die Investitionen sollen bei 1,5 bis 2 Milliarden Euro liegen. ... Durch das NordLink-Kabel können bis zu 1 400 Megawatt Strom fließen, das entspricht der Leistung eines Atomkraftwerks. Die Leitung soll 2020 fertig, ein Probebetrieb 2019 möglich sein. Die Trasse wird von Tonstad [Sirdal, südöstlich von Stavanger] in Norwegen bis nach Wilster [bei Itzehoe] in Schleswig-Holstein gehen. Durch das Seekabel soll überschüssiger Windstrom, der in Deutschland gerade nicht gebraucht wird, durch die Nordsee nach Norwegen gebracht und dort in Pumpspeicherkraftwerken gespeichert werden. Herrscht in Deutschland Flaute und gibt es zu wenig Strom, kann dort wiederum Wasser herunterfließen, Turbinen antreiben und der Strom zurück nach Deutschland kommen."

DPA: Seekabel soll Ökostrom durch die Nordsee schicken. In: Handelsblatt, vom 10.02.2015: www.handelsblatt.com/unternehmen/industrie/strombruecke-nordlink-seekabel-soll-oekostrom-durch-die-nordsee-schicken/11351028.html (03.12.2015)

14

9 Nennen Sie Ziele und wesentliche Elemente des Klimaschutzes in der EU.

10 Beschreiben Sie u. a. mithilfe des Atlas die natürlichen Voraussetzungen zur hydroenergetischen Nutzung in Norwegen.

11 Erläutern Sie die Vor- und Nachteile der Nutzung der Wasserkraft gegenüber anderen erneuerbaren Energieträgern.

12 Erörtern Sie Chancen und Grenzen der Nutzung der Wasserkraft in Norwegen für eine nachhaltige Energieversorgung in Europa.

Geschätzte Veränderung der Flächenanteile der fünf Hauptökosysteme der mitteleuropäischen Kulturlandschaft

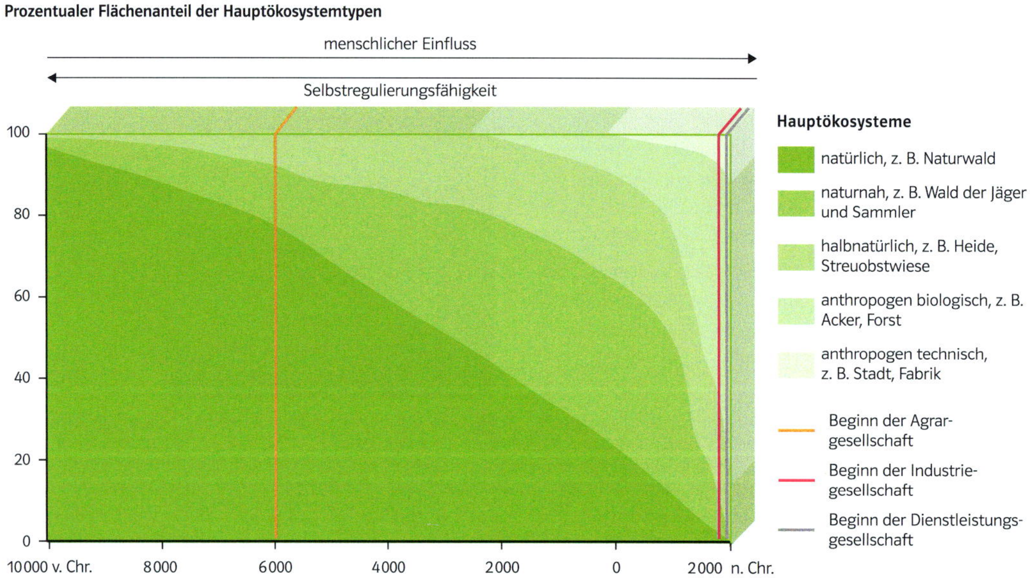

Nach Wolfgang Haber: Kulturlandschaft versus Naturlandschaft. In: Raumerfassung und Raumordnung, 4. Jg., H.2/3. Köln: Heymann 1991, S. 110

1

3.4 Europas Landschaften im Spannungsfeld zwischen Nutzung und Bewahrung

Kompetenzen erwerben

- Die Veränderungen von Landschaften durch den wirtschaftenden Menschen darstellen;
- die heutige Flusslandschaft als Ergebnis einer historischen Entwicklung verstehen;
- Gefährdungspotenziale der Landschaftsumgestaltung erfassen und nachhaltige Lösungsmöglichkeiten aufzeigen;
- Luftbilder und Diagramme auswerten.

Unsere natürliche Umwelt ist in ständigem Wandel, dies gehört zum Wesen unserer Erde. Kontinente wandern, Gebirge entstehen und werden wieder abgetragen, Klimazonen verschieben sich. Derartige Veränderungen laufen allerdings in so langen Zeiträumen ab, dass sie während eines Menschenlebens kaum wahrgenommen werden. Erst im historischen Rückblick oder durch den Vergleich von Aufnahmen einer heutigen Landschaft mit historischen Bildern wird die grundlegende Umgestaltung unseres Lebensraumes deutlich. War bis vor 7500 Jahren Mitteleuropa noch zu über 90 % von Naturlandschaften geprägt, so sind heute nahezu alle Landschaften und Regionen in Europa vollständig vom Menschen überformt. Flächenhafte Rodungen zur Versorgung einer wachsenden Bevölkerung setzten bereits in der Agrargesellschaft ein. Vor allem seit der Industriellen Revolution haben das Ausmaß und die Vielfalt der menschlichen Eingriffe aber noch stärker zugenommen. Flächenverbrauch für Siedlungen, Industrie und Verkehrswege, Veränderungen von Flüssen durch Begradigungen und den Bau von Staudämmen – sie alle beeinflussen unseren Lebensraum mit seinen Geofaktoren. So entstehen neue Kulturlandschaften, die in der Folgezeit immer weiteren Wandlungen unterworfen sind.
Auf den Folgeseiten wird am Beispiel der nicht angepassten Nutzung der Intensivlandwirtschaft in Spanien und der Flussbegradigung des Rheins aufgezeigt, mit welchen Nutzungsansprüchen der Mensch in die Naturlandschaft eingreift, welche Gefährdungen sich daraus ergeben können und welche Maßnahmen eines naturnahen Hochwasserschutzes es gibt.

Hauptentwicklungsetappen der mitteleuropäischen Kulturlandschaft

Landschaftswandel

	Naturlandschaft, meist bestehend aus Laubmischwäldern
Jäger und Sammler	– nicht sesshafte, nomadisierende Stammesgemeinschaften – Jagen und Sammeln – einfachste, nicht feste Unterkünfte – Gebrauch des Feuers – Siedlungsgebiete meist an Flüssen und Seen
Agrargesellschaft	**ca. 6000 v. Chr.** – Sesshaftwerdung des Menschen – Bau von festen Siedlungen; Dorfformen entstehen – Ackerbau und Viehzucht – naturnahe Landwirtschaft – flächenhafte Rodungen – Gründung von Städten – Ausbau der Verkehrswege – zunehmender Raubbau am Wald – erste Wiederaufforstungen – Abbau von Bodenschätzen
Industriegesellschaft	**ca. 1800 n. Chr.** – intensive Landwirtschaft – Industrialisierung – rasches Wachstum der Städte – Entstehung von Industriegebieten – zunehmende Flächenversiegelung – wachsende Umweltverschmutzung – flächendeckende Verkehrsnetze
Dienstleistungsgesellschaft	**nach 1945** – Zunahme des Flächenverbrauchs durch Städte, Verkehrs-, Industrie- und Entsorgungsanlagen – Abnahme der landschaftlichen Vielfalt durch Vergrößerung der Ackerflächen – drastischer Rückgang der Artenvielfalt – Zunahme künstlich gestalteter Umwelt

2

3 **Landschaftsveränderungen in Schwabsberg, Baden Württemberg 1966 und heute**

1 Arbeit mit den Grafiken 1 und 2:

a) Beschreiben Sie die Veränderungen der Flächenanteile der fünf Hauptökosysteme.

b) Erklären Sie die Veränderungen.

2 Stellen Sie aus dem Vergleich der Schrägluftbilder in Material 3 zentrale Aspekte des Landschaftswandels dar.

Mar del Plástico – Landschaftsveränderungen in Andalusien

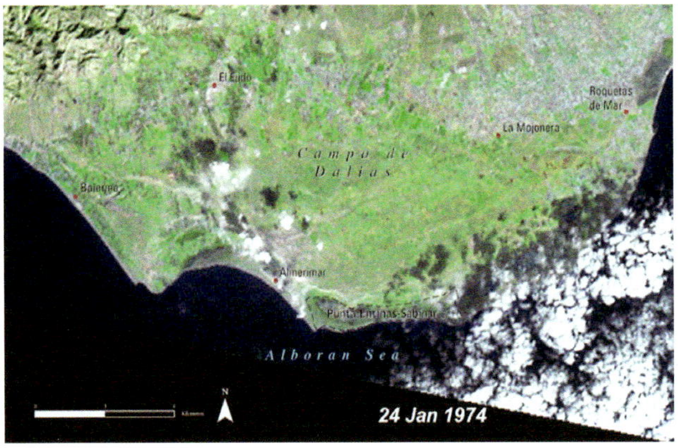

4 El Ejido in der Provinz Almería im Jahr 1974 und 2015

Die beiden Satellitenbilder aus der Provinz Almería in Andalusien zeigen deutlich, in welch kurzer Zeit der Mensch durch seine wirtschaftlichen Aktivitäten gravierende landschaftliche Veränderungen verursacht. In Andalusien hatte die Landwirtschaft seit jeher eine dominierende Bedeutung. Neben Oliven und Mandeln wurden schwerpunktmäßig Obst und Gemüse angebaut, doch früher beschränkte sich der intensive Anbau auf die terrassierten, bewässerten Huertas („Gärten") in der Nähe von Flusstälern. Seit dem Beitritt Spaniens 1986 zur EU und der steigenden Nachfrage aus Mittel- und Nordeuropa nach frischem Obst hat sich in der Region eine äußerst dynamische Entwicklung vollzogen, die durch eine Expansion der Bewässerungsflächen, Intensivierung und räumliche Spezialisierung gekennzeichnet ist. In dieser agrarindustriell betriebenen Landwirtschaft werden konsequent neue Formen der Bodenbearbeitung, Treibhäuser aus Plastikfolien und Tröpfchenbewässerung mit Düngung eingesetzt. Heute ist die gesamte Küste von intensivem Folientreibhausanbau geprägt und das Anbaugebiet rund um El Ejido bei Almería hat sich sogar zum größten agrarindustriell genutzten Zentrum Europas entwickelt. Hinzu kommt, dass in der Provinz Almería auch der Tourismus in den vergangenen Jahrzehnten enorme Wachstumsraten verzeichnete.

5 Treibhausanbau unter Plastikfolien in Almería

Eingriffe in die Landschaft

Die wirtschaftliche Entwicklung der vergangenen Jahre hat zu erheblichen Eingriffen und zur Umgestaltung der Landschaft geführt. Neben der zunehmenden Besiedlung und der Anlage von Verkehrsflächen hat die stetige Ausweitung und Intensivierung der Bewässerungslandwirtschaft einerseits und die Zunahme des Tourismus anderseits einen drastischen Anstieg des Wasserverbrauchs zur Folge. Es herrscht Jahr für Jahr besonders in der niederschlagsarmen Zeit des Sommers akuter Wassermangel. Auch durch das Anlegen von Stauseen und die Förderung fossilen Grundwassers konnte bisher die Situation nicht entschärft werden. Da mehr Wasser verbraucht als durch den natürlichen Kreislauf zur Verfügung gestellt wird, kommt es zur stetigen Absenkung und Versalzung des Grundwassers. Der sich verschärfende Wassermangel hat mittlerweile in Teilen der Region zur Ausbreitung wüstenähnlicher Verhältnisse aufgrund von Austrocknung und erhöhter **Bodenerosion** geführt.
Angesichts der Tatsache, dass durch die unangepasste Nutzung der Ressource Wasser die natürlichen Grundlagen massiv gefährdet werden, bestehen große Zweifel, ob diese Form der Intensivlandwirtschaft in Andalusien eine Zukunft hat.

Wasser – Ausverkauf einer Ressource

„Südspanien sitzt auf dem Trockenen. Während weite Teile der Welt von Überflutung bedroht sind, geht mitten in Europa ganzen Landstrichen das Grundwasser aus. Wer die spanische Küste Richtung Andalusien fährt, überquert leere Flussbetten, einige von ihnen wurden schon zu Naherholungsgebieten umfunktioniert. … Während Andalusien auf die vermeintlich übervollen Flüsse im Norden des Landes schielt, schlucken die andalusischen Felder, Golfplätze und Touristenhochburgen jährlich weit mehr, als die natürlichen Wasserquellen des Landes hergeben. Pieter de Pous, Wasserexperte im Europäischen Umweltbüro (EEB), stellt Spanien ein Armutszeugnis in Sachen Ressourcenschutz aus: ‚Spanien ist weit davon entfernt, die Wasserrahmenrichtlinie zu erfüllen'. Die legt Maßgaben fest, nach denen die EU-Mitgliedsstaaten im Sinne des nachhaltigen Gewässerschutzes mit der Ressource wirtschaften sollen. Doch das scheint schwer zu bewerkstelligen in einem Land, das mit jährlich über 50 Millionen Touristen zu den weltweit größten Urlaubszielen zählt und zudem den Rest Europas das ganze Jahr über mit frischem Obst und Gemüse aus seinen Intensivanbaugebieten versorgt. … ‚Botanisch gesehen ist Almería schon immer eine extrem trockene Region gewesen', sagt Annette Hauer. Die Sprecherin der Grünen wohnt seit acht Jahren in Almería und setzt sich für eine nachhaltigere Wasserwirtschaft ein. Doch der Einsatz scheitert oft am Desinteresse der Verbraucher. ‚Unser großes Problem ist das Grundwasser', sagt sie. ‚Es versalzt zusehends, und der Grundwasserspiegel ist in den letzten Jahren stark gesunken. Aber es gibt kaum ein Bewusstsein dazu. In den Schulen merkt man an den Kindern, dass das Thema nicht auf den Tisch kommt. Ihnen sagt oft nicht mal das Wort Trinkwasser etwas.'"

Shelina Islam: Der große Durst: www.shelina-islam.de/index.php?sub_content_middle=1&id=1&sub_id=51 (04.12.2015)

6

Klimadiagramm von Almería

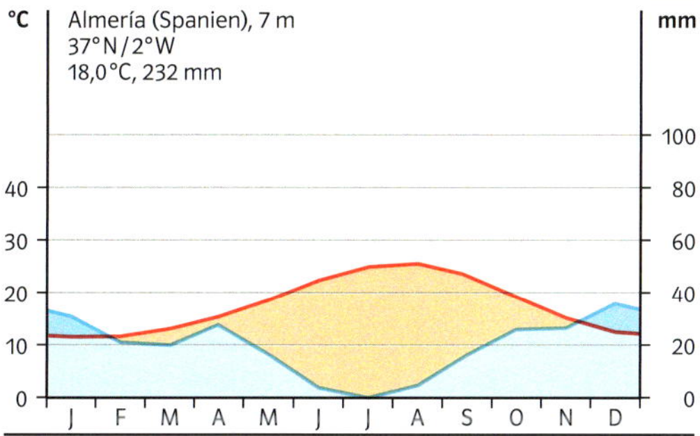

7

Einwohnerentwicklung der Provinz Almería

Jahr	Einwohner
1981	140 745
1991	155 120
2001	166 328
2011	189 680
2014	193 351

Citypopulation: Amlería: www.citypopulation.de/php/spain-andalucia_d.php?cityid=04013 (20.10.2015)

8

9 Desertifikationserscheinungen in der Provinz Almería

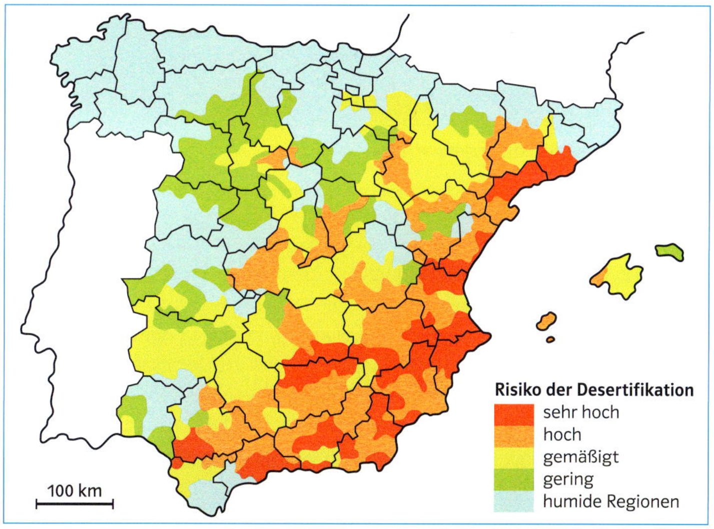

10 Regionen mit erhöhtem Desertifikationsrisiko in Spanien

3 Lokalisieren Sie die mithilfe geeigneter Atlaskarten die Provinz Almería.

4 Charakterisieren Sie die Voraussetzungen zur wirtschaftlichen Nutzung der Region.

5 Erläutern Sie die wirtschaftliche Entwicklung in der Provinz Almería und die damit verbundenen Veränderungen der Landschaft.

6 Beurteilen Sie diese Form der Intensivlandwirtschaft unter dem Aspekt der Nachhaltigkeit.

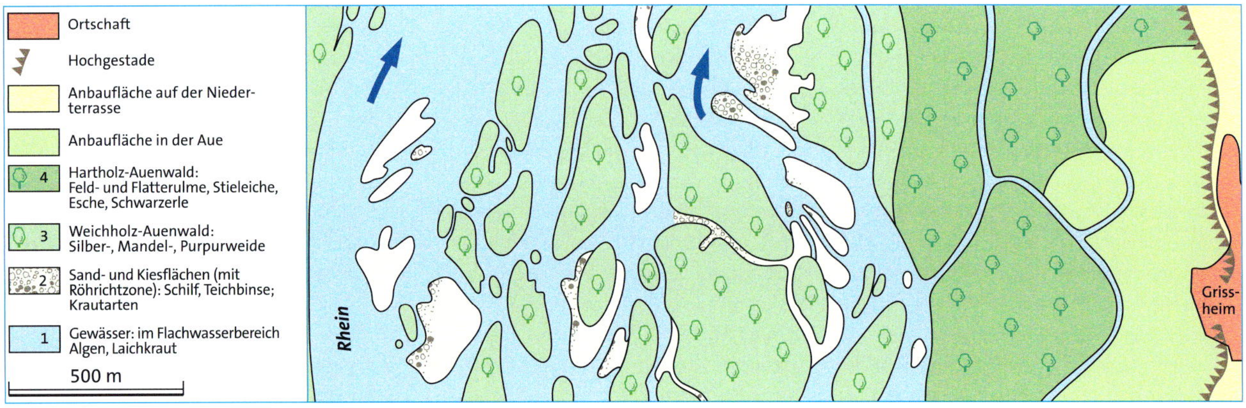

11 Rheinaue von Grissheim (Südbaden) zu Beginn des 19. Jh.
Nach Norbert Wein. Die Austrocknung der südlichen Oberrhein-Niederung. In: Geographische Rundschau, 29. Jg., H. 1. Braunschweig 1977, S. 17

12 Hochwasser am Rhein, Januar 2011

Hochwasser als Teil des Wasserkreislaufs
„Das Hochwasser eines Flusses … wird durch Stark- oder Dauerniederschläge sowie Eis- und Schneeschmelze verursacht. (… Es) ist von den Eigenschaften des Einzugsgebietes abhängig. In Fließgewässern setzt sich ein Hochwasser flussabwärts als Hochwasserwelle fort. Die an einem Abflussquerschnitt aufgezeichnete Hochwasserwelle wird als Hochwasserganglinie bezeichnet. Einen natürlichen Wasserrückhalt bilden die Kapazität des Bodenspeichers und die Überschwemmungsgebiete in den Talauen."
Richard Dikau/Jürgen Pohl: „Hazards" – Naturgefahren und Naturrisiken. In: Hans Gebhardt u. a. (Hrsg.): Geographie: Spektrum Akademischer Verlag 2007, S. 104

13

Umgestaltung einer mitteleuropäischen Flusslandschaft – der Rhein

Bilder von überfluteten Siedlungen, zerstörten Landstrichen oder verzweifelten Opfern, die Auflistung von Schäden und Schadenssummen – sie stammen in der Regel aus weit entfernten Regionen. Im Jahr 2013 war das anders: Mitten in Europa wurden Menschen Opfer einer Naturkatastrophe. Die „Jahrhundertflut" an Elbe, Mulde, Moldau, Donau und ihren Zuflüssen beherrschte wochenlang die Schlagzeilen. Selbst kleine Flüsse verwandelten sich in kurzer Zeit in reißende Fluten, die zum Teil ganze Ortschaften zerstörten. Derartige Hochwasser waren, wenn auch die Schäden nicht das gleiche Ausmaß erreichten, an den mitteleuropäischen Flüssen bereits in kurzer Folge zwischen 2002 und 2012 aufgetreten.
Solche Ereignisse erscheinen uns in Mitteleuropa ungewöhnlich. Aber Experten sehen einen Zusammenhang zwischen den extremen Überschwemmungen und der Umgestaltung der Flusslandschaften. Natürliche Hochwasserereignisse als Folge von niederschlagsreichen Wetterlagen würden dadurch entscheidend verstärkt. Die Häufung dieser Hochwasserereignisse wirft folgende Fragen auf:
- Welche Rolle spielt der Mensch bei diesen Naturereignissen? – Als Opfer und Verursacher?
- Gibt es finanzierbare und politisch auch durchsetzbare Maßnahmen des Hochwasserschutzes?

Material
Methode: Wirkungsgefüge
q5ci38

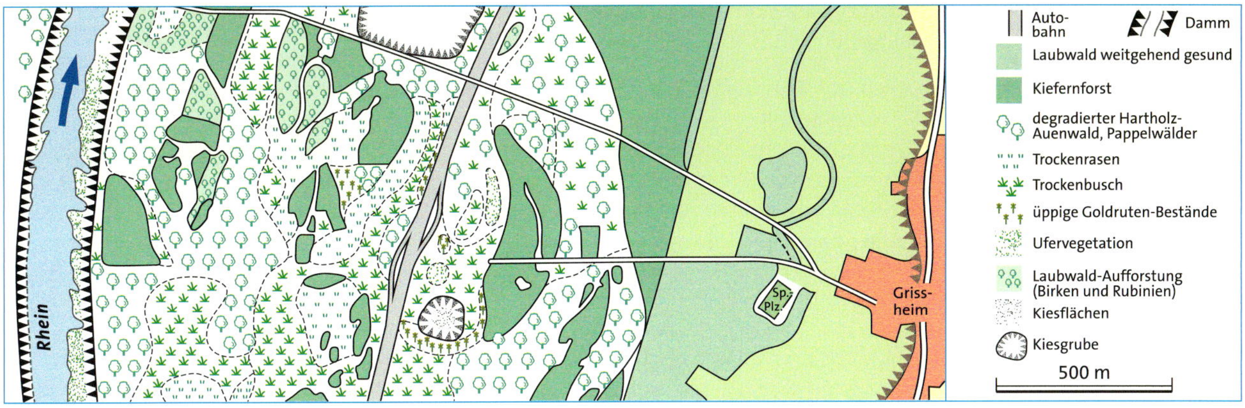

14 Rheinaue von Grissheim nach der Flussbegradigung heute
Nach ebenda, S. 21

Wasserbauliche Eingriffe – Beispiel Oberrhein

Der Rhein ist eine der wichtigsten Wasserstraßen Europas. In seinem Mündungsbereich liegt mit Rotterdam Europas bedeutendster Überseehafen. Nur nach massiven wasserbaulichen Eingriffen und Veränderungen kann er heute als leistungsfähiger Verkehrsweg genutzt werden. Die Umgestaltung der Flusslandschaft des Rheins reicht bis ins frühe 19. Jh. zurück. Damals floss der Rhein in einem breiten Gewirr von Flussarmen und Sandbänken dahin. Gefürchtete Hochwasser im Frühjahr und Sommer, denen regelmäßig Ackerland und Siedlungen zum Opfer fielen, Beeinträchtigungen der Schifffahrt sowie die Übertragung von Krankheiten, insbesondere der Malaria durch Stechmücken aus den Feuchtniederungen des Rheins, ließen damals eine **Flussbegradigung** notwendig erscheinen. Ab 1817 begann unter Leitung des Wasserbauingenieurs Johann Gottfried Tulla die Korrektur des Oberrheins. Nach 1912 erfolgten weitere wasserbautechnische Eingriffe, um den Rhein zur Energiegewinnung und als Schifffahrtsstraße nutzen zu können:
- Bau eines betonierten Seitenkanals,
- Anlage von Kanalschlingen,
- Errichtung von Staustufen mit Seitendämmen und Laufwasserkraftwerken.

Auswirkungen der Flussbegradigung. Die wasserbautechnischen Maßnahmen führten zu tief greifenden Veränderungen der Flusslandschaft. Auf der Strecke zwischen Basel und Karlsruhe führte die Begradigung zu einer Verkürzung des Flusslaufes um 14 Prozent. Bedingt durch das vergrößerte Gefälle nimmt die Tiefenerosion des Rheins zu und der Grundwasserspiegel senkt sich. Die Wurzeln der Pflanzen in den Auenbereichen können den Grundwasserspiegel nach dessen Absinken nicht mehr erreichen und sterben ab. Durch den Rhein erfolgt nun keine Bewässerung der Niederung mehr, er wirkt wegen der Tieferlegung jetzt als Dränage. Der Bodenfeuchtehaushalt wird nicht mehr von unten durch den Grundwasserspiegel gesteuert, sondern alleine durch Niederschläge. Die Flussregulierung, der Bau von Dämmen und die damit verbundene Absenkung des Grundwasserspiegels haben zu einer völligen Umwertung geführt und die natürliche Auenvegetation zerstört. Damit gehen wichtige natürliche Überflutungsbereiche verloren, die bei Hochwasser große Wassermengen aufnehmen und zeitverzögert wieder abgeben.

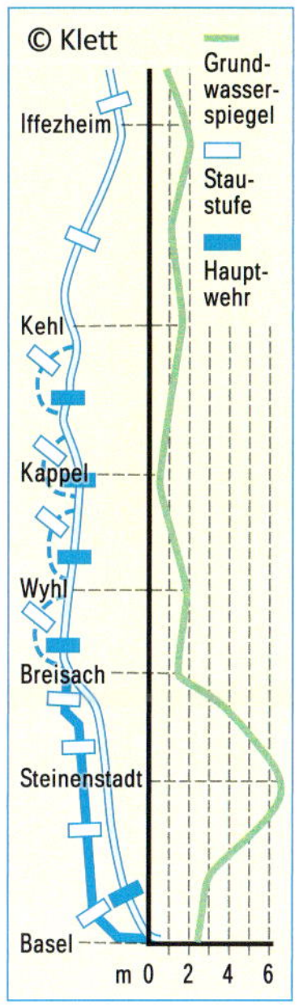

15 Grundwasserspiegel am Rhein zwischen Basel und Iffezheim

7 Nennen Sie Gründe und Zielsetzungen der Rheinbegradigung.

8 Arbeiten Sie aus den Karten 11 und 14 die Veränderungen in der Rheinaue heraus.

9 Erläutern Sie auch unter Berücksichtigung der Karten 11 und 14 die Folgen der wasserbautechnischen Maßnahmen am Oberrhein.

10 Erstellen Sie ein Wirkungsgefüge, das einen Zusammenhang zwischen der Umgestaltung von Flusslandschaften und in jüngster Zeit auftretenden Hochwasserereignissen verdeutlicht.

Hochwasserschutz – eine grenzübergreifende Gemeinschaftsaufgabe

Die Maßnahmen zur Flussbegradigung und die zunehmende Nutzung von Auenflächen haben dazu geführt, dass natürliche Rückhalte- und Überschwemmungsgebiete des Rheins reduziert wurden. Mit Deichen an bestimmten Abschnitten des Flusses versuchte man die Hochwasser zu bändigen. Lange Zeit beschränkte sich der **Hochwasserschutz** dabei auf solche technischen Lösungen und den Bau von Hochwasserrückhaltebecken. Allerdings reichen solche Maßnahmen alleine nicht mehr aus und sie stoßen mittlerweile auch an technische und ökonomische Grenzen. Mehr und mehr setzte sich bei allen Rhein-Anrainerstaaten die Erkenntnis durch, dass nachhaltige Lösungen eine Kombination technischer Maßnahmen und eines umfangreichen Flächenmanagements erfordern. Dies bedeutet beispielsweise, dass ein durch Extremniederschläge entstandener Wasserzufluss zurückgehalten wird durch natürliche Speicher wie unversiegelte Böden oder geeignete Vegetation. Die Anlage von Stauräumen, die eine ausgleichende Wirkung auf den Abfluss haben (sogenannte Retentionspolder), oder die Rückverlegung von Dämmen können die Überschwemmungsgefahr rheinabwärts deutlich verringern.

Polder sind eingedeichte Flächen, die nach festen Regeln geflutet werden. Im Bedarfsfall durchfließt das Flusswasser den Polder und strömt dann zeitverzögert wieder zurück in den Fluss. Im Gegensatz dazu werden bei einer Dammrückverlegung die Überflutungsflächen bei steigendem Hochwasserpegel unkontrolliert überflutet. Wie beim Polder fließt dann das Wasser mit einer zeitlichen Verzögerung wieder ab. Auf den durch die Dammverlegung entstandenen Flächen kann sich eine naturnahe Auenlandschaft ausbilden.

Drei Säulen des Hochwasserschutzes

Natürlicher Wasserrückhalt	Technischer Hochwasserschutz	Weitergehende Hochwasservorsorge
– standortgerechte Landbewirtschaftung – flächensparendes Bauen – Ackerflächenstilllegung – Gewässerrenaturierung – Wiedergewinnung von Retentionsflächen – Deichrückverlegung	– Hochwasserrückhaltebecken und Talsperren – Neubau oder Verstärkung von Deichen oder Ufermauern – Vergrößerung der Abflussquerschnitte sowie Anlage von Flutmulden	– Freihaltung von Überschwemmungsflächen im Rahmen der Raumplanung – Stärkung des Wasserrückhaltes in der Fläche („Breitwasser statt Hochwasser“) – Hochwasserwarndienst – Alarm- und Einsatzpläne der Kommunen und des Katastrophenschutzes – Hochwasserangepasstes Bauen, Wohnen, Leben – Hochwasserversicherung

Nach: Martina Graw: Hochwasser – Naturereignis oder Menschenwerk? Schriftenreihe der Vereinigung Deutscher Gewässerschutz, Bd. 66. 3. Aufl. Bonn 2005, S. 54

16

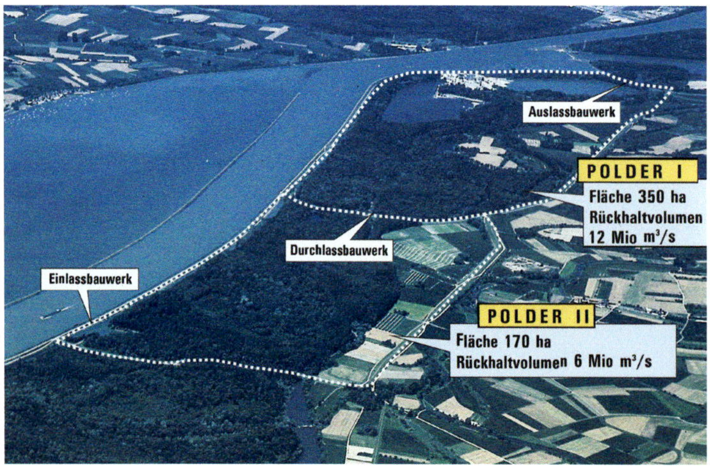

17 Retentionspolder bei Altenheim

Aktionsplan Hochwasser der Internationalen Kommission zum Schutz des Rheins (IKSR)

„Die großen Rheinhochwasser 1993 und 1995 hatten zur Folge, dass die IKSR in der 12. Rhein-Ministerkonferenz am 22. Januar 1998 in Rotterdam den ‚Aktionsplan Hochwasser‘ für den Rhein beschlossen hat. Er zielt darauf ab, Menschen und Güter besser vor Hochwasser zu schützen und die Rheinauen auszuweiten und aufzuwerten. ... Ziele bis 2020 sind:

- Die Schadenrisiken sollen um 25 Prozent verringert werden.
- Extreme Hochwasserstände unterhalb der staugeregelten Bereiche sollen um bis zu 70 cm vermindert werden.
- Die unmittelbar am Rhein und in seiner Nähe wohnende Bevölkerung soll durch Hochwassergefahren- und -risikokarten, die die gefährdeten Bereiche offen legen, sensibilisiert werden.
- Die Zeiträume für die Vorhersage von Hochwasser sollen deutlich verlängert werden, (so vergrößern sich die Reaktionszeiten), um mögliche Schäden zu vermindern.“

IKSR (Internationale Kommission zum Schutz des Rheines, Hrsg.): Der Rhein und sein Einzugsgebiet: Ein Überblick. Koblenz 2013. S. 29: www.iksr.org/fileadmin/user_upload/Dokumente_de/Broschueren/IKSR_BRO_210x297_DE_26.09.13.pdf (20.9.2015)

18

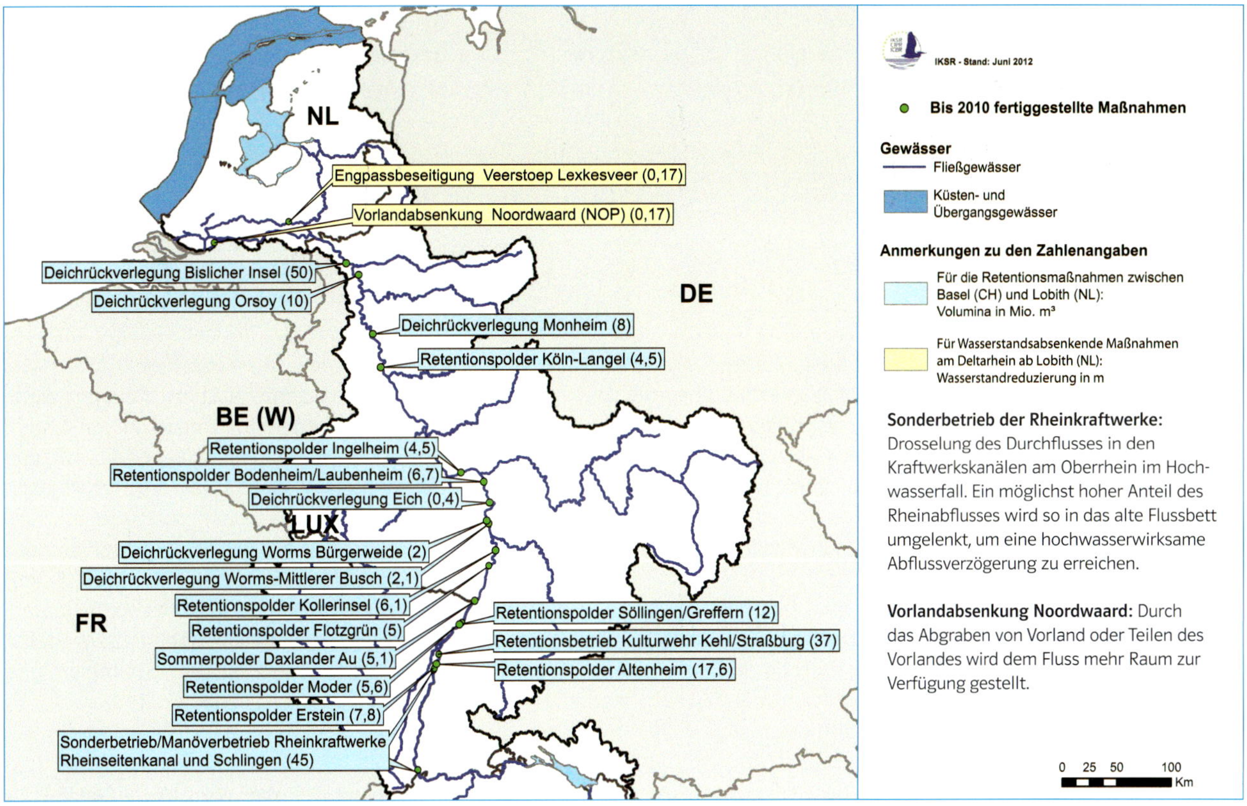

19 Hochwasserretentionsmaßnahmen entlang des Rheins
IKSR (Internationale Kommission zum Schutz des Rheines, Hrsg.): Der Rhein und sein Einzugsgebiet: Ein Überblick. Koblenz 2013. S. 29

Konfliktpotenzial. Am Oberrhein sieht das Integrierte Rheinprogramm (IRP) des Landes Baden-Württemberg vor, Hochwasserrückhalteflächen mit einem Gesamtvolumen von 167 Mio. m³ zu schaffen. Vorrangiges Ziel ist es, neben dem Hochwasserschutz die Wiederherstellung einer naturnahen Auenlandschaft mit hochwassertoleranten Waldbeständen zu entwickeln. Erste Maßnahmen wie die Polder bei Altenheim sind bereits installiert. Dazu müssen in den Poldern die Lebensgemeinschaften schonend an mögliche Überflutungen angepasst werden. Dies geschieht durch regelmäßige, sogenannte ökologische Flutungen. Ohne sie würden sich auf den Polderflächen Lebensgemeinschaften ansiedeln, die nicht an die Überflutungen angepasst sind.

Jedoch treten bei der Ausweisung von Poldern und den damit verbundenen ökologischen Flutungen neue Nutzungskonflikte auf. Anwohner befürchteten, dass

- durch die ökologischen Flutungen der Grundwasserspiegel in der bebauten Flussaue steigt und Gebäude in Mitleidenschaft gezogen werden,
- der Kiesabbau eingeschränkt wird,
- sich in den überfluteten Polderflächen Stechmücken vermehren,
- der Wildbestand dezimiert wird und
- Flächen in den Poldern nicht mehr für Freizeitaktivitäten genutzt werden können.

11 Charakterisieren Sie die drei Säulen des Hochwasserschutzes.

12 Erläutern Sie die Notwendigkeit zur nationalen sowie internationalen Kooperation bei der Vermeidung von Hochwasserkatastrophen.

13 Erörtern Sie aus unterschiedlichen Perspektiven die Bekämpfung der Hochwassergefahr durch die Anlage eines Retentionsraumes.

TERRA **KOMPETENZ**

Erdbeben
fossile Energieträger
Fracking
Geofaktoren
Geothermie
Hochwasserschutz
Klimaschutz
Klimawandel

Wissen vernetzen

Die natürliche Ausstattung Europas mit seinen stark gegliederten Küsten, seinen spezifischen klimatischen und geologischen Bedingungen, seinen landwirtschaftlich günstigen Böden, der Verfügbarkeit wichtiger fossiler und regenerativer Energieträger sowie industriell nutzbarer Rohstoffe war in der Vergangenheit und ist in Zukunft eine wichtige Voraussetzung für wirtschaftliche Entwicklung und Wohlstand.
Dabei tritt der Mensch nicht nur passiv als Landschaftsnutzer in Erscheinung, vielmehr hat das Leben und Wirtschaften der Menschen in Europa, in Abhängigkeit von naturräumlichen, technologischen, gesellschaftlichen und politischen Einflussfaktoren, unterschiedliche Kulturlandschaften entstehen lassen. So ist Europa heute durch ein kleinteiliges Mosaik vielfältiger Land- bzw. Kulturlandschaften geprägt.

Andererseits führen uns immer häufiger Meldungen in den Medien über Naturkatastrophen wie Erdbeben, Vulkanausbrüche, Stürme, Überschwemmungen oder Dürreperioden deutlich vor Augen, wie bedroht unsere natürlichen Lebensgrundlagen sind. Der Mensch ist dabei sowohl Opfer als auch zunehmend Verursacher. Denn durch die unangepasste Nutzung von Ressourcen wie Energie oder Wasser nimmt er zum Teil gefährlichen Einfluss auf das Zusammenwirken der verschiedenen Geofaktoren. Im Sinne einer nachhaltigen Landschaftsentwicklung müssen in Zukunft Strategien und Handlungsmöglichkeiten entwickelt werden. Es wird eine der großen Herausforderungen im Europa des 21. Jh. sein, den verschiedenen Raum- und Nutzungsansprüchen der Menschen gerecht zu werden und gleichzeitig den Erhalt der natürlichen Lebensgrundlagen sowie gewachsener Kulturlandschaften zu gewährleisten.

Landschaft und ihre Nutzung

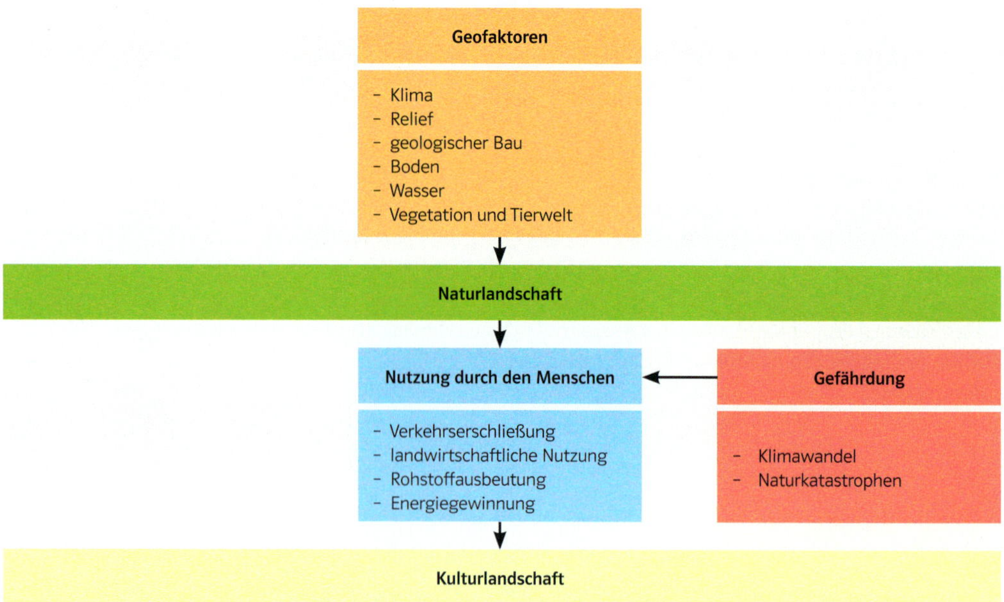

1

Material
Stumme Karte Europa
aw7n2n

Material
Lösungshinweise
h3sa59

Kulturlandschaft
Naturlandschaft

regenerative
Energien

Vulkanismus

Kompetenzen überprüfen

Überprüfen Sie Ihre in diesem Kapitel erworbenen Kompetenzen mit den folgenden Aufgaben und Materialien. Gehen Sie bei der Bearbeitung wie folgt vor:
- Erarbeiten Sie für jede Aufgabe schriftlich eine Lösung.
- Vergleichen Sie diese dann mit den Lösungshinweisen (Online-Code h3sa59).
- Bewerten Sie nun Ihre Lösung anhand der Notenskala 1 bis 6.
- Überlegen Sie, wie Sie eventuell festgestellte Defizite beseitigen können.

Räumliche Orientierung

1 Nennen Sie europäische Großlandschaftstypen.

2 Tragen Sie diese in eine Europakarte ein (abrufbar unter dem Online-Code aw7n2n) .

Fachwissen

1 Beschreiben Sie die geologische Entwicklung Europas in Grundzügen.

2 Erläutern Sie die Gefahren und Nutzungspotenziale geologisch aktiver Regionen in Europa.

3 Stellen Sie wesentliche Einflussfaktoren auf das Klima in Europa dar.

4 Erläutern Sie Ursachen und Folgen der gegenwärtigen Klimaerwärmung in Europa.

5 Nehmen Sie zur Position Deutschlands bei der Schiefergasförderung kritisch Stellung.

6 Erläutern Sie die allgemeinen Veränderungen und wasserbaulichen Maßnahmen zur Regulierung des Rheins.

Methoden

1 Analysieren Sie die Karikatur 2.

2 Ein Szenario entwickeln (siehe S. 138)
a) Beschreiben Sie das in der Karikatur dargestellte Szenario.
b) Gestalten Sie ein alternatives Szenario zur globalen Klimapolitik.

Kommunikation

1 Erarbeiten Sie mithilfe einer Internetrecherche eine Präsentation zu verschiedenen regenerativen Energieträgern in Europa.

2 In der Lokalpresse wird über den geplanten Ausbau eines Retentionspolders am Oberrhein berichtet. Diskutieren Sie diese Maßnahme aus der Perspektive unterschiedlicher Interessenvertreter.

Beurteilen und bewerten

1 Beurteilen Sie die zukünftige Bedeutung regenerativer Energieträger für Europa.

2 Erörtern Sie ausgehend von der Karikatur 2 einerseits die Notwendigkeit und andererseits die Hindernisse eines gemeinsamen Klimaschutzes in Europa.

3 Beurteilen Sie die Maßnahmen am Rhein im Sinne eines nachhaltigen Hochwasserschutzes.

2 **Klimakonferenz** (Karikatur von Til Mette)

4 Wirtschaftsraum Europa – Erfolgsgeschichte mit Schattenseiten

Europa als wirtschaftliche Erfolgsgeschichte – da mögen manch einem Zweifel kommen angesichts der Turbulenzen der letzten Jahre mit den Finanz- und Wirtschaftskrisen. Dennoch trifft der Begriff „Erfolgsgeschichte" auf viele Länder vor allem der Europäischen Union zu. Deutschland hat von diesem weltweit bedeutendsten Wirtschaftsbündnis bisher genauso profitiert wie die Beneluxstaaten oder Großbritannien, wie die baltischen Länder oder Polen und Tschechien. Und auch Staaten wie Bulgarien und Rumänien sehen trotz vorhandener Rückstände in der EU den Raum, der sie in ihrer ökonomischen Entwicklung voranbringen kann.
Nun besteht Europa nicht nur aus der EU, auch wenn im folgenden Kapitel der Schwerpunkt auf ihr liegen wird. Wie in der Union hat es auch im übrigen Europa ökonomische Erfolge gegeben, sei es bei traditionell wohlhabenden Staaten wie der Schweiz oder Norwegen, sei es bei Transformationsländern wie Russland oder der Ukraine.

1 Barcelona – pulsierende Wirtschaftsmetropole an der spanischen Mittelmeerküste

Die beiden letzten Beispiele zeigen aber auch, wie instabil Räume in Europa sein können. Politische Konflikte oder Sanktionen durch andere Staaten werfen einen Schatten auf bisherige ökonomische Erfolge und stellen sie infrage.
Solche Schattenseiten entstehen jedoch nicht nur durch Krisen und Konflikte. Zu groß sind noch die Unterschiede zwischen einzelnen Ländern, aber auch zwischen einzelnen Teilregionen, als dass die Erfolgsgeschichte des Wirtschaftsraums Europa schon fertig geschrieben wäre. Auf den folgenden Seiten werden hierzu Antworten auf unterschiedliche Fragen gegeben:
Wie stellen sich Europas wirtschaftliche Vielfalt und Disparitäten räumlich dar?
Wie präsentieren sich einzelne Regionen zwischen wirtschaftlicher Krise und ökonomischem Wachstum?
Welche Ziele verfolgen sie? Welche Wege beschreiten sie, um wirtschaftlichen Erfolg zu haben?
Wie positionieren sich Europa und seine Regionen im globalen Wettbewerb?

2 **Industriebrache im niederländischen Maasmechelen**

1 **Europas Vielfalt**

4.1 Vielfalt der europäischen Raumstruktur

Kompetenzen erwerben

- Die wirtschaftsräumlichen Unterschiede in Europa herausarbeiten;
- Veränderungen der wirtschaftsräumlichen Struktur Europas am Beispiel der EFTA charakterisieren;
- thematische Karten aufgabenorientiert auswerten.

Europa – wirtschaftsräumliche Vielfalt

→ **Eurasische Union** Seite 154

Europa zeigt neben einer großen politischen Vielfalt auch eine hohe wirtschaftsräumliche Differenzierung, die oft mit der politischen zusammenhängt. Ein Beispiel hierfür liefern die Transformationsländer, die sehr unterschiedliche Entwicklungen genommen haben. So ist die Transformation von der früheren staatlichen Zentralverwaltungswirtschaft hin zur Marktwirtschaft bei den Mittelosteuropäischen Ländern (MOEL) weit fortgeschritten, die zwischen 2004 und 2014 der Europäischen Union beitraten (Polen, Tschechien etc.). Einige der ehemals kommunistischen Staaten Südosteuropas, wie Albanien, Mazedonien oder Kosovo, gehören dagegen zu den ärmsten Ländern des Kontinents. Einen besonderen Fall der Transformationsländer stellt Russland dar, größter Nachfolgestaat der früheren Sowjetunion. Das Land hat zwar z. B. über Erdöl- und Erdgasexporte enge Wirtschaftsbeziehungen zu Mittel- und Westeuropa, sieht sich jedoch eher in Konkurrenz zur EU.

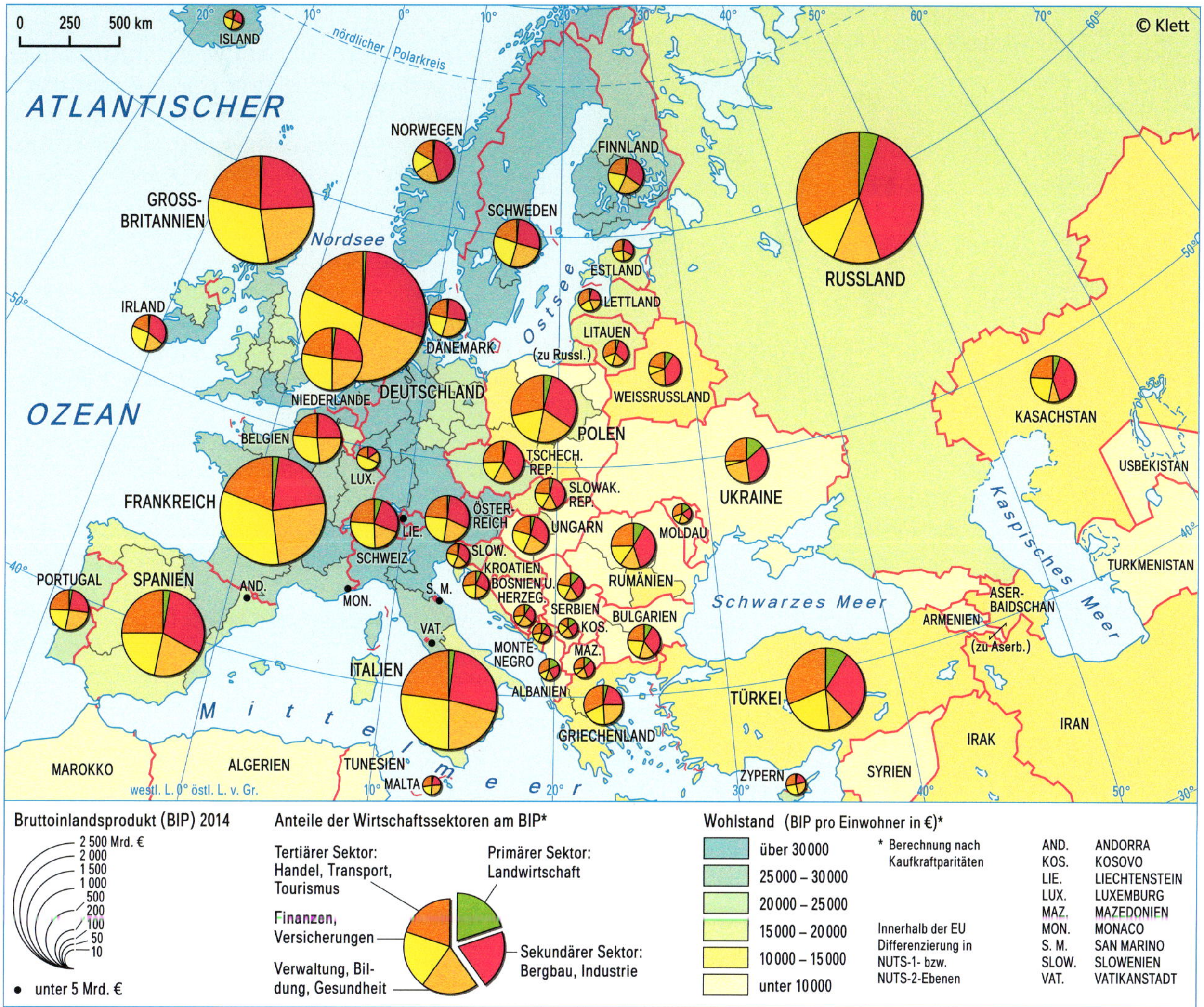

2 Wirtschaftskraft und Wohlstand in Europa

Nicht ohne Grund heißt das Motto der EU seit dem Jahr 2000 „United in diversity – In Vielfalt geeint". Sowohl für Europa als auch für die Union stellt sich allerdings die Frage, wie viel wirtschaftliche und wirtschaftspolitische Vielfalt guttut. So sehr besonders in der EU die ökonomische Integration schon fortgeschritten ist, so hat doch die Eurokrise deutlich belegt, dass die Vielfalt auch zur Bürde werden kann. Sie spiegelt sich europaweit in starken wirtschaftlichen Ungleichgewichten wider, die erheblichen Konfliktstoff bergen. Die umstrittenen und gerade für große Bevölkerungsteile harten Sparprogramme für Portugal, Spanien, Italien oder Griechenland sind ebenso Ausdruck dieser Konflikte wie die Migrationsströme aus Südosteuropa nach Deutschland und in andere mittel- und westeuropäische Staaten. Sie sind vor allem auch wirtschaftlich motiviert.

←
Binnenmigration
Seite 26

1 Beschreiben Sie Europas Vielfalt mithilfe der Karte 1.

2 Arbeiten Sie anhand von Karte 2 wichtige Grundaussagen zur wirtschaftlichen Vielfalt Europas heraus.

3 „Das EU-Motto ‚In Vielfalt geeint' hat heute seine Gültigkeit weitgehend verloren." Nehmen Sie zu dieser Aussage Stellung.

Terms of Trade
Sie geben an, wie viele Einheiten an Importgütern ein Land im Austausch gegen eine Einheit seiner Exportgüter erhält. Die Entwicklung der ToT zeigt an, ob sich die Außenhandelssituation eines Landes verbessert oder verschlechtert hat.

Europäische Wirtschaftsbündnisse im Wandel – das Beispiel EFTA

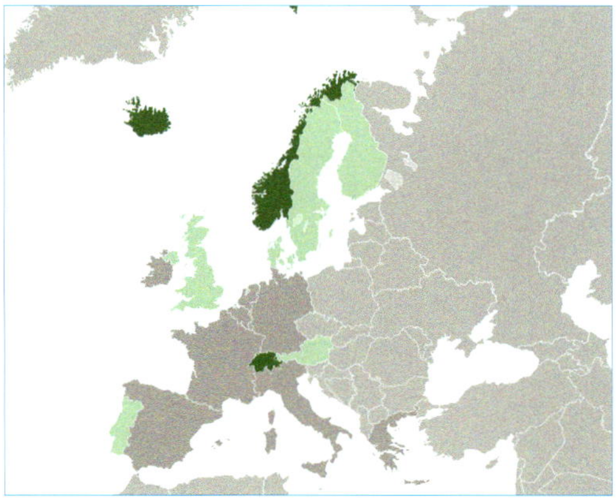

3 EFTA heute (dunkelgrün) und früher (hell- und dunkelgrün)

Kennzahlen der heutigen EFTA-Mitgliedstaaten (zum Vgl. Deutschland)

	CH	N	IS	FL	z. Vgl. D
Fläche (1 000 km²)	41,3	323,8	103,0	338,1	357,3
Bevölkerung (Mio.)	8,13	5,21	0,33	5,48	80,85
BNE (Mrd. US-$)	679	511,6	16,2	5,1	3 820,00
BNE/Kopf (US-$, PPP)	55 200	65 900	42 600	89 400	44 700
Anteil der Sektoren am BIP (%)					
I	0,8	1,7	5,9	8,0	0,9
II	26,7	41,8	22,4	37,0	30,8
III	72,5	56,5	71,7	55,0	68,4
Arbeitslosenrate (%)	3,2	3,4	4,5	2,3	5,0
Staatsschulden (in % des BNE)	34,7	29,6	94,0	k. A.	74,7

Nach CIA: The World Factbook, Juli 2015; Der neue Fischerweltalmanach 2016, Frankfurt a. M.: 2015

4

Die **„Europäische Freihandelszone"** (EFTA, European Free Trade Association) ist ein Beispiel dafür, dass wirtschaftsräumliche Strukturen in Europa durchaus Veränderungen unterliegen. Lange Zeit stellte die EFTA ein Wirtschaftsbündnis dar, das bewusst mit der Europäischen Union in Konkurrenz stand. Zehn Staaten gehörten ihr an, darunter mit Großbritannien, der Schweiz und den skandinavischen Ländern wirtschaftliche Schwergewichte. Gegründet wurde sie 1960 in Stockholm mit drei zentralen Zielen, nämlich das Wirtschaftswachstum und den Wohlstand in den Mitgliedstaaten zu fördern, den Handel mit anderen westeuropäischen Ländern zu stärken und die Mitglieder noch tiefer im Welthandel und im globalen Wirtschaftsgeschehen zu verankern. Dafür schuf man eine Freihandelszone, die jedoch im Unterschied zur EU von Beginn an keine gemeinsamen politischen Zielsetzungen hatte.
Die Veränderungen begannen in den 1970er Jahren und waren gravierend: 1973 traten Dänemark und Großbritannien der damaligen EWG (spätere EU) bei, 1986 Portugal und 1995 Finnland, Schweden und Österreich. Parallel zu diesem Beitritt erfolgte jeweils der Austritt aus der EFTA, die dadurch seit 1995 nur noch aus vier Mitgliedstaaten besteht. Eine weitere Reduzierung des Bündnisses wäre eigentlich um das Jahr 2010 herum erfolgt, da Island zu diesem Zeitpunkt ebenfalls den Beitritt zur Europäischen Union anstrebte. Nachdem das Land jedoch eine Zeit lang zu den (negativen) Hauptakteuren der Finanzkrise zählte, hat man nach deren Überwindung auf eine EU-Mitgliedschaft verzichtet. Heute unterhält die Schweiz bilaterale Abkommen zur EU, während die drei anderen Mitgliedstaaten mit der EU gemeinsam den „Europäischen Wirtschaftsraum" (EWR, engl.: European Economic Area/EEA) bilden.

EFTA – eigene Bilanz 2014

"The four countries forming the European Free Trade Association (EFTA) … have created a global trading network that extends to over 60 countries across the globe and accounts for some 80 % of the total trade of the EFTA States.
The most comprehensive agreement is the Agreement on the European Economic Area …, which serves as the main instrument for trade and cooperation between the three EFTA States … and the Member States of the European Union (EU)… EFTA has 25 free trade agreements (FTAs) in force with 35 countries. In 2014, EFTA Ministers signed a joint declaration on cooperation with the Philippines, setting the stage for the launch of free trade negotiations in 2015. Ministers also met with representatives of Guatemala to discuss the development of closer trade relations in view of Guatemala's forthcoming accession to the EFTA-Central America FTA. Founded in 1960, EFTA has become a highly practical and flexible platform for promoting economic integration, and for ensuring competitive terms of trade for the EFTA States. Looking ahead, EFTA has an ambitious agenda for extending its FTA network, in terms of both geographical and substantive coverage. As always, the maintenance of a homogeneous Internal Market on the basis of the EEA Agreement will remain a priority."

EFTA (Hrsg.): The 54th Annual Report of the European Free Trade Association 2014, S. 3: www.efta.int/sites/default/files/publications/annual-report/annual-report-2014.pdf (23.06.2015)

5

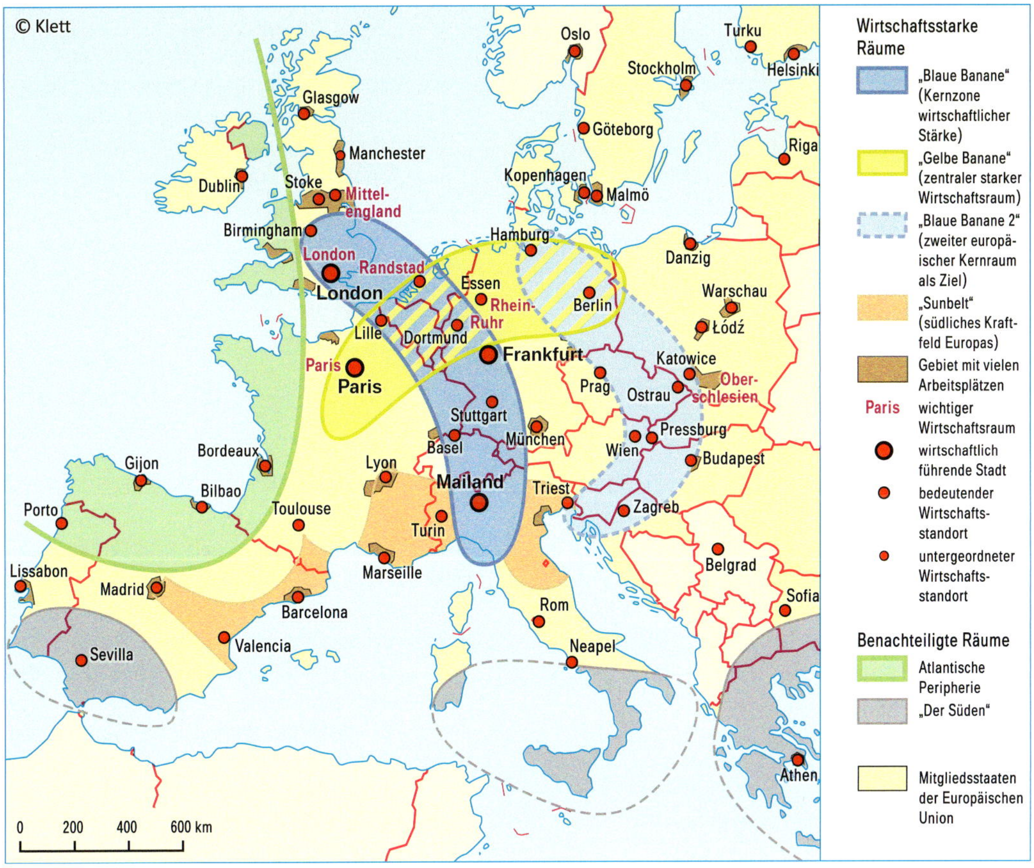

6 Raumstrukturmodell „Blaue Banane" und „Kreuzbanane"

Europa – Strukturmodelle

Blaue Banane

1989 veröffentlichte Roger Brunet, Mitglied der französischen Raumordnungsbehörde DATAR, eine Studie zur Darstellung der Aktivitätszentren in Europa, die in der Literatur unter dem Namen „Blaue Banane" Berühmtheit erlangte. Brunets Absicht war es, die französische Regierung auf Defizite in ihrer Regional- und Raumplanung aufmerksam zu machen, indem er bewusst die Wirtschaftszentren Ile de France (Paris) und Lyon/Marseille außerhalb des dynamischen Kernraums der Blauen Banane platzierte.

Das Modell der Blauen Banane entwickelte allerdings schnell eine Eigendynamik und wurde zu einer konkreten Vorstellung der tatsächlichen und möglichen Raumentwicklung in der EU. Dadurch beeinflusste es maßgeblich das Handeln der politischen und wirtschaftlichen Entscheidungsträger. Wegen der politischen Veränderungen in Europa im Zuge der Jahre 1989–1991 (Mauerfall, deutsche Vereinigung, Ende der Sowjetunion) und aufgrund der Aufnahme weiterer EU-Mitglieder in den 1990er Jahren wurde das Modell 1994 und 2000 aktualisiert und erweitert. Es entstand u. a. die „Kreuzbanane", die ebenfalls neben Ist-Zuständen auch Entwicklungsperspektiven aufzeigt.

4 EFTA – ein „Restbündnis"?
a) Beschreiben Sie anhand der EFTA, wie sich wirtschaftsräumliche Strukturen in Europa verändern.
b) Erörtern Sie, ob man die heutige EFTA als „Restbündnis" bezeichnen kann.

5 Beschreiben Sie das Raummodell der Blauen Banane.

6 Erläutern Sie die Erweiterungen des Modells (aus den Jahren 1994 und 2000).

TERRA **METHODE**

Karten sind das zentrale Medium der Geographie. Dies ergibt sich schon aus dem Forschungsfeld der geographischen Wissenschaft, nämlich den räumlichen Strukturen und der Entwicklung der Erdoberfläche bzw. ihrer Teilräume. Mithilfe von Karten kann man einen Gesamteindruck von den physisch-geographischen Merkmalen und/oder den anthropogeographischen Prozessen gewinnen. Eine weitere Stärke der Karte liegt darin, dass sie Lagebeziehungen, Raumstrukturen und räumliche Zusammenhänge in einer überschaubaren und komprimierten Form erkennbar macht.

Thematische Karten auswerten

„Raumstrukturmodell ‚Polyzentrische Kern- und Integrationszonen'"

Bei der Auswertung einer thematischen Karte empfiehlt es sich, eine eintrainierte Vorgehensweise einzuhalten. Diese kann in vier Schritten erfolgen:

1. Schritt: Formales/Orientierung

- Was stellt die Karte dar (Thema/Karteninhalt)?
- Wo liegt der dargestellte Raum? Ggf. den Atlas als Orientierungshilfe heranziehen.
- Wie groß ist der Raumausschnitt?
- Für welchen Zeitpunkt/Zeitraum gelten die Angaben in der Karte? Woher stammt die Karte? Was kann über die Quelle gesagt werden?

2. Schritt: Beschreibung

- Welche Kartenelemente müssen mit Blick auf die Aufgabenstellung untersucht werden?
- Sind auffällige Strukturen zu erkennen? Gibt es deutlich zu unterscheidende Teilräume? Lässt sich die Karte räumlich gliedern?
- Sind Entwicklungsprozesse zu erkennen?
- Lassen sich Regelhaftigkeiten ausmachen?
- Gibt es auffällige Ausnahmen von solchen Regelhaftigkeiten?

7 **Thematische Karten im Alltag**

3. Schritt: Erklärung

- Welche Erklärungshilfen geben die Kartenüberschrift und die Legende?
- Welche kausalen und funktionalen Zusammenhänge sind erkennbar?
- Wie sind die beschriebenen Strukturen und räumlichen Verteilungen zu erklären?
- Welche physisch-geographischen, historischen, wirtschaftlichen, politischen und gesellschaftlichen Gegebenheiten sind für die Erklärung der Karteninhalte wichtig?
- In welcher Weise dient die Karte dem Thema der Aufgabenstellung?

4. Schritt: Bewertung

- Stimmt die Überschrift mit dem Karteninhalt überein?
- Ist die räumliche und zeitliche Abgrenzung mit Blick auf die beabsichtigte Kartenaussage sinnvoll?
- Sind die Wahl der Signaturen, ihre grafische Gestaltung und ihre Abstufung in Größenklassen aussagekräftig oder wirken sie ggf. verfälschend?
- Welchen Informationswert besitzt die Karte?
- Weist die Karte Informationslücken auf?
- Wird das Wesentliche durch die Art der Gestaltung deutlich?
- Ist die Karte übersichtlich, aussageschwach oder überladen?
- Sind die verwendeten Begriffe klar definiert?
- Wurden durch Fortlassungen, fehlende Informationen oder unklare Zusammenhänge die Aussagen der Karte verfälscht oder manipuliert?

Selbstverständlich muss man nicht alle Fragen stellen und beantworten. Was notwendig ist, richtet sich nach der Karte und nach dem Arbeitsauftrag.

Grundsätzlich unterscheiden wir drei Typen von Karten: die physische, die topografische und die thematische Karte. Physische Karten stellen natürliche Landschaftselemente dar, topografische Karten dienen der genaueren Abbildung der Geländeformen und anderer Details, wie Siedlungen oder Verkehrswege.

Thematische Karten bauen auf der topografischen Karte auf und verbildlichen bestimmte Themen (Wirtschaft, Bevölkerungsdichte, Bodenbedeckung und -nutzung, städtische und ländliche Siedlungen etc.). Sie können auch, wie im folgenden Beispiel, modellhafte Inhalte haben.

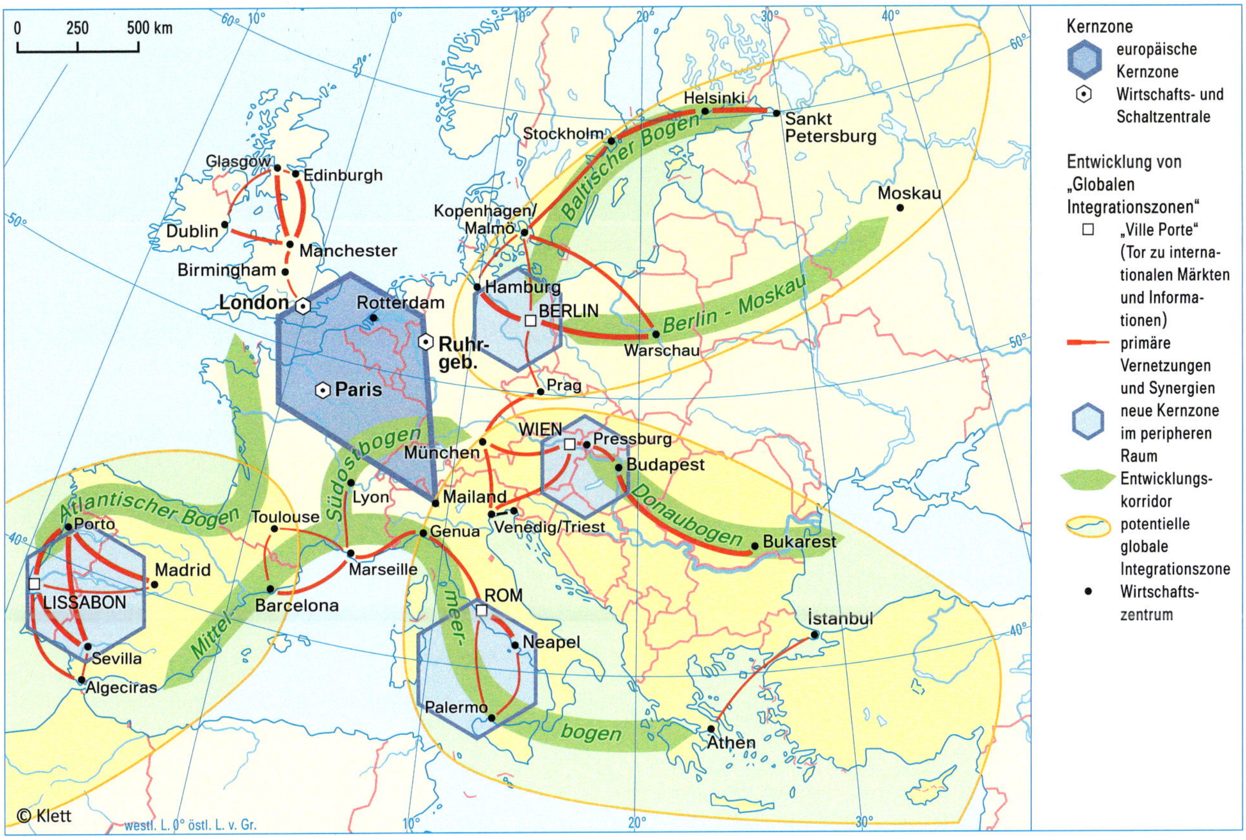

8 **Raumstrukturmodell „Polyzentrische Kern- und Integrationszonen"**

Zwei Hinweise für die Bearbeitung der Aufgabe:

1. Beachten Sie bei der Aufgabenlösung besonders auch die **Operatoren**. Sie geben entscheidende Hinweise, in welche konkrete Richtung die Kartenbearbeitung und die darauf folgenden Ausführungen gehen sollen.

2. Bevor Sie beginnen, Ihre Lösungen zu formulieren, bearbeiten Sie die Karte gründlich. Leitfaden sind sowohl der **Kartentitel** als auch die **Aufgabenstellung**. Machen Sie sich Stichwortnotizen und halten Sie wichtige **Schlüsselbegriffe** fest.

→ **Operatoren** siehe die Operatorenseiten im Anhang dieses Buches

7 Analysieren Sie die thematische Karte 8 „Raumstrukturmodell ‚Polyzentrische Kern- und Integrationszonen'" unter Beachtung der Schritte 1 bis 4.

1 Aus deutscher Sicht der klassischste aller altindustriellen Räume: das Ruhrgebiet

4.2 Wirtschaftsräume in Europa – zwischen Krise und Wachstum

Kompetenzen erwerben

- Die jeweils besondere wirtschaftliche Struktur unterschiedlicher Raumtypen kennzeichnen;
- die strukturellen Entwicklungen dieser Räume analysieren, z. B.: Entstehung, Krisen, Probleme, Veränderungen, Entwicklungsziele und -umsetzungen;
- Maßnahmen zur zukunftsfähigen Gestaltung von Räumen bewerten.

Altindustrielle Räume im Wandel

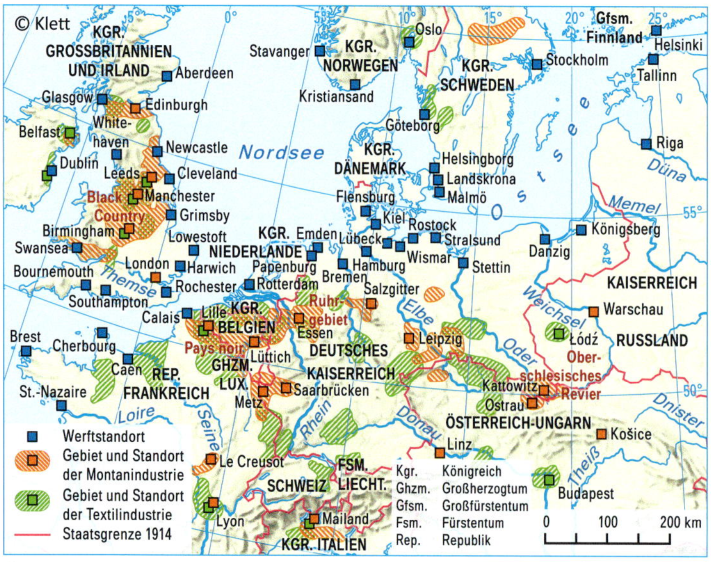

2 Wirtschaftsstandorte in Europa am Ende des 19. Jahrhunderts

Altindustrieräume

Europa wurde im 18. und 19. Jh. von der Industriellen Revolution geprägt. Auf der Basis von Steinkohle und Eisenerzen entwickelten sich **Montanreviere** mit Bergbau und Eisen schaffender Industrie. Sie waren die Grundlage für weitere Industriezweige wie z. B. den Schwermaschinenbau oder (Kohle-) Chemie.
Der Boom dieser Räume dauerte auch später an: In der Hochphase der Industrialisierung am Ende des 19. und Anfang des 20. Jh. sowie während der Weltkriege und in den nachfolgenden Phasen des Wiederaufbaus wurde die Montanindustrie zur Schlüsselindustrie in vielen Ländern Europas.
Die einseitige Ausrichtung der Räume auf die Montanindustrie und wenige Folgeindustrien erwies sich seit Ende der 1950er Jahre dann aber als fatal. Als Kohle und Stahl in die Krise gerieten, fehlten in den monostrukturierten Regionen die industriellen Alternativen.

Kohle- und Stahlkrise. Ein erstes Anzeichen dafür, dass die scheinbar wirtschaftlich starken Montanreviere auch Schwächen aufwiesen, zeigte sich schon in der ersten Hälfte des vorigen Jahrhunderts. Durch technische Innovationen ging nämlich der Kohlebedarf bei der Erzeugung von Roheisen (Verhüttung des Erzes im Hochofen) stark zurück. Es gelang sogar, Verfahren zu entwickeln, die ganz ohne Kohle auskamen und zur Hitzeerzeugung für den Schmelzvorgang Erdgas oder Strom verwendeten. Damit verlor eines der beiden Standbeine dieser Reviere, der Steinkohlenbergbau, an Bedeutung.

Die eigentliche Krise setzte dann aber 1958 ein, als im Ruhrgebiet erstmals eine Zeche geschlossen wurde, obwohl ihre Vorräte noch nicht erschöpft waren. Ein entscheidender Grund hierfür war das Wegbrechen traditioneller Abnehmer: Die Dampflokomotiven wurden durch Diesel- und E-Loks ersetzt, im sogenannten Hausbrand (Heizung) stellte man auf Öl und Gas um und in der chemischen Industrie fand eine umfassende Substitution der Kohle durch Erdöl statt („Petrochemie"). Hinzu kam in der Industrie Deutschlands der Aufstieg anderer Branchen, wie z. B. der Automobil- und der Elektroindustrie. Ihre Standorte aber lagen außerhalb der Altindustriegebiete – ein Beispiel bietet der Raum um Stuttgart. Bereits in den 1960er Jahren setzte ein wahres „Zechensterben" ein, sodass beispielsweise im Ruhrgebiet von den ehemals rund 150 Gruben heute nur noch zwei übrig geblieben sind und 2018 die letzte schließt. Die Folgen waren Massenentlassungen, Verarmung großer Bevölkerungsteile, Abwanderung und das Entstehen von Industriebrachen (siehe Foto 2 der Auftaktseite).

Ende der 1960er/Anfang der 1970er Jahre wurde der Niedergang der Montanreviere durch die „Stahlkrise" massiv verschärft. Es erfolgte beispielsweise die Substitution von Stahl durch andere Werkstoffe, wie Aluminium und Keramik. Hinzu kam die Wirtschaftsrezession infolge der Ölkrise 1973/74 mit ihrem Nachfragerückgang nach Stahl. Besonders während der „Automobilkrise" zu Beginn der 1980er Jahre, ausgelöst durch die drastische Verteuerung von Treibstoff, brach der Stahlabsatz dann noch einmal ein. Auch hier kam es zu Betriebsstilllegungen und Entlassungen.

Entwicklung der Hartkohleförderung (in Mio. t)

Großregionen	1970	1980	1990	2000	2010	2013
Europa	510,1	496,2	381,8	219,9	136,5	117,4
davon Deutschland	112,1	86,6	76,6	37,3	14,1	8,3
davon Spanien	10,8	12,8	14,9	14,9	8,8	4,4
Nordamerika	559,5	747,6	922,6	968,6	987,3	898,8
GUS	500,4	558,2	548,5	325,4	427,3	478,2
Asien	499,2	789,4	1 329,5	1 443,7	4 043,2	4 649,1
Australien	45,4	72,4	162,7	244,7	355,4	409,6
Afrika	59,1	120,1	182,6	231,3	261,7	267,4
Lateinamerika	8,8	15,1	32,7	47,4	77,3	90,4
Naher Osten	0,7	0,9	0,9	2,0	2,5	2,0
Welt	2 183,1	2 800,0	3 561,3	3 482,9	6 291,1	6 913,0

Bundesanstalt für Geowissenschaften und Rohstoffe (BGR), eigene Zusammenstellung

3

Entwicklung der Stahlproduktion (in Mio. t)

Großregionen	1970	1980	1990	2000	2010	2013
Europa		208,0	191,8	193,4	206,6	205,0
davon Deutschland	50,5	51,1	44,1	46,4	43,8	42,6
davon Spanien		12,8	12,9	15,9	16,3	14,3
Nordamerika		124,9	111.4	135,4	111,6	119,0
GUS		147,9	154,4	98,5	108,2	108,3
Asien		185,9	245,9	342,2	917,8	1 122,7
Australien	6,8	7,6	6,7	7,1	7,3	4,7
Afrika		11,5	13,3	13,8	16,6	16,1
Lateinamerika		21,6	29,3	39,1	43,9	45,8
Naher Osten		1,3	4,1	10,8	20,0	27.0
Welt	595,4	716,4	770,4	850,2	1 432,8	1 649,3

Eigene Zusammenstellung nach verschiedenen Quellen, u. a. World Steel Association

4

Revitalisierung. Schon seit dem Beginn der 1960er Jahre hat man versucht, die meisten Altindustrieräume wirtschaftlich wiederzubeleben (Revitalisierung). Das geschah mit der Ansiedlung neuer Industriebranchen, wie z. B. der Automobilindustrie, mit der Stärkung des Tertiären Sektors oder auch durch die Entwicklung der Bildungslandschaft bis hin zum Hochschulbereich, um die Qualifizierung der Menschen für den Arbeitsmarkt zu verbessern.

1 Beschreiben Sie die Wirtschaftsstandorte Europas am Ende des 19. Jh.

2 Im Text werden verschiedene Gründe für die Kohle- und die Stahlkrise genannt. Weitere wichtige Ursachen ergeben sich aus den Tabellen 3 und 4. Erläutern Sie diese.

3 Schließung einer Zeche oder eines Stahlwerks: Stellen Sie in einem Schaubild die konkreten Folgen dar, die sich aus der Krise der Montanindustrie für den Raum und seine Menschen ergeben.

Saarrevier und Baskenland – Strukturwandel zweier alter Montanreviere

4 Vergleichen Sie die beiden Räume „Saarrevier" und „Baskenland" hinsichtlich
a) ihres industriellen Aufstiegs und Niedergangs;
b) der Zielsetzungen und Maßnahmen zur Bewältigung ihres Strukturwandels.

5 **Historische Postkarte mit dem Motiv der Zeche Camphausen, Saar, mit dem weltweit ersten Förderturm aus Stahlbeton (erbaut 1911)**

6

Saarrevier – politischer Sonderfall Saarland. Wie die anderen Altindustrieräume wies auch das Saarrevier eine zu geringe Branchen-Diversifizierung auf, um die Krisen zu bewältigen. Allerdings kam im Saarland ein Faktor hinzu, der diese Bewältigung noch zusätzlich erschwerte. Das Saarland war nach dem Zweiten Weltkrieg von Frankreich besetzt worden und sollte eigentlich französisches Gebiet bleiben. In einer Volksabstimmung im Jahr 1955 stimmten jedoch 67,7% der Bevölkerung für eine Angliederung an die Bundesrepublik Deutschland. Dem wurde von Frankreich stattgegeben, und am 1. Januar 1957 wurde das Saarland das zehnte Bundesland.

Allerdings: Um die Folgen für Frankreich, das die Saarkohle für sein lothringisches Eisen- und Stahlrevier brauchte, abzufedern, wurde der wirtschaftliche Anschluss an die Bundesrepublik erst Mitte 1959 vollzogen – also rund eineinhalb Jahre nach dem politischen.

Entwicklung des Saarreviers

„Trotz der Wirtschaftskrise der nachnapoleonischen Zeit gelang es dem preußischen Fiskus unter Leitung des ersten Direktors des im Jahre 1816 eingerichteten Königlichen Bergamtes zu Saarbrücken, Leopold Sello, den Bergbau organisatorisch und technisch zu verbessern, wesentlich zu steigern und dauerhaft für den preußischen Staat rentabel zu machen. Neue Stollen wurden angehauen, technische Innovationen, besonders der Einsatz der Dampfmaschine, ermöglichten zum Beispiel den Abbau in Tiefbaustollen. Die ständig steigende Nachfrage nach Kohle und Koks ließen Förderung und Belegschaftszahlen stark ansteigen. Die Kohleförderung im Saarrevier stieg von 100 000 Tonnen im Jahr 1816 auf ca. 600 000 Tonnen 1850; die Belegschaft entwickelte sich im gleichen Zeitraum von 917 Bergleuten auf rund 4 500. Die Grundlage für den industriell-wirtschaftlichen Aufstieg des preußischen Saargebiets zu einem der bedeutendsten Industriereviere im Deutschen Reich vor dem Ersten Weltkrieg war gelegt. Wesentliche Entwicklungsschübe der rasanten Industrialisierung, gerade auch der Entwicklung des Bergbaus, kamen im Saarrevier ab Ende der 1840er Jahre durch die ... Verbesserung der verkehrsmäßigen Erschließung. Der Bau zahlreicher Eisenbahnlinien ab 1848 wie auch die Teilkanalisierung der Saar und der Anschluss der Saar an den lothringischen Saarkohlekanal verbesserten die Absatzverhältnisse. So legte die preußische Bergverwaltung zwischen 1850 und 1862 zehn neue Gruben, sogenannte Eisenbahngruben an. ...

[Seit April 1945 war] die Saarkohle ... aus dem Pool [der Siegermächte zur Aufteilung der deutschen Steinkohle] ausgeschieden und die [nun maßgebliche französische] Régie des Mines besaß das alleinige Verfügungsrecht. Belegschaft und Kohleförderung stiegen rasch an ..."

Nach Joachim Heinz: Als man das Saarland „Saarabien" nannte. In: Arbeitnehmer, 60. Jg., Sonderheft, Ottweiler 2012, S. 4 f.

7

Surftipp
Saar-Lor-Lux
p5hu6n

Entwicklung des Steinkohlenbergbaus im Saarland (gerundete Werte)

Jahr	Förderung (in t)	Belegschaft
1850	595 900	4 580
1860	1 484 200	10 100
1870	3 444 900	18 800
1910	13 200 000	56 500
1920	8 500 000	55 000
1930	k.A.	50 000
1940	k.A.	57 000
1950	14 800 000	63 000
1960	16 233 700	52 960
1970	10 544 000	27 000
1980	10 128 000	36 500
1990	9 719 000	20 000
2000	5 736 000	10 100
2010	1 326 000	1 800
2012	Schließung der letzten Zeche bei Ensdorf	

Eigene Zusammenstellung nach verschiedenen Quellen, u. a. Arbeitskammer des Saarlandes (24.06.2015)

8

Niedergang des Reviers und Strukturwandel. Bis man Erfolge wie die Umwandlung der ehemaligen Röchling-Hütte (1986 stillgelegt) in ein „europäisches Zentrum für Kunst und Industriekultur" (Foto 11) und seine Aufnahme in die Weltkulturerbe-Stätten feiern konnte, erlebte das Saarrevier zunächst einen dramatischen Niedergang und strukturellen Wandel. Neben dem Bergbau wurde auch das zweite Standbein, die Stahlindustrie, schwer getroffen. Noch 1960 arbeiteten in ihr 42 000 Menschen, und 1974 wurde mit 7,2 Mio. Tonnen der höchste Produktionswert an Stahl erreicht. Zwar existieren heute im Saarland noch drei Stahlunternehmen, doch beschäftigen sie nur noch ca. 13 000 Arbeitskräfte, die jährlich 4 bis 4,5 Mio. Tonnen Stahl erzeugen. Der industrielle Niedergang des Saarlands spiegelt sich signifikant im Bevölkerungsrückgang von 1,3 Mio. Menschen im Jahr 1966 auf 988 000 in 2015 wider.

Um den Menschen neue Perspektiven zu eröffnen, hat man reagiert: Erstens fand eine Diversifizierung und Modernisierung der industriellen Struktur statt. Zweitens wurden Industriebrachen in Räume für Kultur und Freizeit umgewidmet, auch als Teil einer Tourismuskampagne. Drittens verbesserte man die Bildungsangebote und schuf Cluster von Wirtschaft und Forschung. Viertens schließlich wurde das Revier Teil der grenzüberschreitenden „Großregion Saar-Lor-Lux", um u. a. die wirtschaftliche Verknüpfung mit den Nachbarräumen zu intensivieren.

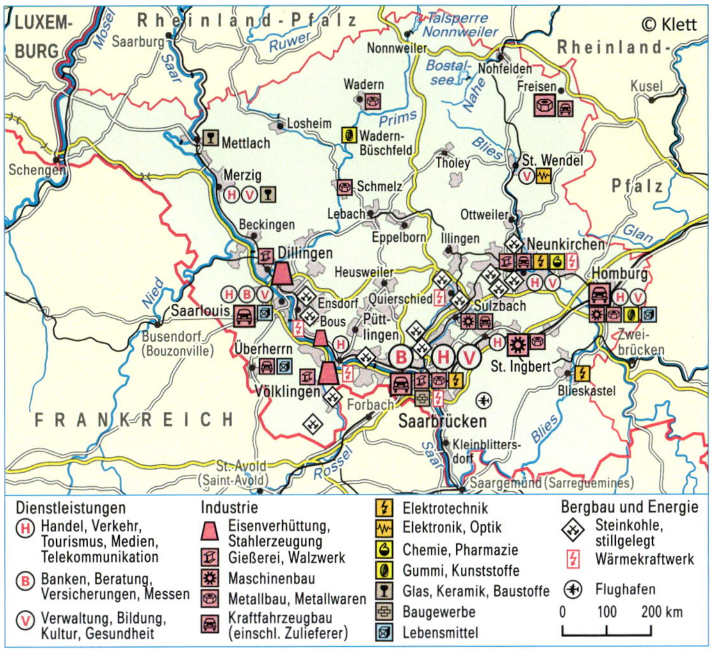

9 **Wirtschaftsraum Saarland heute**

Veränderung der Beschäftigtenstruktur in der Saarindustrie

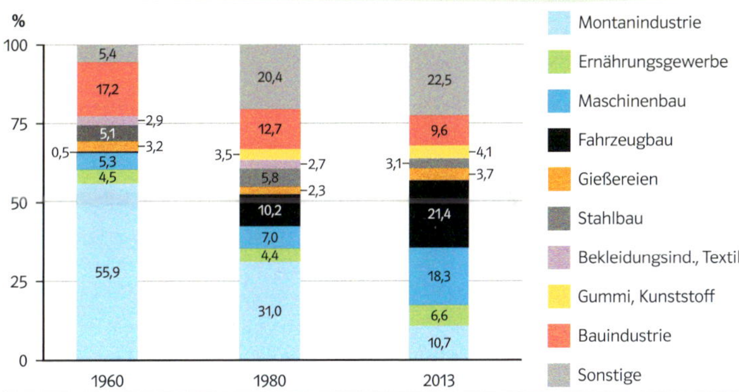

Statistisches Amt Saarland, nach IHK Saarland, Juli 2014: http://cms.ihksaarland.de/ihk-saarland/Integrale?MODULE=Frontend&ACTION=ViewPage&Page.PK=350

10

11 **Hüttenstandort Röchling in Völklingen, heute UNESCO-Weltkulturerbe**

12

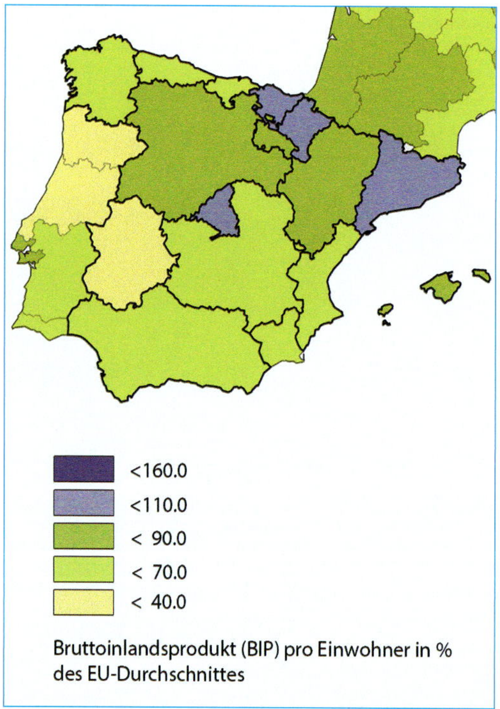

14 Nuts-2-Regionen mit BNE/Kopf 2011

Baskenland – Basisdaten

Fläche (km²)	7230
Einwohner (Jan. 2014)	2166184
Anteil an ganz Spanien (%)	4,46
Größte Städte mit Einwohnerzahl (2014)	Bilbao (352700) Vitoria-Gasteiz (239562) San Sebastián (186185) Baracaldo (100061)
BIP/Kopf (Euro, 2013)	29959
BIP-Anteil an ganz Spanien (%)	6,14
Unternehmen (2014)	149245
davon > 100 Beschäftigte (%)	0,45
davon (%) im Tertiären Sektor	77,8
im Baugewerbe	8,1
im Sekundären Sektor	14,1
Arbeitslosenquote (III/2014, %)	15,2 (Spanien (I/2015): 23,8
BIP-Anstieg (2013–2014, %)	+0,9 (Spanien: +1,1)

Zusammenstellung nach verschiedenen Quellen

13

15 Bilbao: Euskalduna-Werft, 1985 abgerissen, dort befindet sich heute der Kongress- und Musikpalast und das Meeresmuseum

Baskenland – Aufstieg und Niedergang. Spanien gehört nicht zu den Ländern, an die man bei der Krise altindustrieller Räume denkt. Das sind doch eher Deutschland mit dem Ruhrgebiet und dem Saarland, Großbritannien mit Mittelengland, Belgien mit Wallonien oder Frankreich mit den Regionen Nord-Pas-de-Calais und Lothringen.
Der Norden Spaniens zählt jedoch zu den ältesten europäischen Industrieräumen. Ausgangspunkt hierfür waren die Bodenschätze am Rande des Kantabrischen Gebirges, einem Mittelgebirge in unmittelbarer Nähe zur Atlantikküste. In der Region Asturien fand man früh Steinkohle, mit einem Schwerpunkt in der Nähe von Gijón. Eisenerze förderte man in der benachbarten Provinz Baskenland, vor allem im Raum südlich von Bilbao. Aus beiden zusammen entwickelte sich ein typisches Montanrevier mit Bergbau, Eisen- und Stahlerzeugung sowie einigen unmittelbaren Folgeindustrien (Schiffsbau, Maschinenbau).
Auch dieser Region wurde dann seit Ende der 1950er Jahre die industrielle Monostruktur zum Verhängnis. Es kam zu Zechenschließungen und Werksstilllegungen in der Eisen schaffenden Industrie mit Massenentlassungen. Im Großraum Bilbao folgten noch die Werftenkrisen. Zuerst gerieten die europäischen Schiffsbauer Ende der 1980er Jahre unter den Druck der Konkurrenz aus Japan und vor allem Südkorea. Nach einer Erholungsphase, ausgelöst durch den steigenden Bedarf an Schiffen durch den Globalisierungsprozess mit seinem gestiegenen Transportaufkommen, entstand um das

Stärken der Region aus eigener Sicht

„Das Baskenland … organisiert sich über das 1979 gebilligte Autonomiestatut und verfügt über eigene Institutionen wie die Regierung und das Parlament. So ist das Baskenland eine Gemeinschaft mit kulturellen, wirtschaftlichen, industriellen und steuerlichen Eigenheiten. Es genießt ein hohes Maß an politischer Autonomie, das seiner Regierung Befugnisse über die meisten staatlichen Bereiche wie Erziehung, Kultur, Gesundheit, Beschäftigung, Umwelt oder auch Industrie gewährt.

Dabei ist es diejenige Autonome Gemeinschaft mit dem höchsten Pro-Kopf-Einkommen in Spanien; nämlich 34,5 % höher als der spanische Durchschnitt. In der Europäischen Union kommt das Baskenland an dritter Stelle gleich hinter Luxemburg und den Niederlanden.

Einer der Gründe für diese wirtschaftliche Stärke liegt in dem hohen Gewicht der Industrie im Baskenland begründet, die 24,2 % des BIP ausmacht. Diese derzeit [2011/12] besondere Vormachtstellung im wirtschaftlichen Gefüge der baskischen Industrie mit einem bedeutenden technologischen Niveau, qualitativ hochwertigen Fertigwaren und einer langen Tradition bei der Versorgung der Nachbarländer mit industriellen Anwendungen hat die momentane Wirtschaftskrise im Baskenland minimal gehalten; es ist wesentlich weniger davon betroffen als Regionen mit einer … [einseitigeren] industriellen Struktur. Die Industriepolitik, der Investitionsanreiz [besonders durch steuerliche Vergünstigungen] sowie die Unterstützung bei der Verbesserung von Qualität, Innovation und Technologie, die durch die baskische Regierung vorangetrieben werden, haben es ermöglicht, die derzeitige Wettbewerbsfähigkeit zu erreichen. Hinzu kommen die Entwicklung des Dienstleistungssektors, die Modernisierung des Handels und der Aufschwung des Tourismus mit 2 341 720 Personen, die im Jahre 2011 ins Baskenland reisten."

Verwaltung der Autonomen Gemeinschaft Baskenland (Hrsg.): Baskenland. Euskadi in Zahlen: http://tourismus.euskadi.eus/baskenland-fuhrer/zahlen/ (29.06.2015)

16

Jahr 2010 eine zweite Krise infolge des weltweit zurückgehenden Wirtschaftswachstums. Betroffen waren Europa und Nordamerika ebenso wie bedeutende Schwellenländer, z. B. China, Brasilien oder Indien.

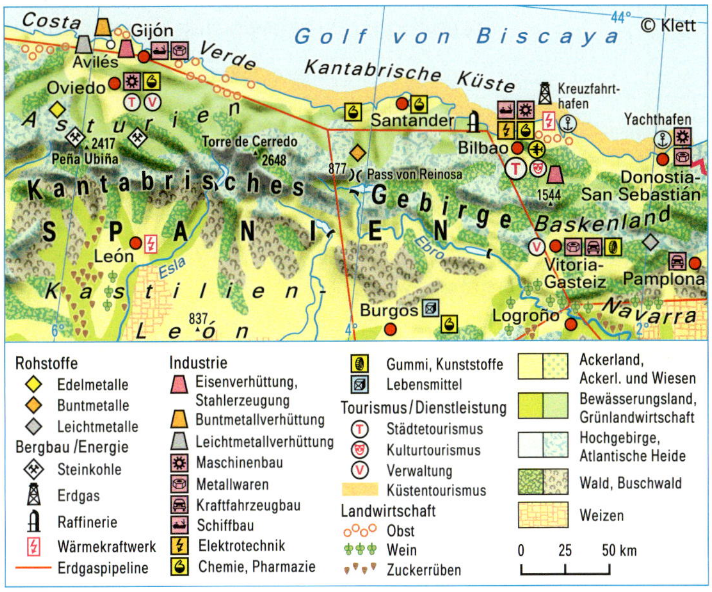

17 **Nordspanien – Wirtschaft**

18 **Bilbao: Guggenheim-Museum auf einem ehemaligen Werftgelände**

Im Internetauftritt wirbt das Baskenland mit Fotos zu folgenden Schlagwörtern:

- Vinyards in the Rioja Alavesa
- San Sebastian – the Basque pearl
- Balance of tradition and modernity
- Avant-garde architecture
- The Basque coast
- Breathtaking venues
- Surfing Basque Waves
- The Guggenheim Museum Bilbao
- Gastronomy – a land of plenty

Destination Management for the Basque Country: inbasque: www.inbasque.com (12.08.2015)

19

Stagnationsräume zwischen Vergangenheit und Zukunft

Uckermark – peripherer Raum mit Zukunft?

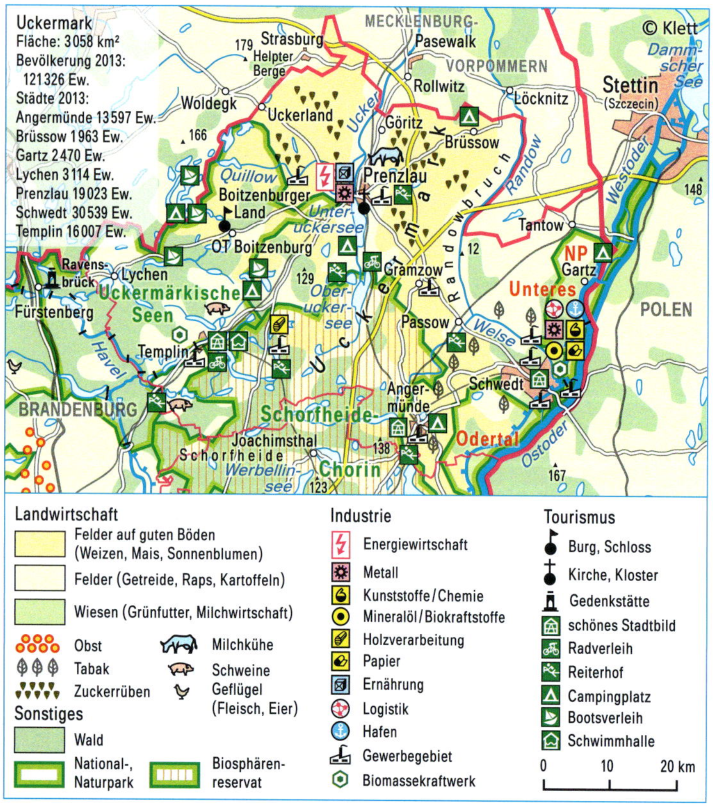

20 Landkreis Uckermark: Wirtschaft, Bevölkerung, Siedlungen, Tourismus

Strukturdaten des Landkreises Uckermark im Vergleich

	Deutschland	Uckermark
BIP zu Marktpreisen 2011 (EU 28 = 100)	127	85
BIP/Kopf 2012 (Euro)	32550	22793
Arbeitslosenquote 2013 (%)		
– gesamt	6,9	15,2
– unter 25 Jahren	9,4	7,9
Verteilung sozialversicherungspflichtig Beschäftigter nach Wirtschaftsbereichen 2013 (%)		
– Land- und Forstwirtschaft, Fischerei	1,5	5,4
– Produzierendes Gewerbe	24,7	25,3
– Handel, Gastgewerbe, Verkehr	26,0	23,2
– Finanzierung, Unternehmensdienstleistungen	16,7	12,8
– Öffentliche u. private Dienstleister	30,8	33,1

Statistische Ämter des Bundes und der Länder vom 29.11.2012: www.regionalstatistik.de/genesis/online/logon und http://epp.eurostat.ec.europa.eu/portal/page/portal/region_cities/regional_statistics/data/database (09.12.2015)

21

Entleerung des Raums. Die Uckermark ist eine historische Landschaft im Nordosten Deutschlands an der Grenze zu Polen, die schon im 13. Jh. erwähnt wurde. Die schlimmste Phase erlebte das Gebiet im 17. Jh. Der Dreißigjährige Krieg, Missernten und die Pest, der Schwedisch-Polnische Krieg und schließlich der Krieg zwischen Brandenburg und Schweden entleerten die Landschaft und ihre Orte. Die Bevölkerung ging um 30–40 % zurück, die von Bauern bestellte Fläche sogar um ca. 80 %. Obwohl sich die Region im 18. Jh. erholte, blieb sie insgesamt äußerst ländlich geprägt. Schwierig gestalteten sich für die Uckermark auch das 19. und 20. Jh. Die Industrialisierung erfasste den Raum nicht nennenswert. Erschwerend kam die ausgeprägte Randlage hinzu, abseits der bedeutenden Zentrumsräume, zuerst zu DDR-Zeiten, nach 1990 dann im wiedervereinigten Deutschland. So wurde die Uckermark zu einem typischen ostdeutschen Abwanderungsraum, in dem zu viele Menschen eine zu geringe Perspektive sahen. Dies betraf vor allem die junge Bevölkerung.
Obwohl spätestens seit dem Beitritt Polens zur Europäischen Union im Jahr 2004 die Randlage zumindest in Richtung Osten überwunden ist und die Uckermark nun Teil der „Euroregion Pomerania" ist, konnte der Trend des Bevölkerungsrückgangs bisher nicht entscheidend gebremst werden. Angesichts der negativen demografischen Prognose kämpft man dennoch um eine zukunftsfähige Raumentwicklung. Im Mittelpunkt stehen die drei auf den nächsten Seiten folgenden Konzepte.

Bevölkerungsentwicklung in der Uckermark

Jahr	Einw.	Jahr	Einw.
1990	169255	2004	141454
1992	165115	2006	137029
1994	162022	2008	132837
1996	159029	2010	129738
1998	155723	2013	121326
2000	151740	2020*	115500
2002	145715	2030*	103000

* Prognose
Landkreis Uckermark: Daten und Fakten: www.uckermark.de/index.phtml?La=1&sNavID=1897.25&mNavID=1897.4&object=tx|1897.163.1&kat=&kuo=1&sub=0 (29.06.2015)

22

Die Uckermark kämpft

„Kaum Industrie, kaum Jobs, dafür viel Hoffnung: Wie die Uckermark daran arbeitet, nicht mehr das Schlusslicht in der Arbeitslosenstatistik zu sein.

Arbeitslosigkeit, Abwanderung und Überalterung – das sind die Schlagworte, die viele mit der Uckermark verbinden. Man kennt das auch in anderen Regionen Deutschlands. Aber ausgerechnet dem Landkreis, in dem die deutsche Bundeskanzlerin Angela Merkel aufwuchs, geht es besonders schlecht. Seit Monaten führt die Region die bundesweite Arbeitslosenstatistik an. …

Der größte Arbeitgeber ist der öffentliche Dienst. Ein wenig Industrie – eine Raffinerie, zwei Papierwerke – gibt es in Schwedt an der Oder, mit 30 000 Einwohnern der größten Stadt des Kreises. Ansonsten dominiert in dem Landstrich an der Grenze zwischen Brandenburg und Mecklenburg-Vorpommern die Landwirtschaft. Seit einigen Jahren versucht die Kreisverwaltung, der Wirtschaft einen Schub durch die Entwicklung von erneuerbaren Energien zu geben. Man setzt auf Biogas und Windkraft. … Britt Stordeur in der Prenzlauer Kreisverwaltung will daran mitarbeiten, dass die Uckermark eine bessere Zukunft hat. …

Mit Fördergeldern aus dem Bundeshaushalt will Stordeur den Tourismus fördern und die Gesundheitswirtschaft. Besonders wichtig ist ihr aber, den Kreis auf die demografische Zukunft vorzubereiten. Was wird aus der Uckermark, wenn hier noch weniger Menschen leben als jetzt schon, und wenn der Altersdurchschnitt noch höher ist? Wird es genügend Pflegekräfte für alle geben? Wie wird man die Bevölkerung mit Schulen und Kindergärten versorgen können?“

Nach Alexandra Endres: Die Uckermark kämpft. In: ZEIT Online vom 29.11.2012: www.zeit.de/wirtschaft/2012-11/uckermark-arbeitslosigkeit (12.08.2015)

23

Konzept zur Zukunftsgestaltung I: Tourismus. Wie in vielen europäischen Regionen versucht man auch in der Uckermark, wirtschaftlichen Aufschwung durch Tourismus herbeizuführen. Die entscheidenden Schlagwörter hierfür findet man in Slogans der Region: „Wandern – Wasser – Rad“ und „Die Uckermark. Natur- und Kulturlandschaft“. Es geht also einerseits um einen naturnahen Fremdenverkehr, der das landschaftliche Potenzial und die „Leere des Raums“ nutzt. Zweiter Ankerpunkt der touristischen Vermarktung sind historische Städte und Kulturdenkmäler, wie z. B. die Altstadt von Angermünde oder das Renaissanceschloss in Boitzenburg.

25 **Schloss Boitzenburg**

Entwicklung der Gäste- und Übernachtungszahlen in der Uckermark, 1996–2014

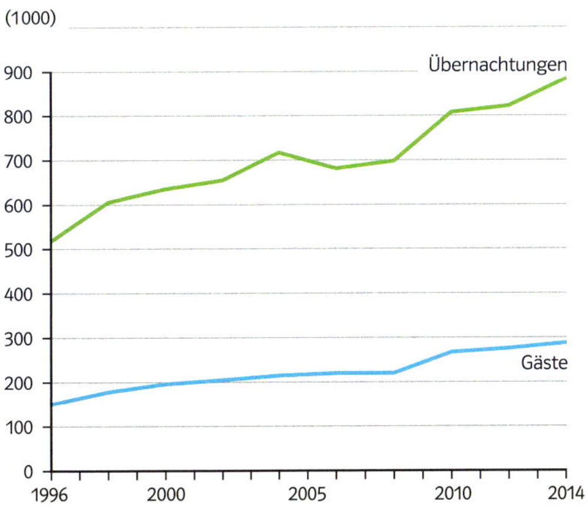

Nach Kreisverwaltung Uckermark (Hrsg.): Landkreis Uckermark, Prenzlau: 2015, S. 44: www.uckermark.de/PDF/… (12.08.2015)

24

Werbung für die Uckermark: Natur & Kultur – regional und nachhaltig

„Gleich drei Nationale Naturlandschaften sorgen dafür, dass unbezahlbare Natur-Schätze … erhalten bleiben. Zum Beispiel der Grumsin, ein uralter Buchenwald mit Weltnaturerbe-Status im Herzen des Biosphärenreservates Schorfheide-Chorin; … oder der rund 800 km² große Naturpark Uckermärkische Seen. Begeben Sie sich auf Entdeckertour … und durchstreifen Sie ein kaum besiedeltes Stück Natur. Zu Fuß, mit dem Rad und mit dem Kanu … Schlösser in märchenhafter Landschaft, schlichte Herrenhäuser, verträumte Gutsdörfer und kleine Städtchen, Kopfsteinpflasterstraßen, historische Stadtkerne – eingebettet in die hügelige Landschaft der Uckermark. Zeugen der Vergangenheit, die über Land und Leute berichten. Hier noch wie verwunschen, dort schon in neuer, alter Pracht. … Nach dem Spaziergang am Kamin der ökologisch ausgebauten Unterkunft die Seele baumeln lassen, das Wasserrad rauscht, der Apfelwein von benachbarten Streuobstwiesen, Gerichte aus Großmutters Zeiten – in Bio-Qualität, mit dem Esel durch die Uckermark … und das Wanderpicknick ganz regional mit Produkten von uckermärkischen Höfen! Für viele uckermärkische Gastgeber sind Klima- und Umweltschutz Unternehmensphilosophie. Und wer mit seinem Urlaub überhaupt keinen ‚bleibenden Eindruck‘ hinterlassen möchte, entscheidet sich einfach für eines der klimaneutralen Angebote …“

Zusammenstellung nach: www.tourismus-uckermark.de/de/die-uckermark/ (12.08.2015)

26

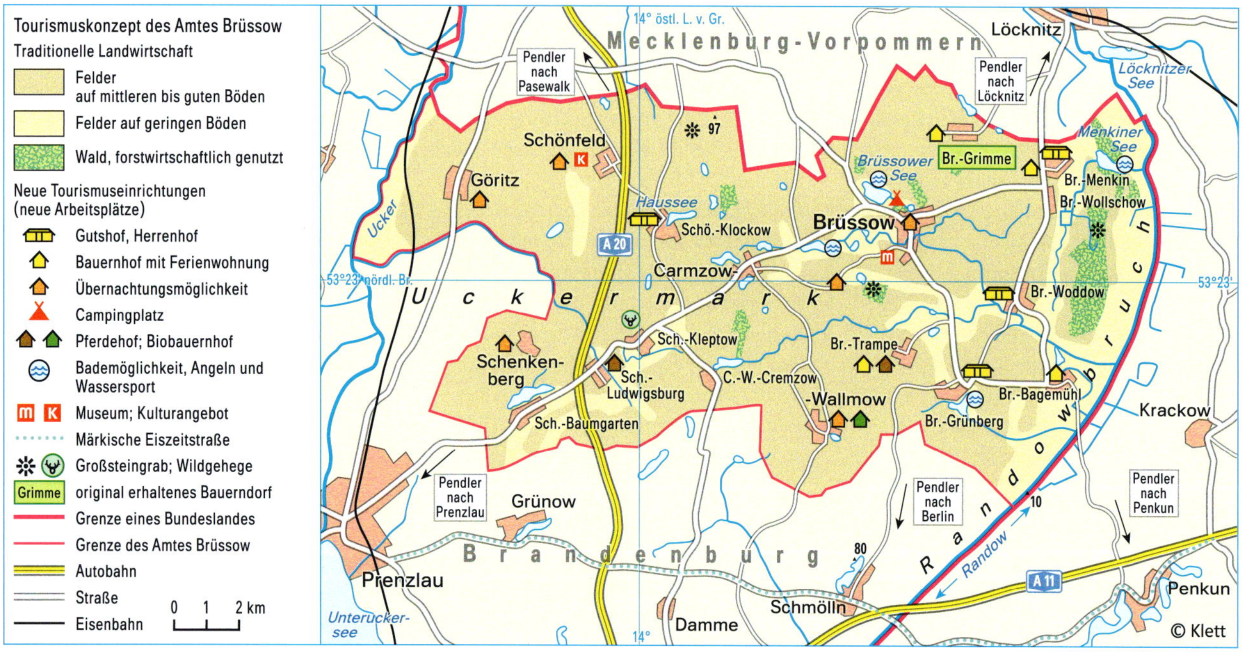

27 Tourismuskonzept des Amtes Brüssow, nördliche Uckermark

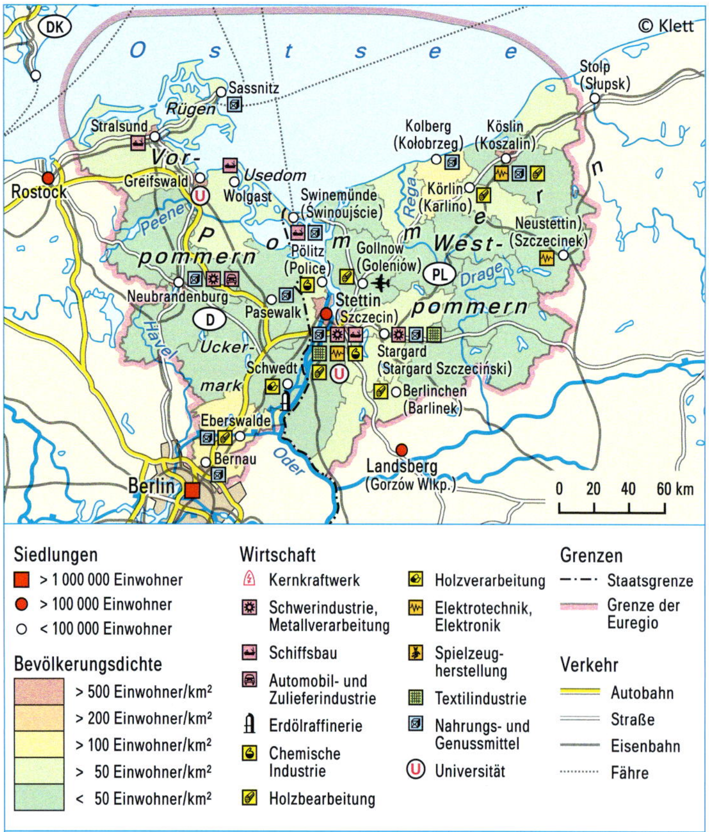

Gegründet: 1995 **Beteiligte Länder**: Deutschland, Polen; angestrebt wird eine Beteiligung Dänemarks (Bornholm, Ost-Dänemark) **Sitz des Rates der Euroregion**: Stettin (Szczecin), ca. 410 000 Einwohner **Fläche**: ca. 35 500 km² **Bevölkerung**: rund 2,4 Mio.

28 Wirtschaftsstruktur und Bevölkerungsdichte der Euroregion Pomerania

Konzept zur Zukunftsgestaltung II: europäische Perspektive

Ausgewählte Ziele der grenzüberschreitenden Euroregion Pomerania:

- die Erhöhung des Lebensstandards der in der Region lebenden Bürger …
- die Zusammenarbeit und der Austausch von Gesellschafts-, Wissenschafts-, Berufs-, Kultur- und Jugendgruppen …
- Erhaltung und Verbesserung des Umweltschutzes, damit verbunden eine Entwicklung des ländlichen Raumes
- der Ausbau und die Anpassung der Infrastruktur an die Bedürfnisse des Grenz- und Regionalverkehrs
- die Entwicklung der wirtschaftlichen Zusammenarbeit, verknüpft mit einem Austausch von Know-how sowie einem Technologietransfer
- die Einrichtung eines komplexen Informationssystems zum Datenaustausch
- die Entwicklung einer koordinierten grenzübergreifenden Raumplanung.

Euroregion Pomerania: Ziele in der Zusammenarbeit in der Euroregion: www.pomerania.net/main.cfm?l=de&rubrik=5&th=31 (21.01.2016)

29

Konzept zur Zukunftsgestaltung III: regionaler Wachstumskern Schwedt/Oder. Im sogenannten Verflechtungsraum Schwedt lebt mit rund 67000 Menschen gut die Hälfte der Bevölkerung der Uckermark. Die Stadt ist gleichzeitig das industrielle Zentrum der Region und besitzt einen Binnenhafen. Schwedt ist einer der 15 „regionalen Wachstumskerne" des Bundeslandes Brandenburg und wird daher besonders gefördert. In diesem Zusammenhang wurden sieben Projekte angelegt, von denen zwei bereits seit 2011 verwirklicht sind:

1. Haus der Bildung und Technologie (fertig, u.a. Sitz der ICU Investor Center Uckermark GmbH);
2. Gleisanschluss beider Kais des Hafens an das Eisenbahnnetz (fertig);
3. Ausbau der Hohensaaten-Friedrichsthaler Wasserstraße (2005 beschlossen);
4. Verbesserung der Anbindung an die Bundes-Autobahn und an das polnische Fernstraßennetz (2005);
5. Einrichtung einer Präsenzstelle der Fachhochschule Brandenburg und Eberswalde (2007);
6. bedarfsgerechter Ausbau des Gewerbe- und Industriegebiets am Hafen (2012);
7. Einrichtung eines „Regionalbudgets" im Rahmen der „Bund-Länder-Gemeinschaftsaufgabe Verbesserung der regionalen Wirtschaftsstruktur"; seine wichtigsten Aufgabenbereiche sind das regionale Marketing sowie Maßnahmen zur Sicherung des Fachkräftebedarfs (2012).

Orte in der Uckermark mit über 10000 Einwohnern, Stand 2014

Schwedt	31111
Prenzlau	19023
Templin	16007
Angermünde	15000

Eigene Zusammenstellung nach verschiedenen Quellen

30

Fertigstellung: 2001
Kosten: 27 Mio. Euro
Lage: Stichhafen an der Hohensaaten-Friedrichsthaler Wasserstraße
Anbindungen: nach Berlin; über Stettin zur Ostsee

Entwicklung des Umschlags (in t):	
2009	136000
2010	155000
2011	182036
2012	219436
2013	313279
2014	281609

31 Hafen von Schwedt

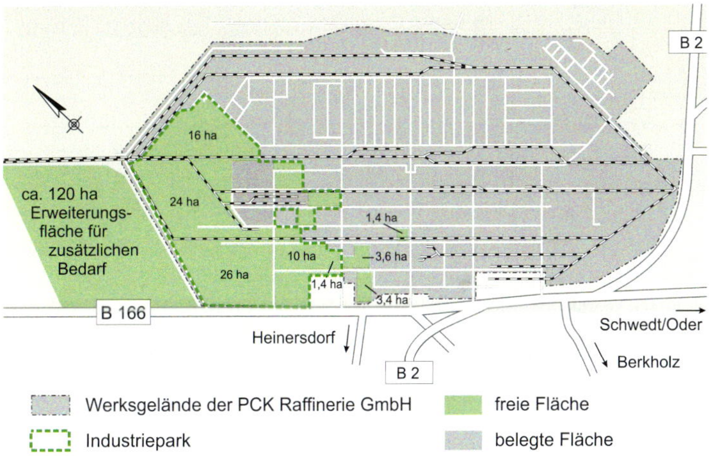

Industriepark Schwedt
220 ha Fläche, davon 80 ha frei; 120 ha Reservefläche
Ansiedlung von Firmen in Verbindung mit der Raffinerie, aber auch anderer Branchen
Autobahnanschluss in 20–40 km Entfernung, Bundesstraßenanschluss
Straßenanschluss an den Hafen
Nähe zu polnischem Hinterland und zu Berlin

32 Industriepark Schwedt, auf dem Gelände der PCK Raffinerie

5 Stellen Sie die heutige Situation der Uckermark dar (Materialien 20–22).

6 „Die Uckermark kämpft" – begründen Sie diese Überschrift des Textes 23.

7 Zukunftskonzept „Tourismus":
a) Analysieren Sie den Werbetext 26 für die Uckermark unter besonderer Berücksichtigung von Verfasser und Intention.
b) Erläutern Sie das Tourismuskonzept am konkreten Beispiel von Brüssow (Karte 27).

8 Zukunftskonzept „Europäische Perspektive":
Gestalten Sie eine Präsentation zur Wirtschaftsstruktur der Euroregion Pomerania.

9 Zukunftskonzept „Wachstumskern Schwedt": Beurteilen Sie Intentionen und Maßnahmen am Standort Schwedt/Oder.

Alentejo – Entwicklungsimpulse für einen peripheren Raum in Portugal

34 BIP je Einwohner nach Regionen (NUTS-2) in Portugal

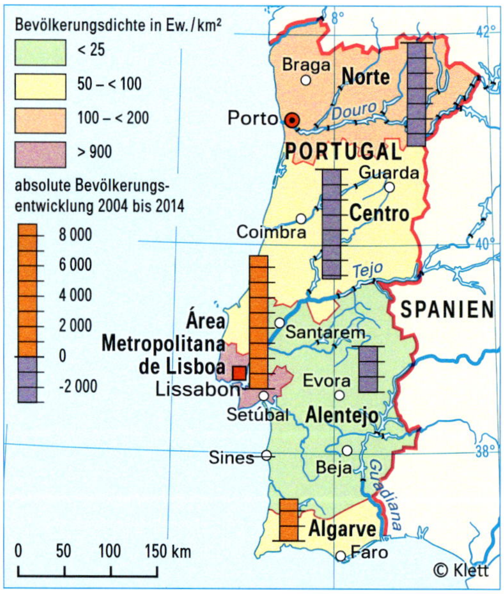

35 Bevölkerungsdichte und -entwicklung nach Regionen in Portugal

Die demografische und wirtschaftliche Situation des Alentejo Ende 2014

„Die Region Alentejo hat etwa 737 200 Einwohner. ... Auf rund einem Drittel des Staatsgebiets leben hier nur 7,1 % der portugiesischen Bevölkerung. Zugleich ist der Alentejo die Region Portugals mit der ältesten Bevölkerungsstruktur: 24,3 % der Alentejaner sind 65 Jahre alt oder älter (gegenüber 20,3 % im Landesdurchschnitt). Die Analphabetenquote in der Altersgruppe ab 60 Jahren war die landesweit höchste, doch besteht mit dem Generationswechsel eine deutliche Tendenz zur Verbesserung dieser Kennziffer. Auch im Bereich der berufsbildenden Schulen und der Hochschulen besteht ein breit gefächertes Angebot an Bildungsmöglichkeiten.

Rund 305 000 Menschen sind erwerbstätig. Die Erwerbsquote ist die landesweit niedrigste (47,7 %) und die Arbeitslosenquote liegt mit 14,5 % im 4. Quartal 2014 über dem Landesdurchschnitt. ... Besonders betroffen von der Arbeitslosigkeit in dieser Region sind die jungen Menschen (im untersuchten Quartal waren ca. 45 % der unter 35-Jährigen arbeitslos) ...

Der größte Teil der Region wird landwirtschaftlich ... genutzt. Dieser Bereich zeichnet sich durch eine zunehmende Spezialisierung und Mechanisierung aus. Erleichtert wird dies durch die größere Fläche der landwirtschaftlichen Betriebe in der Region (die eine mittlere Größe von über 60 Hektar haben). Vorherrschend sind Getreide, Weinberge und Olivenhaine, Obstbäume sowie Rinderzucht ... und Schweinezucht. Im Küstenbereich ... findet man außerdem große Obstplantagen (Erdbeeren, Himbeeren oder Brombeeren). Auch die Forstwirtschaft (und insbesondere Korkeichen und die Korkgewinnung) spielt für die Wirtschaft des Alentejo eine wichtige Rolle; diese Region ist in der Korkproduktion weltweit führend. Infolgedessen waren im 4. Quartal 2014 in der Region ... noch 12,5 % der Erwerbstätigen [in der Landwirtschaft] beschäftigt.

Der Alentejo gehört zu den Regionen Portugals mit einem weniger dynamischen Sekundärsektor (lediglich 16,9 % der Erwerbstätigen). Allerdings ist eine gewisse industrielle Spezialisierung vorhanden, wobei die traditionellen Zweige der Nahrungsmittelindustrie (Herstellung von Käse, Wein und Rauchfleisch ...) sowie Chemieprodukte und Erdölderivate (Letztere im Zusammenhang mit dem Industriekomplex von Sines), Bauteile für Kraftfahrzeuge und Flugzeuge und Elektronikbauteile erweitert werden. ...

Der Alqueva-Stausee ... war eine Investition mit entscheidenden Auswirkungen für die Region, und zwar sowohl für die Bewässerung der Böden und die Erzeugung von Strom aus Wasserkraft als auch für die Zunahme des Tourismus und der Freizeitaktivitäten.

Im Dienstleistungssektor sind der Groß- und Einzelhandel sowie die Reparatur von Kraftfahrzeugen und Motorrädern nach wie vor am stärksten vertreten (13,9 % der Arbeitsplätze in der Region), wenn auch im Vergleich zum Vorjahresquartal ein leichter Einbruch zu verzeichnen ist ...“

http://ec.europa.eu © Europäische Union, 1995–2016, Für die Wiedergabe und Anpassung ist allein die Ernst Klett Verlag GmbH verantwortlich

33

Material
vergrößertes Luftbild des Hafens in Sines
bj3d27

36 Staumauer des Alqueva-Stausees, des größten künstlichen Sees Europas – das 2004 in Betrieb genommene Wasserkraftwerk hat eine Leistung von knapp 260 MW

1. Fischerei- und Jachthafen
2. Hafen für Massengutimporte (Steinkohle, Erdöl und -gas)
3. Containerhafen
4. Gewerbegebiete
5. Erdölindustrie/Raffinerie
6. Wärmekraftwerk (mit Kohlebunkern)

37 Hafen und Industrie in Sines

Säulen der Entwicklung. Neben der Landwirtschaft, die immer noch eine große Bedeutung hat (z. B. für den Export), soll der Alentejo auch für den Tourismus erschlossen werden. So hat man beispielsweise eine deutschsprachige Webseite eingerichtet, die auf vier Werbeschwerpunkte setzt: die Idylle des Landesinneren, die unberührte Küste, den Alqueva-Stausee mit Wassersportmöglichkeiten sowie Évora, dessen Zentrum seit 1986 Weltkulturerbe ist.

Eine dritte Säule stellt schließlich die Industrialisierung dar, die einen Schwerpunkt im 13 000-Einwohner-Ort Sines an der Atlantikküste hat. Die Stadt besitzt einen Tiefwasserhafen für den Rohstoffimport (Öl, Gas, Kohle) sowie einen Containerhafen, den man in Kooperation mit der Hafengesellschaft von Singapur betreibt. Darüber hinaus ist Sines auch immer noch ein bedeutender Fischereihafen. Strukturverbessernde Maßnahmen in den genannten „Säulen“ wurden aus dem ESI alleine zwischen 2007 und 2013 mit 869 Mio. Euro gefördert.

ESI
Europäischer Struktur- und Investitionsfonds

→
Regional- u. Strukturpolitik
ab Seite 128

10 Beschreiben Sie die beiden Karten 34 und 35 unter besonderer Berücksichtigung des Alentejo.

11 Arbeiten Sie aus Text 33 positive und negative Aspekte der wirtschaftlichen Situation des Alentejo heraus.

12 Industriestandort Sines:
a) Beschreiben Sie die Struktur des Standortes.
b) Diskutieren Sie, ob eine gezielte Förderung von Sines dem Alentejo als Gesamtregion hilft.

38

39 London City – Herz der Region Greater South East

Wachstumsräume als Motoren Europas und globale Impulsgeber

Greater South East England – „British and Global Powerhouse“

Der Aktivraum Greater South East, bestehend aus London und den Regionen South East und East of England, weist eine Einwohnerzahl von 21 Millionen oder 35 Prozent der Bevölkerung des Vereinigten Königreichs auf. Er trägt jedoch weit mehr zur Wirtschaft bei, als es seinem Bevölkerungsanteil entspricht. Über 600 000 Menschen aus der Region East und South East pendeln täglich nach London. Damit wachsen die Verflechtungen zwischen den drei Regionen. London ist der bedeutendste Finanzplatz der Welt, vor New York, Tokyo oder Frankfurt. Während das Kapital in „Inner London“ zu Hause ist und als Magnet für die Zentralen vieler Unternehmen fungiert, erfüllen die Regionen South East und East stärker eine „Zulieferfunktion“, z. B. in den Bereichen Forschung und Entwicklung und Unternehmensdienstleistungen. Mit ihren See- und Flughäfen erfüllen sie gleichzeitig eine wichtige Rolle für die Verkehrsanbindung und Logistik.

In der Region:
- werden rund 47 % des Bruttoinlandsprodukts von Großbritannien (ca. 2,5 Bill. €) erwirtschaftet;
- haben ca. 750 000 registrierte Firmen ihren Sitz, das entspricht 46 % aller britischen Unternehmen;
- werden 60 % aller Investitionen in Forschung und Entwicklung des Vereinigten Königreichs investiert sowie 70 % aller Risikokapital-Investitionen;
- befinden sich 71 der insgesamt 131 Hochschulen des Landes;
- nehmen die Häfen ca. 60 % aller Containerschiffe auf, die aus dem Ausland in Großbritannien ankommen;
- fanden 2012 die Olympischen Sommerspiele statt;
- befinden sich zahlreiche kulturelle Einrichtungen von Weltrang;
- liegt mit London die Stadt mit den weltweit meisten ausländischen Touristen (2013: 16,8 Mio.; vor Bangkok, Paris und New York).

13 Lokalisieren Sie die Region Greater South East England.

14 Teilregion South East:
a) Charakterisieren Sie die Stellung der Teilregion „South East“ innerhalb der Großregion (Materialien 40 und 41).
b) Analysieren Sie den Entwicklungsplan der Region „South East“ (Karte 42).
c) Beurteilen Sie, inwieweit er der Festigung der Großregion „Greater South East England“ als „British and Global Powerhouse“ dienen kann.

Wirtschaftliche Grunddaten der Region South East im Vergleich zu den beiden anderen Teilregionen von Greater South East England

	Einwohner	BIP/Kopf (Euro)				Beschäftigte[2] (in 1 000) insgesamt	davon:				Arbeitslosenquote (in %)	
				EU = 100			Industrie		Dienstleistungen			
		2008	2011	2008	2011[1]			in %		in %	2010	2014
South East	8 793 000	31 300	29 800	121	111	4 125,5	817,0	19,8	3 250,7	78,8	6,1	4,6
London	8 539 000	50 600	48 500	196[3]	181[3]	3 736,5	545,1	14,6	3 158,6	84,5	9,2	6,9
East of England	5 907 000	28 000	25 600	109	95	2 720,7	588,6	21,6	2 082,5	76,5	6,6	5,1
zum Vgl. UK		25 100	28 200	115	105							

[1] bei Eurostat letzte verfügbare Daten für NUTS-2-Regionen

[2] Beschäftigte ohne Primärer Sektor und öffentliche Verwaltung, Aktualisierung laut Eurostat im Juli 2015

[3] „Inner London" erreichte 2008 und 2011 mit 343 bzw. 321 jeweils die höchsten Werte aller EU-Regionen

Daten zusammengestellt nach Eurostat, verschiedene Statistiken

40

Die Region im Überblick

"South East England is one of nine official regions of England at the first level of NUTS for statistical purposes. … It is the third largest region of England, with an area of 19 096 km² (7 373 sq. mi), and is also the most populous with a total population of over eight and a half million (2011). The headquarters for the region's governmental bodies are in Guildford. … Its proximity to London and connections to several national motorways have led to South East England becoming an economic hub, with the largest economy in the country outside the capital. It is the location of Gatwick Airport, the UK's second-busiest airport, and its coastline along the English Channel provides numerous ferry crossings to mainland Europe.
The region is known for its countryside, which includes the North Downs and the Chiltern Hills as well as two national parks: the New Forest and the South Downs. The River Thames flows through the region … It is also the location for a number of internationally known places of interest … The region has many universities, the most famous being the University of Oxford …"

Nach Wikipedia: https://en.wikipedia.org/wiki/South_East_England (13.08.2015)

41

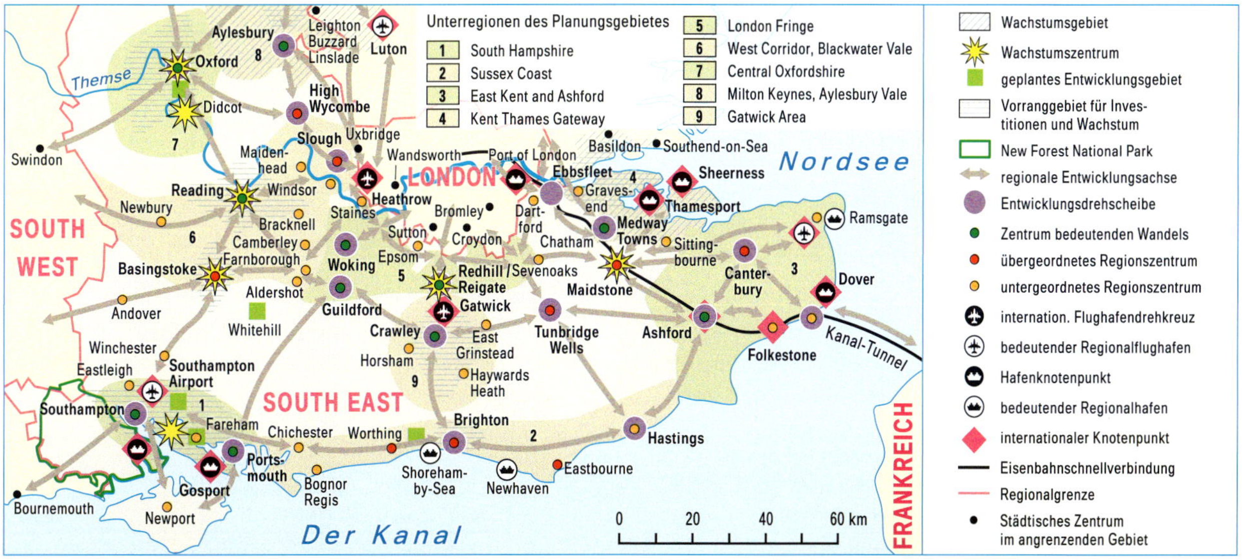

42 **Entwicklungsplan der Teilregion South East**

Nach The South East Plan Secretary of State's Proposed Changes, Summary prepared by the South East England Regional Assembly, July 2008, p. 22, "South East Plan Key Diagram" © Crown copyright. All rights reserved.

43 Die Brücke über den Öresund – Verbindung zwischen Kopenhagen und Malmö

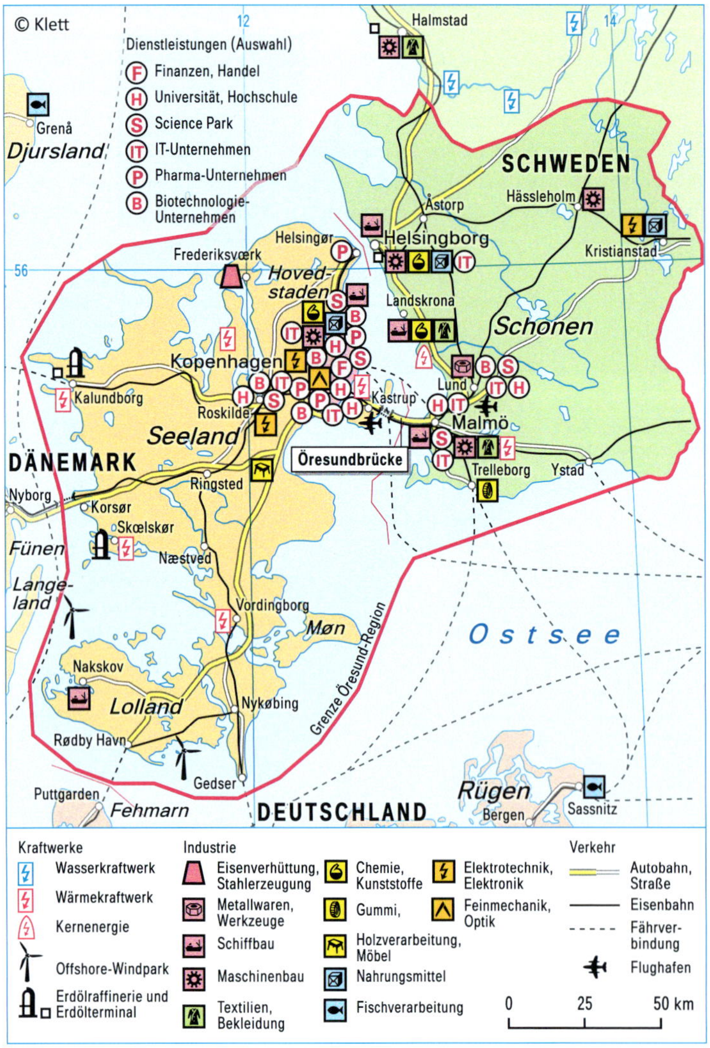

44 Öresundregion: Wirtschaft und Verkehr

Öresundregion – ein grenzüberschreitender Wachstumspol

Am 1. Juli 2000 eröffneten Königin Margrethe II. von Dänemark und König Carl XVI. Gustav von Schweden die Öresundbrücke, die alleine im ersten Jahrzehnt von rund 149 Mio. Menschen genutzt wurde. Mit dem Bau der 7845 m langen Brücke wurde eine schon lange geplante Verbindung zwischen den Provinzen Seeland (Dänemark) und Schonen (Schweden) verwirklicht. Die Brücke hat bis heute ganz maßgeblich dazu beigetragen, die Öresundregion mit ihren 3,8 Mio. Menschen zu erschließen und eine grenzübergreifende Integration zu schaffen. Neben der Verflechtung des Grenzraums zweier EU-Mitglieder ist ein weiterer Effekt entstanden. In einer Studie wird die Region als „global hub" bezeichnet, als ein neuer Wirtschaftskern mit globaler Ausstrahlung.

Öresund – regional und international

„Die Kooperationsprojekte am Öresund entsprechen dem Leitbild ‚Europa der Regionen'. ... Das Zusammenwachsen der Region bewirkt auch, dass immer mehr Menschen ihren Wohnsitz in das jeweilige Nachbarland verlegen; vor allem Dänen zieht es etwa wegen der besseren Kinderbetreuung und niedrigerer Mieten nach Südschweden. Umgekehrt pendeln viele Schweden nach Kopenhagen zur Arbeit, die Löhne dort sind höher. Die Region konkurriert heute vor allem mit Stockholm um Investitionen nationaler und internationaler Unternehmen, aber auch Hamburg und Berlin ... müssen sich gegen die aufstrebende Öresundregion behaupten."

Sebastian Siebert: Infoblatt Öresundregion, 2012: www.klett.de/alias/1019101 (04.07.2015)

45

Entwicklung des täglichen Verkehrsaufkommens auf der Öresundbrücke seit 2001

Jahr	Pkw	Lkw	Personen	
			Auto	Bahn
2001	7290	421	21 900	13 500
2005	12 328	737	32 000	18 100
2009	17 986	817	41 300	30 400
2015*	26 400	1 100	k. A.	k. A.
2025*	37 000**		k. A.	k. A.

* Prognosen
** Pkw und Lkw zusammen
Zusammengestellt nach: Öresundsbron (Hrsg.): 10 Jahre Öresundbrücke, verschiedene Seiten: www.oeresund10.com (04.07. 2015)

46

Cluster in der Öresundregion. Eine der Stärken der Öresundregion sind die zahlreichen **Cluster**, die zur Stärkung von Forschung sowie zur Vermarktung der „Produkte" beitragen. Zu den wichtigsten Clustern zählen:

1. „Medicon Valley" mit den Schwerpunkten Neurowissenschaften, Krebsforschung, Allergieforschung und infektiöse Krankheiten. Im Medicon Valley existieren gegenwärtig ca. 500 Unternehmen, die eng mit Universitäten und Krankenhäusern zusammenarbeiten. Die enge Kooperation zwischen ihnen erklärt, warum der Cluster inzwischen zu den stärksten Life-Science-Clustern in Europa zählt.
2. „Öresund-IT-Region" – Cluster für Informations- und Kommunikationswissenschaften, Mikrotechnik und Softwareentwicklung. Etwa 100 Unternehmen mit über 100 000 Menschen arbeiten in diesem Cluster, der damit das größte Arbeitskräfteangebot der Informations- und Kommunikationstechnologie (IKT) in ganz Skandinavien stellt.
3. „Copenhagen-Cleantech-Cluster" mit den Schwerpunkten Windenergie, Bioenergie, Entwicklung von Brennstoffzellen und elektrischen Fahrzeugen. Er nimmt durch seine Größe und Innovationskraft eine Vorreiterrolle auf dem Gebiet der Umwelttechnologien ein. Fast 200 Firmen und Institute beteiligen sich an der Clusterinitiative – in Kooperation mit 15 weiteren internationalen Cleantech-Clustern.

Diese und andere Cluster arbeiten eng mit den 170 000 Studierenden der acht regionalen Universitäten zusammen. Die beiden größten Universitäten sind die Lund University und die University of Copenhagen. Beide zählen zu den besten 100 universitären Bildungseinrichtungen weltweit.

Das große Angebot an hoch qualifizierten Arbeitskräften hat – neben anderen Standortfaktoren – zur Niederlassung mehrerer Global Player mit eigenen Forschungs- und Entwicklungseinrichtungen beigetragen. Zu den größten unter ihnen zählen Microsoft, IBM und Nokia.

Schließlich gibt es über 50 Venture-Capital-Netzwerke in der Öresundregion, die Dienstleistungen aller Art bereitstellen.

Entwicklung des BIP in der Öresundregion

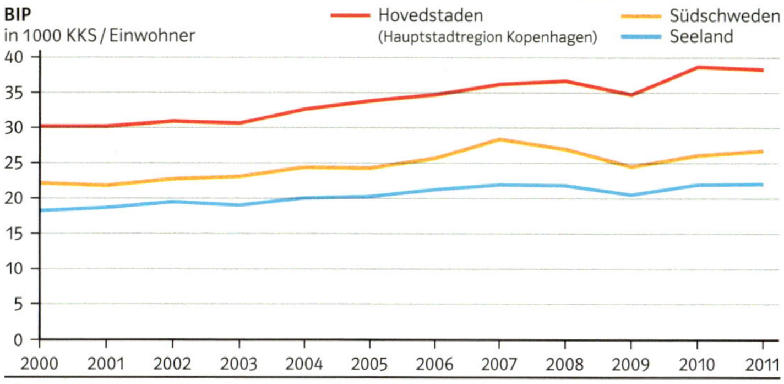

Daten nach Eurostat: http://ec.europa.eu/eurostat (15.10.2015)

47

48 **Örestad – Teilansicht des neuen Kopenhagener Stadtteils (im Bild oben die Öresundbrücke)**

Örestad – ein perspektivischer Standort

„Zwischen der Kopenhagener Innenstadt und dem internationalen Flughafen Kastrup entsteht derzeit ein neuer Stadtteil – Örestad. Aufgrund der zentralen Lage in der Öresundregion mit erstklassigen Verkehrsanbindungen soll hier ein zukunftsträchtiger Wirtschaftsstandort von internationaler Bedeutung entstehen. Auf dem 3 000 ha großen Gelände sollen später einmal 60 000 Menschen arbeiten, weitere 20 000 werden in der bereits 2002 fertig gestellten Hochschule studieren. 20 000 Einwohner sollen den Stadtteil einmal mit Leben füllen. Es gibt vier Quartiere, die durch Seen, Kanäle und sechs Metrostationen verbunden sind. Hier liegt auch das ‚Fields', Skandinaviens größtes Shopping Center."

Sebastian Siebert, a. a. O. sowie nach VisitDenmark: Örestad: www.visitdenmark.de/de/denmark/bauwerke-und-stadtische-umwelt/orestad (04.07.2015)

49

15 Beschreiben Sie die Wirtschafts- und Verkehrsstruktur der Öresundregion mithilfe der Karte 44.

16 Erläutern Sie die Bedeutung der Öresundbrücke für die Entwicklung der Region.

17 Ordnen Sie die Öresundregion in die Karte „Raumstrukturmodell ‚Polyzentrische Kern- und Integrationszonen'" ein (siehe S. 69).

18 Gestalten Sie einen Prospekt, in dem Örestad für die Ansiedlung ausländischer Unternehmen in einem seiner Cluster-Komplexe wirbt.

Tourismusräume zwischen Boom und Gefährdung

50 Unser klassisches Urlaubsbild von Griechenland – die Insel Santorin

Ankünfte von Touristen in Griechenland nach Herkunftsländern (in 1000, gerundet)

Land	2014	2015
Mazedonien	2152	2712
Deutschland	2026	2387
Großbritannien	1807	2124
Bulgarien	1031	1617
Frankreich	1316	1342
Italien	987	1245
Türkei	790	920
Serbien	956	702
Polen	548	696
Vereinigte Staaten (USA)	487	659
Niederlande	570	570
Rumänien	457	469

Quelle: www.statistics.gr/en/statistics/-/publication/STO04/-

51 Griechenland – Tourismus

Reiseverkehrsbilanzüberschuss pro Kopf 2013

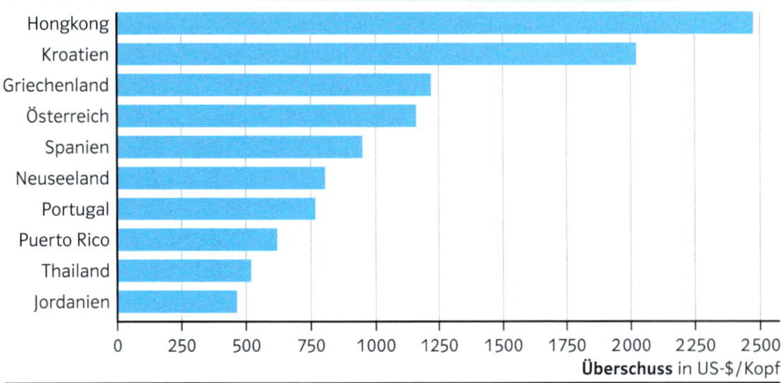

Einnahmen aus dem Tourismus minus Ausgaben der eigenen Bevölkerung als Auslandstouristen
Nach www.austriatourism.com/

52

Griechenland – traditionelle Urlaubsregion am Mittelmeer

Ökonomische Bedeutung. Der Mittelmeerraum stellt die größte Tourismusdestination weltweit dar. Seriöse Prognosen gehen davon aus, dass im Jahr 2020 rund 350 Millionen Menschen hier Urlaub machen werden. Begonnen hat diese Entwicklung in den 1920er/1930er Jahren an der Riviera; seit Anfang der 1970er Jahre wurde dann auch Griechenland als Reiseziel von vielen „entdeckt“. Seitdem hat der Tourismus für die Wirtschaft des Landes eine große Bedeutung. Im Mittelmeerraum hatte z.B. im Jahr 2014 nur Marokko einen noch höheren prozentualen Anteil des Fremdenverkehrs am Bruttonationaleinkommen (BNE) als Griechenland.

Griechenlands Wirtschaft befindet sich seit mehreren Jahren in einer tiefen Krise, die nahezu alle Wirtschaftsbereiche erfasst hat. Der Staat ist überschuldet, dem Finanzsektor fehlen die Mittel. Die Industrie ist traditionell schwach ausgeprägt und leidet unter mangelnder Innovationskraft, sodass ihre Produkte für den Export nur eine relativ geringe Rolle spielen. Der Anteil des Dienstleistungssektors ist zwar hoch; dies liegt aber auch am aufgeblähten Staats- und Verwaltungsapparat. Für einen Inselstaat ist die Infrastruktur mit 17 Flughäfen und zahlreichen Fährverbindungen gut ausgebaut, besonders für den Tourismus. Denn dieser stellt trotz einzelner Schwankungen einen bedeutenden Motor für die Wirtschaft dar. Das betrifft neben den Einnahmen vor allem den Beschäftigungsmarkt mit seinen über 25 Prozent Arbeitslosen.

Direkt sind im griechischen Tourismus ca. 228 000 Menschen beschäftigt, indirekt hängen von ihm noch einmal rund 433 000 Arbeitsplätze ab. Das heißt, dass von den 3,64 Mio. Beschäftigten in Griechenland (2014) fast jeder Fünfte im Tourismus arbeitet.

Wirtschaftsleistung Griechenlands nach Bereichen (in Mrd. Euro)

	2009	2013
Landwirtschaft, Fischerei	6,4	5,9
Industrie	25,1	23,4
Bauwirtschaft	10,6	2,9
Dienstleistungen	163,9	127,7
davon Tourismus	26,2	23,0
gesamt	206,0	159,9

Eigene Zusammenstellung nach verschiedenen Quellen

53

Schwieriges Jahr 2015

„Griechenland verliert die Gunst vieler Deutscher als Reiseland. Nach Angaben des Verbands der griechischen Touristikunternehmen (Sete) gingen die Buchungen aus Deutschland im März gegenüber dem Vorjahr um ein Viertel zurück. Stefanos Pappas freute sich auf eine weitere Rekordsaison. Der 53-Jährige betreibt mit seiner Frau und seiner Tochter eine kleine Familienpension auf der Kykladen-Insel Paros. Viele seiner Gäste sind Stammkunden, die teils seit Jahren kommen – vor allem Deutsche. ‚Bis zum vergangenen Dezember liefen die Vorbestellungen sehr gut', sagt Pappas. Doch seit Februar geht es bergab: ‚Unsere Reservierungen aus Deutschland für Juli und August liegen derzeit fast ein Fünftel unter dem, was wir um diese Zeit im Vorjahr an Buchungen hatten', sagt Pappas. ... Noch nie seit Beginn der Finanzkrise Anfang 2010 stand das Land so nah am Staatsbankrott wie jetzt. Das verunsichert offenbar manche Urlauber ..."

Gerd Höhler: Deutsche Urlauber meiden Griechenland. In: Zeit Online vom 27.04.2015: www.zeit.de/reisen/2015-04/griechenland-tourismus-deutschland-negativtrend (14.08.2015)

54

Ökologische Gefährdung – Beispiel Mykonos. Zu den Zentren des griechischen Tourismus gehört die „Partyinsel" Mykonos. Seitdem auch Kreuzfahrtschiffe diese Destination ansteuern, ist die Zahl der Gäste noch einmal gestiegen – und damit auch die Belastung der Umwelt.

Mykonos in Zahlen (2014)

Fläche (km²)	105,2
Bevölkerung	10 200
Hauptort	Mykonos-Chora
Kreuzfahrtterminal	1 (M-Chora)
Zahl der Touristen (2014)	406 000
Tourismusanteil am BIP (%)	> 60
andere Erwerbszweige	Landwirtschaft (Gemüse, Wein), Fischfang

Eigene Zusammenstellung nach verschiedenen Quellen

55

Klimadiagramm Griechische Inseln

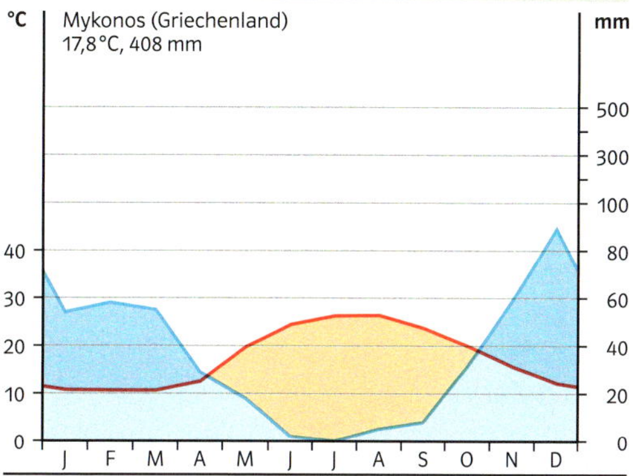

57

59

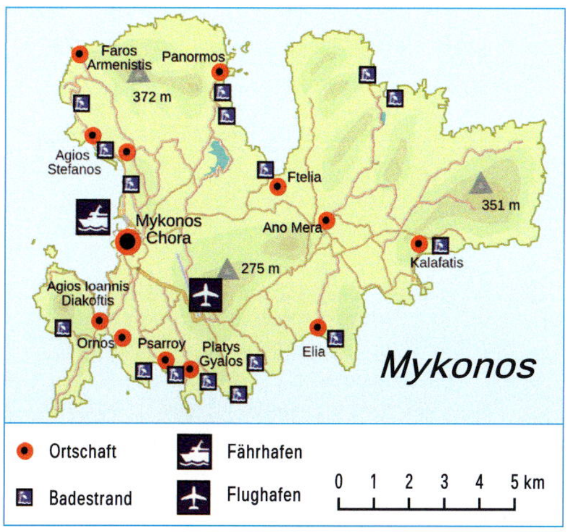

56 **Touristische Karte von Mykonos**

58 **Paradise Beach – gemeinsam mit dem benachbarten Super Paradise Beach der Partystrand von Mykonos**

Zwei Meldungen zu Mykonos aus dem Jahr 2013

I) Griechenland: Erfolgsmodell Mykonos

„Auf der griechischen Insel Mykonos geht eine großartige Saison zu Ende. 60 Prozent mehr Touristen, Yachten und Kreuzfahrtschiffe kamen allein in diesem Sommer. [90 000 Besucher zählt die Insel im Sommer im Tagesdurchschnitt.] Die Flaute in der nordafrikanischen Tourismusbranche ist die Chance für das krisengeplagte Griechenland. Denn am Tourismus hängen die größten Hoffnungen der Griechen, bald wieder auf die Beine zu kommen. Das große Vorbild ist dabei die kleine Insel Mykonos …“

DW: Griechenland: Erfolgsmodell Mykonos, vom 06.11.2013: www.dw.com/de/griechenland-erfolgsmodell-mykonos/a-17209822 (21.01.2016)

II) Mykonos erstickt im Müll

„Es stinkt zum strahlend blauen, ägäischen Himmel: Mehr als 80 Tonnen Abfälle haben sich auf der griechischen Insel Mykonos in Müllcontainern und auf offenen, oft illegalen Kippen angesammelt. Die Gesundheit von Bewohnern und Gästen sei in Gefahr, meldete der griechische Radiosender ‚Skai‘. Laut ‚Skai‘ handelt es sich … um ein Dauerproblem der Insel. Die Abfalldeponie von Mykonos entspreche nicht europäischen Standards.“

DPA: Mykonos erstickt im Müll, vom 24.07.2013: www.n-tv.de/ticker/Mykonos-erstickt-im-Muell-article11047546.html (06.07.2015)

61

Nutzungskonflikte und der Problemfall Wasser. Wie in Griechenland hat auch in den anderen Mittelmeerräumen in den letzten Jahrzehnten eine Küstenwanderung der Bevölkerung stattgefunden. Auslöser hierfür war einmal die Verlagerung der Industrie in die standortgünstigen Küstenstädte. Noch wichtiger aber war der aufkommende Massentourismus. Im Ausbau der Infrastruktur, in der Hotellerie und Gastronomie, bei Autovermietern und anderen touristischen Dienstleistern entstanden zahlreiche neue Arbeitsplätze. Als Folge dieser Verdichtung an den Küsten ergaben sich massive Nutzungskonflikte. Sie verlaufen im gesamten mediterranen Raum sehr ähnlich und weisen die gleichen Merkmale auf. Betroffen sind in zunehmendem Maße nicht nur die urbanen Schwerpunkträume, wie zum Beispiel Mykonos Chora, sondern auch abgelegenere Küstenstreifen sowie die Agrarlandschaften. Landwirtschaft, Siedlungen, Gewerbe und Tourismus konkurrieren um die knappen Nutzflächen an den Küsten und in den Ebenen, die aufgrund der Reliefenergie vieler Inseln nur spärlich vorhanden sind. Neben der Konkurrenz um die Flächen hat ein weiterer Konflikt beständig an Brisanz gewonnen, nämlich der um das Wasser. Aufgrund der touristisch günstigen Lage in den sommertrockenen Subtropen ist man auf Grundwasser angewiesen – dessen Reserven werden aber immer knapper.

Wasser im Mittelmeerraum – Nutzungskonflikte

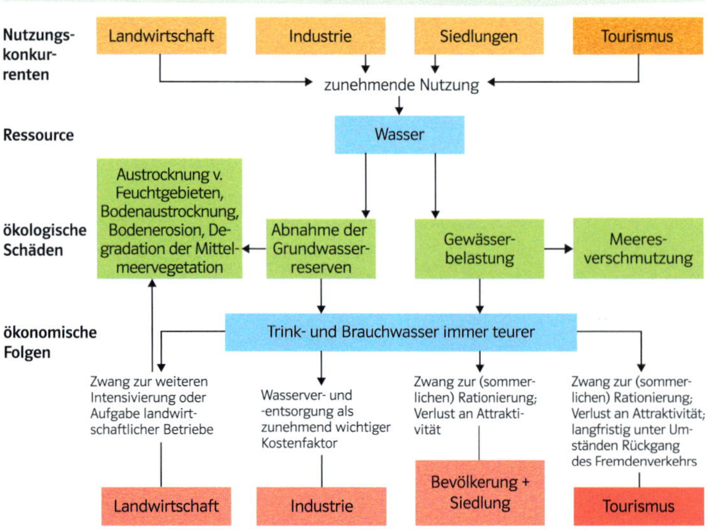

60

19 Griechenland – Abhängigkeit vom Tourismus:
a) Beschreiben Sie die Karte 51 „Griechenland – Tourismus“.
b) Erläutern Sie die wirtschaftliche Bedeutung, die der Tourismus für Griechenland hat.
c) Begründen Sie, warum diese Abhängigkeit ein ökonomisches Problem darstellt.

20 Ökologische Gefährdung durch Tourismus:
a) Stellen Sie anhand der Insel Mykonos Umweltprobleme dar, die sich aus der touristischen Attraktivität des Mittelmeerraums ergeben.
b) Erklären Sie mithilfe des Schemas 60 beispielhaft den Nutzungskonflikt um Wasser zwischen der Landwirtschaft und dem Tourismus.
c) Erörtern Sie Lösungsmöglichkeiten für diesen Konflikt.

62 **Wintertourismus in den Alpen**

Alpenkonvention: Vertrag aus dem Jahr 1991, in dem sich die Alpen-Anrainerstaaten (D, A, CH, F, I, FL; SLO 1995, MC 1999) sowie die EU völkerrechtlich verbindlich verpflichteten, die Alpen zu schützen und sie nachhaltig zu entwickeln; Sitz ist Innsbruck.

Alpen – ein Natur- und Lebensraum in Gefahr

Kaum ein europäischer Großraum unterlag derart signifikanten Strukturveränderungen wie die Alpen. Obwohl bereits weit vor der Zeitenwende (Christi Geburt) kleine Siedlungen und Saumpfade nachweisbar sind, dauerte es viele Jahrhunderte, bis sich daraus moderne Transitstrecken entwickelten, entlang derer bedeutende Siedlungen heranwuchsen. Es hat jedoch lange gedauert, bis die Europäer die Alpen als Erholungsraum entdeckten. Mitte des 18. Jahrhunderts begannen vor allem die Engländer, die bis dahin wenig bekannte Bergwelt zu erforschen. Chamonix in den französischen Alpen wurde zu einem der ersten Zentren des Alpinismus. Daneben spielte der Bädertourismus vor allem für die europäische Aristokratie eine wichtige Rolle.

Die sich verbessernde Infrastruktur, vor allem der Ausbau der Verkehrswege, lockte zunehmend mehr Touristen in den Alpenraum. Viele Bergbauern gaben ihren landwirtschaftlichen Betrieb auf und versuchten im Bereich des Tourismus (Gastronomie, Hotellerie, Lifte usw.) eine neue Existenz aufzubauen. Inzwischen gehört der Fremdenverkehr im Alpenbogen zu den bedeutendsten und dynamischsten Wirtschaftszweigen, und die Alpen gelten als der größte Erholungsraum Europas.

Bedeutung des Tourismus im Alpenraum

„Der Fremdenverkehr und die damit verbundene Freizeitwirtschaft haben für viele Alpenregionen eine zentrale Bedeutung für Einkommen und Beschäftigung. In den ländlichen und hochalpinen Gebieten ist der Tourismus gar existenziell geworden. Wo einst die Landwirtschaft die einzige Einkommensquelle war und ganze Landstriche von Abwanderungen geprägt waren, hat der Tourismus die Arbeits- und Lebensbedingungen nachhaltig gewandelt. In einer Vielzahl von Berggemeinden hat der Fremdenverkehr Wohlstand gebracht und ist gegenwärtig der wichtigste Wirtschaftszweig. Diese monotouristische Entwicklung hat jedoch zur ökonomischen Abhängigkeit geführt, wobei alternative Entwicklungsmöglichkeiten kaum Potenzial besitzen. Ergänzt von Landwirtschaft, der Nutzung als Wasserreservoir und Transitkorridor, sind die Alpen, ökonomisch betrachtet, zum Freizeitraum umfunktioniert worden. In vielen Alpen-Gemeinden liegt der Anteil des Fremdenverkehrs an der wirtschaftlichen Gesamtwertschöpfung bei über 80 %. Einige Regionen sind dadurch von einer verstärkten Verstädterung gekennzeichnet, während andere Gebiete gar veröden und sich entleeren …“

Mirko Ellrich: Bedeutung, Entwicklung und Probleme des Alpentourismus: www.klett.de/alias/1015012 (17.08.2015)

63

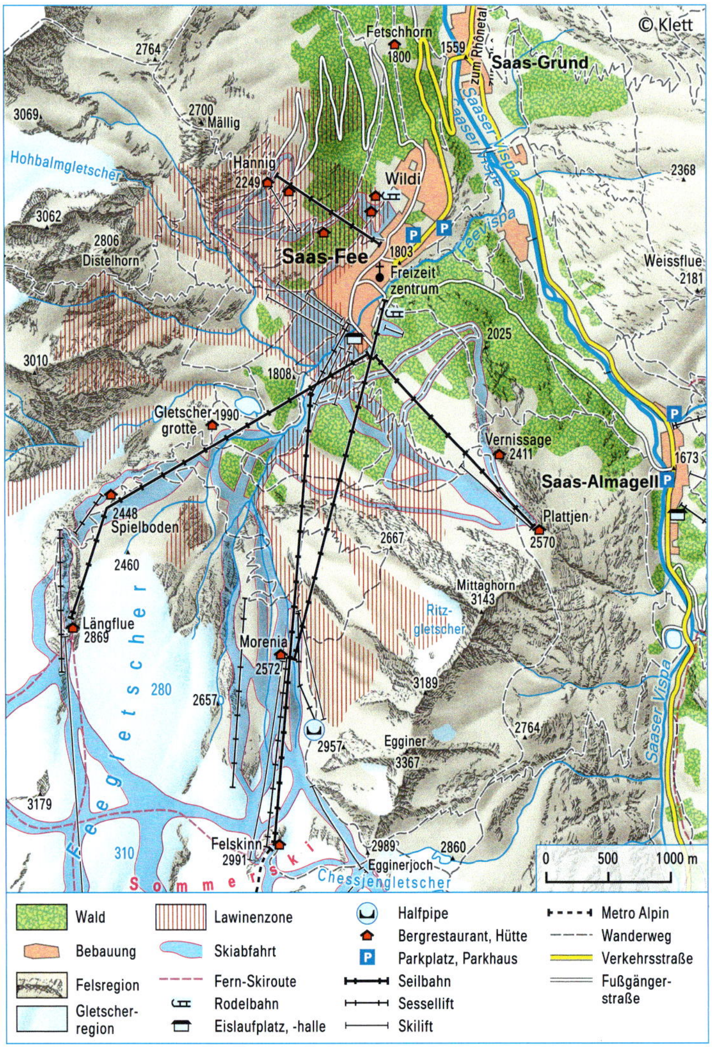

64 **Alpentourismus in Saas-Fee**

Raumveränderung mit ökologischem Gefährdungspotenzial – Beispiel Saas-Fee. Die Gemeinde Saas-Fee hat auf einer Fläche von rund 40 km² gut 1650 Einwohner und gehört zu den am stärksten besuchten Ferienregionen der Schweiz. Das liegt zum einen am sonnigen und im Winter schneesicheren Klima in ca. 1800 Metern Höhe, zum anderen an der Landschaft ringsum mit insgesamt 13 Viertausendern. Bereits im 19. Jh. kamen erste Touristen, allerdings unter schwierigen Bedingungen, da Saas-Fee zu dieser Zeit über keine nennenswerte Infrastruktur verfügte. Dennoch eröffnete 1831 das erste Gästehaus und 1881 das erste Hotel. Die Entwicklung des Ortes und des Hochtals setzte dann seit den 1920er Jahren verstärkt ein. 1923 erhielt man zum ersten Mal Elektrizität und 1930 wurde der Anschluss an die Wasserversorgung hergestellt. Einschneidende Ereignisse stellten die erste Straßenanbindung im Jahr 1951 sowie 1963 der Anschluss an den Öffentlichen Personennahverkehr durch den Postbus nach Brig dar. 1951 wurde die erste Skischule gegründet, mit der im gleichen Jahr der Wintersport in Saas-Fee begann. Nur drei Jahre später folgte der Bau der ersten Seilbahn.

In der Folge wurden weitere Infrastrukturbereiche und neue Attraktionen geschaffen, die dem Fremdenverkehr dienen: 1970 entstand das Hallenbad, 1985 weihte man das höchste Drehrestaurant der Welt ein, 1998 wurde die erste künstliche Beschneiungsanlage in Betrieb genommen, 2000 eine Sommerrodelbahn und 2004 eröffnete ein Abenteuerwald.

Die gesamte Entwicklung führte dazu, dass die Bevölkerungszahl von 504 Einwohnern im Jahr 1950 auf 1659 im Jahr 2013 stieg.

Beschäftigungsstruktur in Saas-Fee

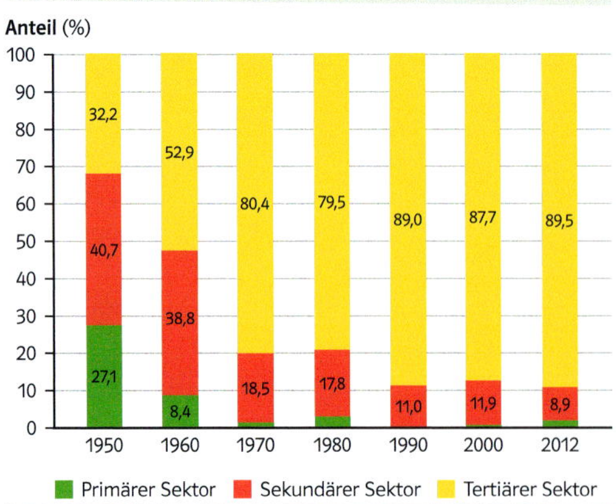

Nach Bundesamt f. Statistik Schweiz: Regionalporträts Gemeinden; www.bfs.admin.ch

65

Tourismusentwicklung in Saas-Fee

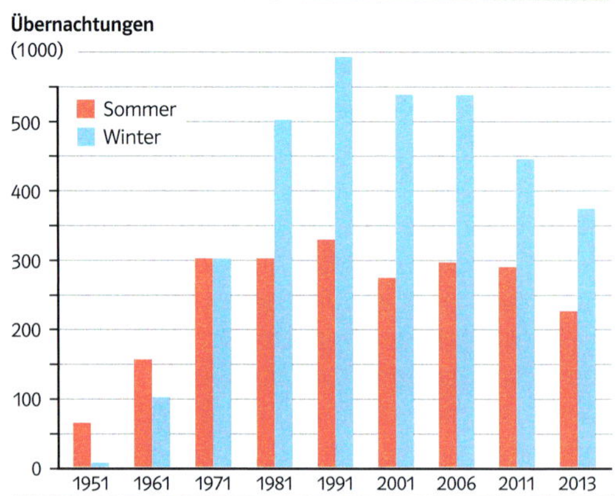

Nach Bundesamt für Statistik Schweiz, a. a. O.

66

Surftipp
Saas-Fee
42y54t

Nachhaltigkeit und sanfter Tourismus. Das Leitbild der Nachhaltigkeit wurde auf der UN-Konferenz für Umwelt und Entwicklung in Rio de Janeiro 1992 als weltweit verbindlich proklamiert. Es umfasst die drei Ziele „wirtschaftliche Leistungsfähigkeit“, „soziale Gerechtigkeit“ und „Schutz der Umwelt“. Nachhaltigkeit erfordert eine Lebens- und Wirtschaftsweise, die die Bedürfnisse der heute lebenden Menschen zu befriedigen vermag, ohne die Chancen zukünftiger Generationen zu beeinträchtigen. Dieses Leitbild wurde auch auf den Tourismus übertragen. Drei wesentliche Anliegen prägen den sanften bzw. nachhaltigen Tourismus:
- die Natur möglichst nicht zu beeinflussen oder zu schädigen,
- die Natur möglichst authentisch und intensiv zu erleben,
- die Kultur des Reiselands zu respektieren und sich ihr möglichst anzupassen.

Fallbeispiel Hohe Tauern, Österreich. Der 1981 gegründete „Nationalpark Hohe Tauern“ ist das größte Naturschutzgebiet Österreichs. Es umfasst eine Fläche von 1856 km², von denen 1212 km² in der sogenannten Kernzone liegen, 644 km² in der Außenzone. In der Ersteren genießt der Naturschutz absoluten Vorrang, während die Außenzone eher vom land- und forstwirtschaftlichen Wirken des Menschen geprägt ist. Ein Charakteristikum des Nationalparks sind die rund 130 km² großen Gletscherfelder. Darüber hinaus prägen ihn eiszeitlich geformte Täler, Muren- und Schwemmflächen, Wälder sowie Gras- und Strauchheiden. Bemerkenswert ist auch die Fauna, obwohl die einst hier heimischen Braunbären und Wölfe ausgerottet sind.

In diesem Raum leben über 10 000 Menschen, deren Vorfahren ihre Existenz vor allem durch die Berglandwirtschaft, die Arbeit in den nahen Städten und durch den Transitverkehr über die Felbertauern- und die Großglocknerroute sicherten. In der zweiten Hälfte des 20. Jh. wurde dann aber von der einheimischen Bevölkerung die Chance erkannt, hier einen **sanften Tourismus** zu entwickeln. Dementsprechend wurde eine touristische Infrastruktur installiert. Zwar kommen im Winter auch alpine Skifahrer (Matrei, St. Jakob, Kals); der Schwerpunkt liegt aber eher im Langlauf, auf Skitouren oder Schneeschuhwanderungen.

Ziele und Indikatoren eines nachhaltigen Tourismus

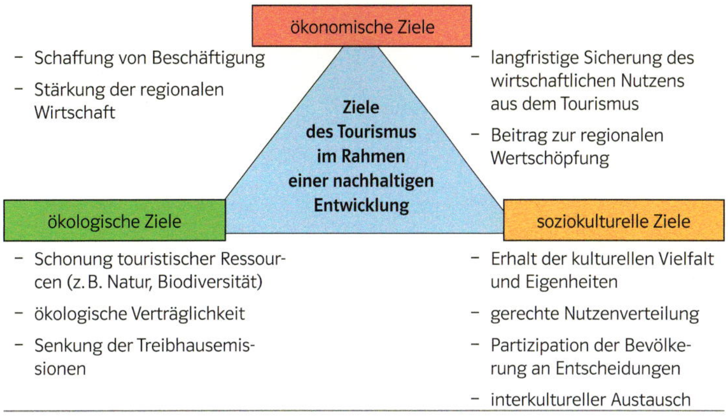

67

68 **Nationalpark Hohe Tauern**

69 **Nationalpark Hohe Tauern, © Gruber**

21 Erläutern Sie am Beispiel von Saas-Fee die Auswirkungen des Alpentourismus.

22 Sanfter Tourismus in den Hohen Tauern:
a) Analysieren Sie die Karte 68 zum Nationalpark Hohe Tauern.
b) Beurteilen Sie die dort getroffenen Maßnahmen mithilfe der Grafik 67.

23 Saas-Fee: Stellen Sie auf der Basis einer Internetrecherche Maßnahmen dar, die der Ort für einen nachhaltigen Tourismus ergriffen hat.

Agrarräume im Spannungsfeld von Natur und Markt

70 Landschaften unter Glas – Gewächshauskulturen in Westland südlich von Den Haag

EU-Haushalt: geplante Ausgaben 2014 bis 2020

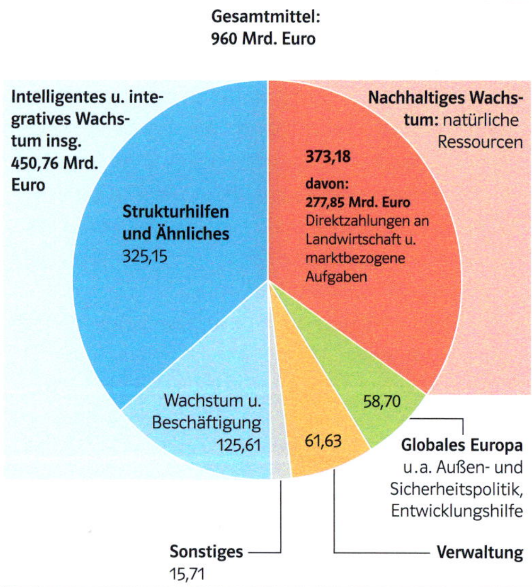

Bundesministerium der Finanzen (Hrsg.): Der Mehrjährige Finanzrahmen der EU 2014-2020. Stand Januar 2014: www.bundesfinanzministerium.de/Content/DE/Standardartikel/Themen/Europa/EU_auf_einen_Blick/EU_Haushalt/2012-02-26-mehrjaehriger-finanzrahmen-der-eu-2014-2020.html (28.09.2015)

71

→ **Landwirtschaft** Seiten 118 – 121

Drei Aspekte kennzeichnen die Rolle, die die Landwirtschaft in der EU spielt:
Zum einen geht es um die globale Dimension. Die Europäische Union ist, nimmt man alle Produkte zusammen, der größte Nahrungs- und Futtererzeuger der Welt. Hinzu kommt, dass verschiedene EU-Staaten wie die Niederlande, Frankreich, Spanien und auch Deutschland zu den bedeutendsten Exporteuren von Agrarprodukten gehören. Alleine schon daraus erwächst eine Verantwortung, die über die 28 EU-Mitgliedstaaten hinausgeht.
Zum Zweiten ist ihre Rolle innerhalb der EU bedeutsam. Die ländlichen Räume nehmen ca. 90 Prozent der Fläche ein, und in ihnen lebt fast die Hälfte der Bevölkerung - wenn auch die Anteile je nach Land stark schwanken und keineswegs alle diese Menschen in der Landwirtschaft beschäftigt sind. Darüber hinaus war und ist die Landwirtschaft ein wichtiges Integrationsinstrument, da sie der einzige Bereich ist, in dem die EU die alleinige Kompetenz besitzt. Ihren Ausdruck findet das in der Gemeinsamen Agrarpolitik (GAP), die 2014 wieder mit neuen Zielen versehen wurde (siehe Kap. 5.2).
Zum Dritten schließlich hat die Landwirtschaft sehr starke Einflüsse auf den Raum. Sie bestimmt maßgeblich das Bild der verschiedenen Kulturlandschaften, seien es die Getreidefelder Frankreichs oder Deutschlands, die Gebiete der Weidewirtschaft in Irland oder Ungarn, die Weinanbauregionen in Italien oder Spanien oder die Sonderkulturen in den Niederlanden. Hierbei gerät sie allerdings oft in einen Konflikt mit anderen Raumansprüchen. Da die Geographie eine Raumwissenschaft ist, steht im Folgenden die Frage nach der Raumrelevanz der Landwirtschaft im Vordergrund.

24 Charakterisieren Sie die Rolle der Landwirtschaft in der Europäischen Union.

25 Diskutieren Sie die Fotos 70 und 80 unter dem Aspekt der Überschrift dieser Seite.

Niederlande – durch Agrobusiness geprägte Räume

Begriffsbestimmung: Agrobusiness

Unter Agrobusiness versteht man eine industrialisierte Landwirtschaft (amerik. industrial farming). Das heißt, dass maßgebliche Prinzipien der industriellen Produktion auf die Landwirtschaft übertragen werden, z. B.:

- Spezialisierung
- Produktion in Masse (sowohl bei Ackerfrüchten als auch bei Tieren)
- hoher Kapitalaufwand
- Großunternehmen
- umfangreicher Einsatz an Maschinen und anderen Produktionsmitteln
- hohe Produktivität

72

Die herausragende Position der Niederlande im Agrarsektor lässt sich nur mit einem hohen Intensivierungsgrad im Sinne des Agrobusiness erklären, verbunden mit der hier üblichen hohen Produktivität. So waren 2014 in Deutschland 1,6 % der Beschäftigten im Primären Sektor tätig und erwirtschafteten 0,9 % des BNE. In den Niederlanden dagegen trugen die 1,8 % Beschäftigten 2,8 % zum BNE bei. Dabei weist die niederländische Landwirtschaft räumliche Konzentrationen auf. Ursache war einmal die Raumenge des Landes, das mit 406 Ew./km² der am dichtesten besiedelte Flächenstaat Europas ist. Heutige Gründe sind vor allem die Nähe zu den großen Städten und die Clusterbildung („Greenports").

74 **Agrobusiness in den Niederlanden**

Bedeutendster Agrarexporteur der EU

„Die Niederlande haben 2013 so viele landwirtschaftliche Produkte wie noch nie exportiert. Laut Angaben des Centraal Bureau voor de Statistiek und der Universität Wageningen stieg das Handelsvolumen im Agrarsektor gegenüber dem Vorjahr um fünf Prozent auf 79,2 Milliarden Euro. Deutschland war dabei der wichtigste Absatzmarkt: 28,4 Prozent aller niederländischen Agrarprodukte wurden hierher ausgeführt.

Holländische Tomaten, häufig als ‚schnittfestes Wasser' verspottet, waren einer der Exportschlager des niederländischen Agraraußenhandels mit Deutschland. Neben Gemüse und Kartoffeln wurden 2013 vor allem Zierpflanzen aus den Niederlanden importiert, doch auch Milchprodukte wie Käse und Butter zählten zu den handelsstarken Produktgruppen. Obst, Futtermittel, Fleisch und Fisch – insgesamt wurden Waren im Wert von 22,4 Milliarden von den Niederlanden nach Deutschland exportiert. Der gegenläufige Güterstrom war nur etwas mehr als halb so groß … [und] summierte sich im Jahr 2013 auf 12,0 Milliarden Euro.

‚Diese Zahlen zeigen, dass der Agrarsektor eine große Rolle bei der Wiederherstellung der niederländischen Wirtschaft spielt. Die Niederlande sind ein Global Player im Agrarsektor und nach den USA der weltweit größte Exporteur von landwirtschaftlichen Produkten. Das müssen wir wertschätzen', so Landwirtschaftsministerin Sharon Dijksma (PvdA) … auf der Internationalen Grünen Woche in Berlin. … Dort präsentierten sich die Niederlande dieses Jahr unter dem Motto ‚Qualität wächst in Holland'."

Angelika Fliegner/Boerderij: Landwirtschaft: Niederlande größter Agrarexporteur der EU, In: Niederlande-Net vom 27.01.2014: www.uni-muenster.de/NiederlandeNet/aktuelles/archiv/2014/januar/0127agrarexport.shtml (16.09.2015)

73

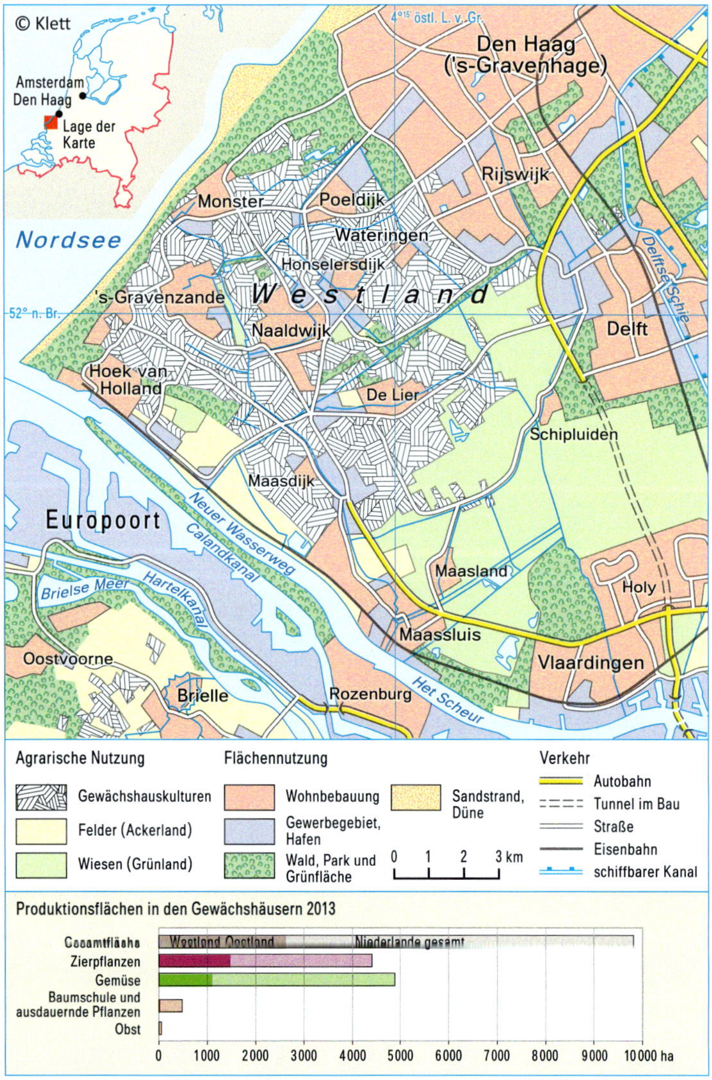

75 Gewächshauskulturen im Greenport Westland-Oostland

Greenport Westland-Oostland – größter Gartenbau-Cluster der Welt

„Von den … sechs Greenports ist der Greenport Westland-Oostland zwischen Rotterdam und Den Haag der größte und bedeutendste: Nach Angaben der Greenport-Organisation selbst ist er der größte internationale Gartenbau-Cluster der Welt. Die 4235 Hektar Glasfläche, unter denen … Zierpflanzen und Gemüse gezogen wurden, entsprechen 40,8 Prozent der gesamten Gewächshausfläche der Niederlande …

Mehr als jeder dritte Gewächshaus-Gartenbaubetrieb des Landes liegt im Greenport Westland-Oostland, vor allem in der Gemeinde Westland, deren Oberfläche zu 55 Prozent mit Glas bedeckt ist. Bei Gewächshausgemüse liegt der Erzeuger-Anteil von Westland-Oostland bei 38 Prozent, bei Schnittblumen, Topf- und Beetpflanzen sogar bei 45,5 Prozent.

Der gesamte niederländische Gewächshaus-Gartenbau erwirtschaftete 2007 einen Produktionswert von 5,2 Milliarden Euro; … 44 Prozent wurden in Westland-Oostland erzeugt. …

Die Bedeutung von Westland-Oostland zeigt sich auch am Beschäftigungseffekt: ... Im Cluster insgesamt arbeiten in Westland-Oostland rund 47.000 Menschen. Im Westland-Oostland finden sich mehrere Versteigerungen; die in Naaldwijk ist dabei auf den internationalen Markt ausgerichtet. Etwa 85 Prozent der gesamten niederländischen Gartenbauproduktion werden im Ausland abgesetzt. Aber durch die Nähe zum Rotterdamer Hafen und zum Flughafen Schiphol spielen auch Importströme, etwa von Blumen und exotischen Früchten [für den europäischen Markt], eine Rolle. … Alle Globalplayer in Sachen Produktion, Handel, Forschung, Innovation und Logistik sind hier zu finden.“

Nach BusinessView Media: Der größte Gartenbau-Cluster der Welt: www.businessviewmedia.com/nl/greenport-westland-oostland-2/ (16.09.2015)

76

Greenport: In Clustern organisierte, wirtschaftlich bedeutende Gartenbauregionen mit hoher Konzentration an Unternehmen der Gartenbaubranche, wie z. B. Zuchtbetrieben, Auktionen, Handelsfirmen, Zulieferern, Veredlungs- und Vermehrungsbetrieben und Forschungseinrichtungen.

Greenport-Cluster. Agrarcluster bilden das Rückgrat der niederländischen Landwirtschaft. Im Sinne einer vertikalen Konzentration, wie man sie besonders aus der Industrie kennt, vereinen sie unterschiedliche Produktionsstufen: Züchtung, Herstellung, Verarbeitung, Marketing, Transport und Logistik. Vor allem aber arbeiten in ihnen auch agrarwissenschaftliche Forschungsinstitute, mit der Universität von Wageningen (bei Arnheim) an der Spitze. Sie belegt in einem Ranking bei den Agrarwissenschaften in Europa den ersten Platz. Wesentliche Forschungsziele sind noch ertragreichere Sorten, Neuzüchtungen, ein attraktives Äußeres für den Markt oder eine größere Resistenz gegenüber Schädlingen und Krankheiten. Ein Beispiel für ein solches Agrarcluster und seine starke Wirkung auf den Raum bietet der Greenport Westland-Oostland.

26 Erläutern Sie die Struktur des Agrobusiness in den Niederlanden sowie seine wirtschaftliche Bedeutung.

27 Stellen Sie anhand der Gartenbauregion „Greenport Westland-Oostland“ die Raumwirksamkeit des niederländischen Agrobusiness dar.

77 **Biolandbau als Landschaftsschutz**

Biolandbau in Deutschland und in der EU

Der zentrale Gedanke des ökologischen Landbaus (auch: **Biolandbau**) ist, in Einklang mit der Natur zu wirtschaften. Dabei entstehen in der Regel Mischbetriebe, die eine organische Einheit von Mensch, Tier, Pflanzen und Boden darstellen. Charakteristisch sind verschiedene Einzelmerkmale, wie der Verzicht auf chemische Produkte, der Erhalt der Bodenfruchtbarkeit auf natürlichem Wege oder die artgemäße Haltung von Tieren. Im Mittelpunkt steht hierbei ein geschlossener Kreislauf, in dem der Betrieb selbst die Nährstoff- und Futtergrundlage ist.

Allerdings sind die Erfolgsmeldungen hinsichtlich des Wachstums des Biolandbaus weniger geworden, deutschland- und europaweit ist zurzeit eine gewisse Stagnation zu beobachten, obwohl andererseits auf Verbraucherseite durchaus ein Trend zu Bio-Produkten zu erkennen ist. Insgesamt stellt sich die Frage, ob der Biolandbau im Hinblick auf Ernährungssicherung und Agrarexporte eine wirkliche Alternative zum Agrobusiness sein kann. Gerade in jüngerer Zeit hat allerdings ein weiterer Aspekt an Bedeutung gewonnen. Eine naturnahe Landwirtschaft kann nämlich einen wichtigen Beitrag zum Landschaftsschutz leisten.

Öko-Anbaufläche ausgewählter EU-Staaten

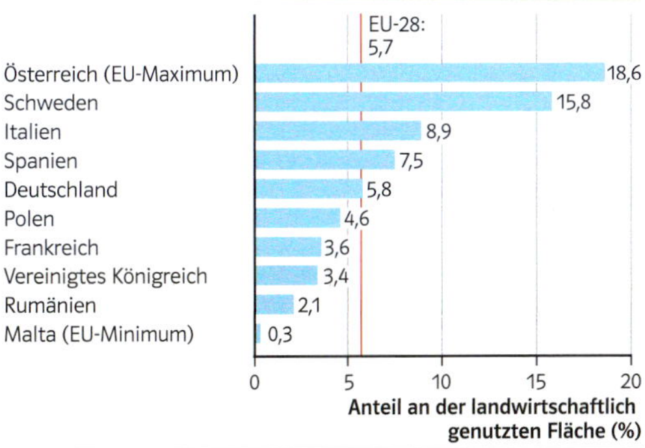

Eurostat

78

Entwicklung des ökologischen Landbaus in Deutschland

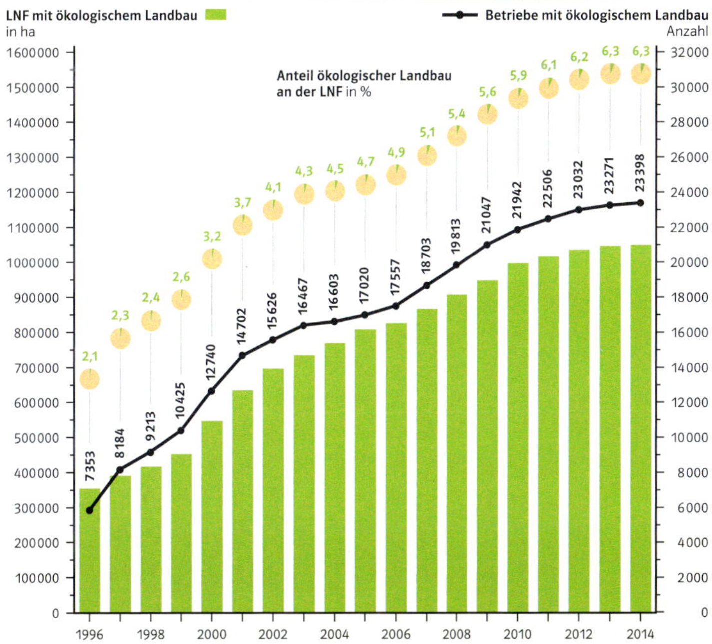

Bundesministerium für Ernährung und Landwirtschaft (Hrsg.): Ökologischer Landbau in Deutschland, Stand 2015, S. 12: www.bmel.de/SharedDocs/Downloads/Landwirtschaft/OekologischerLandbau/OekolandbauDeutschland.pdf?__blob=publicationFile (18.09.2015)

79

80 Stögerhof in Rieden am Forggensee, Allgäu

81

Biolandbau im Allgäu

Merkmale des Stögerhofs:
Inhaberfamilie:
- Nicola und Konrad Stöger mit zwei Kindern

Landwirtschaft:
- landwirtschaftlicher Haupterwerbsbetrieb
- seit 1998 ökologische Bewirtschaftung
- agrarischer Schwerpunkt: Milchviehzucht mit ca. 60 Kühen; Melken mithilfe eines Melkroboters
- zusätzlich Aufzucht von Jungrindern und Kälbchen
- einige Schafe (Kamerunschafe, alpine Steinschafe), Pensionspferde, Kleintiere
- Mitglied im Bioland e. V.

Maßnahmen zum Umwelt- und Klimaschutz:
- Hackschnitzelheizung mit Holz aus eigenem Wald
- Stromerzeugung durch Photovoltaikanlage auf dem Dach, Deckung des Eigenbedarfs an Strom und Einspeisung ins Netz
- Gartenbewässerung durch Regenwasser

Nebenerwerb Tourismus:
- zwei Ferienwohnungen
- Sommer- und Wintertourismus-Angebote
- Wandern, Baden, Radfahren, Aktivitäten wie z. B. Paragliding; Schneewanderungen, Skifahren
- Angebot der Mithilfe im Stall

82

Bioland e.V – so sieht man sich selbst

„Bioland ist der bedeutendste Verband für ökologischen Landbau in Deutschland. 6 200 Landwirte, Gärtner, Imker und Winzer wirtschaften nach den Bioland-Richtlinien. Hinzu kommen mehr als 1 000 Partner aus Herstellung und Handel wie Bäckereien, Molkereien, Metzgereien und Gastronomie. …
Seit über 45 Jahren entwickeln die Bioland-Mitglieder mit ihrem Verband eine ökologisch, ökonomisch und sozial verträgliche Alternative zur intensiven, von Industrie und Fremdkapital abhängigen Landwirtschaft. Ziel der täglichen Arbeit der Bäuerinnen und Bauern ist die nachhaltige Erzeugung hochwertiger und gesunder Lebensmittel. Wirtschaften im Einklang mit der Natur, Förderung der Artenvielfalt sowie aktiver Klima- und Umweltschutz sichern unsere Lebensgrundlagen und erhalten eine vielfältige Kulturlandschaft. …
Die Bioland-Gemeinschaft trägt soziale Verantwortung durch die Schaffung zukunftsfähiger Arbeitsplätze und die Erhaltung einer lebendigen Kultur auf dem Land. Basis dafür sind faire Partnerschaften zwischen Landwirten, Herstellern und Händlern. Faire Preise … liefern die wirtschaftliche Grundlage für eine nachhaltige Entwicklung bäuerlicher Betriebe und machen ökologische Erzeugung zu einem attraktiven Berufsfeld für junge Menschen."

Bioland: www.bioland.de/ueber-uns.html (16.09.2015)

83

28 Beschreiben Sie die Bedeutung des ökologischen Landbaus in der EU.

29 Biolandbau und Landschaftsschutz: Erläutern Sie diesen Zusammenhang am Beispiel des Stögerhofs.

Funktionen des ländlichen Raums

In nahezu allen EU-Staaten ergibt sich ein Bild, das eine im Juli 2015 veröffentlichte Studie der Bertelsmann Stiftung auch für Deutschland zeigt: Bis 2030 wird der ländliche Raum weiter zugunsten der urbanen Räume an Bevölkerung verlieren. Das lässt sich nur verhindern, wenn es den ländlichen Regionen gelingt, an Attraktivität zu gewinnen. Eine wichtige Überlegung ist es deshalb, ihnen weitere Funktionen zuzuweisen, die über die Landwirtschaft hinausgehen. Das Allgäu und der Stögerhof bieten hierfür ein Beispiel.

Die Landwirtschaft sorgt für die Offenhaltung der typischen Allgäu-Landschaft. Damit liefert sie neben der Erzeugung von Nahrungsmitteln gleichzeitig einen wichtigen Beitrag für den Tourismus, der auf diesem Landschaftsbild basiert.
Insofern ist es konsequent, dass Nicola und Konrad Stöger vom Stögerhof (Übersicht 82) neben der Landwirtschaft als Haupterwerb im Nebenerwerb auf den Fremdenverkehr setzt. Es gibt daneben aber auch noch weitere Funktionen, die die Rolle des ländlichen Raums in Deutschland und in Europa stärken können.

84 **Funktionen des ländlichen Raums im Bild**

Funktionen des ländlichen Raums im Überblick

Nahrungsgüterproduktion	- Stabilisierung der Grundversorgung - Diversifizierung der Produktion und Weiterverarbeitung - Beschäftigungseffekte - Einkommenssicherung und soziale Absicherung - …
Ökologische Funktionen	- integrierter Naturschutz - Pflege der Natur- und Kulturlandschaft - …
Außerlandwirtschaftliche Produktionsfunktionen	- Rohstofferzeugung - Energiegewinnung - …
Gesellschaftliche Funktionen	- Sicherung kulturlandschaftlicher Eigenarten - Sicherung der Soziokultur (Dorfleben, Tradition) - Sicherung von regionaler Identität und Heimatverbundenheit - Erholungs- und Tourismusfunktion
Ergänzungsfunktionen für urbane Räume	- Bereitstellung von Flächen, z. B. für Naherholungseinrichtungen, Flug- und Landeplätze, Entsorgungsanlagen etc. - …

85

30 Stellen Sie an zwei ausgewählten Beispielen dar, wie neue Funktionen den ländlichen Raum beeinflussen und gestalten.

31 „Agrobusiness kann nicht durch den Biolandbau ersetzt werden." Führen Sie zu dieser These eine Diskussion im Plenum durch.

4.3 Ausgewählte Dienstleistungsstrukturen

Kompetenzen erwerben

- Umfang und Bedeutung des EU-internen Handels für die Mitgliedstaaten charakterisieren;
- Deutschlands Rolle im intraregionalen Handel der EU analysieren;
- Verkehrskonzepte der EU an Beispielen erläutern;
- die raumordnerische Problematik von Verkehrsprojekten diskutieren;
- die Bedeutung von Häfen an einem Fallbeispiel darstellen.

Intraregionaler Handel – Europäische Union und Deutschland

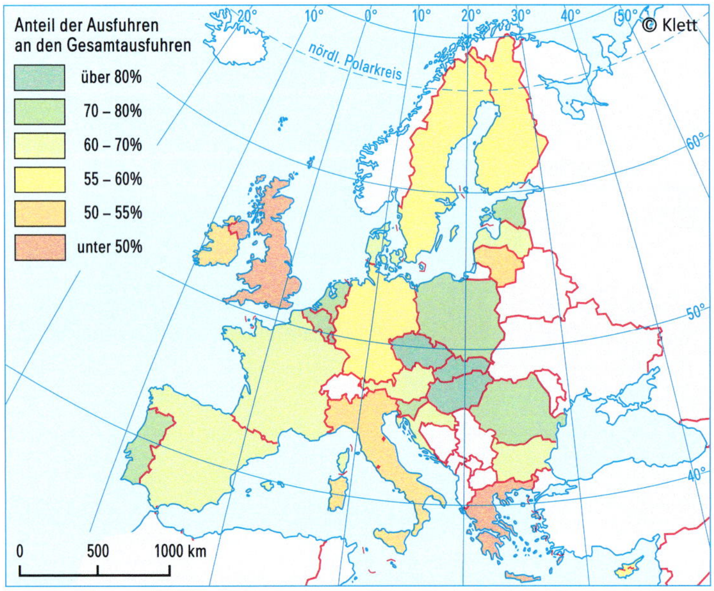

1 **EU-Mitgliedstaaten: Anteil der Ausfuhren in andere EU-Staaten an den Gesamtausfuhren** (2014, in %)
© EuroGraphics for the administrative boundaries

Umfang des EU-internen Handels nach Mitgliedstaaten (2013, in Mrd. €)

Land	Exporte	Importe
Belgien	247,6	225,0
Bulgarien	13,4	15,4
Dänemark	52,6	51,0
Deutschland	623,4	578,7
Estland	8,7	11,2
Finnland	31,0	38,5
Frankreich	258,8	347,5
Griechenland	12,8	22,1
Irland	48,9	34,7
Italien	209,3	198,9
Kroatien	5,3	10,3
Lettland	7,2	10,7
Litauen	14,1	15,7
Luxemburg	11,2	15,9
Malta	1,1	3,1
Niederlande	382,8	205,8
Österreich	92,0	105,0
Polen	113,8	105,9
Portugal	33,3	40,9
Rumänien	34,5	41,9
Schweden	72,9	82,9
Slowakei	53,7	45,9
Slowenien	19,2	17,7
Spanien	150,0	140,7
Tsch. Republik	98,6	82,7
Ungarn	63,4	54,0
Ver. Königreich	178,0	256,7
Zypern	0,9	3,3

Nach Eurostat: Statistics Explained: http://ec.europa.eu © Europäische Union, 1995–2016, Für die Wiedergabe und Anpassung ist allein die Ernst Klett Verlag GmbH verantwortlich

2

→ **Karte: Welthandel** Seite 144

→ **Triade** Seiten 144–149

EU – führender Handelsraum. Die Europäische Union bildet einen der bedeutendsten Handelsräume weltweit. Das betrifft einmal ihre Rolle im gesamten Welthandel, wo sie eine Spitzenposition einnimmt. In gleichem Maße stimmt das aber auch für den intraregionalen Handel, also den innerhalb der EU zwischen ihren 28 Mitgliedstaaten. Die Union ist der größte Binnenhandelsraum der Welt. Im Jahr 2013 zum Beispiel summierte sich der EU-interne Handel auf fast 2,8 Billionen Euro. Es gibt jedoch große Unterschiede in der Bedeutung, die dieser intraregionale Handel für die einzelnen Mitgliedstaaten hat.

1 Bedeutung des intraregionalen Handels für die EU-Mitgliedstaaten:
a) Charakterisieren Sie anhand der Karte 1 die unterschiedliche Bedeutung des EU-Handels für die einzelnen Mitgliedstaaten.
b) Analysieren Sie vor diesem Hintergrund Tabelle 2.

Surftipp
Interaktive Karte: EU-Handel
h5km3s

Deutschlands Außenhandel. Deutschland ist wie kaum ein anderes Land der Welt exportorientiert. Mehr als jeder fünfte Arbeitsplatz hängt von der Exportwirtschaft ab. Besonders im Rohstoff- und Energiebereich sind wir allerdings in starkem Maße auf Importe angewiesen. Ein Indiz für die Bedeutung unserer globalen Handelsverflechtungen ist die Außenhandelsquote, die im Jahr 2014 bei 69,8 % lag (weltweiter Durchschnitt: 51,2 %).
Beim Außenhandel gelingt es seit Jahren, einen hohen Handelsbilanzüberschuss zu erzielen, auch gegenüber den meisten EU-Partnern. Trotz der ausgesprochen globalen Handelsstruktur (s. hierzu auch Kap. 6.1) dominiert ebenso bei uns der intraregionale EU-Handel. Dabei nehmen vor allem die Exporte von Dienstleistungen beständig zu und machten 2013 mit rund 230 Mrd. Euro schon gut ein Fünftel aller Exporte aus.

Deutsche Importe – Top Ten der Lieferländer (2014, in Mrd. Euro)

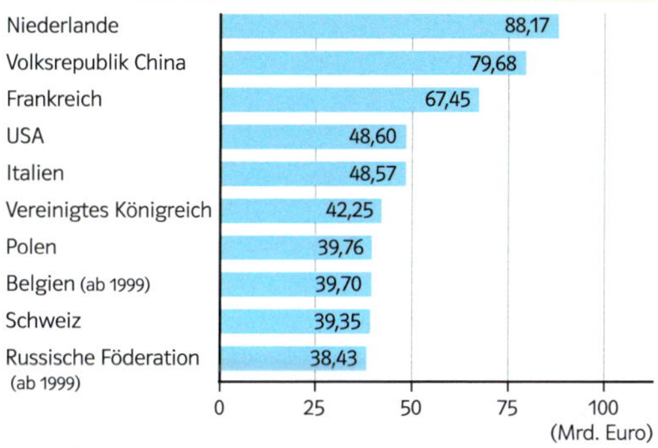

Eigene Zusammenstellung nach Statistisches Bundesamt: Genesis-Online Datenbank

3

Deutsche Exporte – Top Ten der Empfängerländer (2014, in Mrd. Euro)

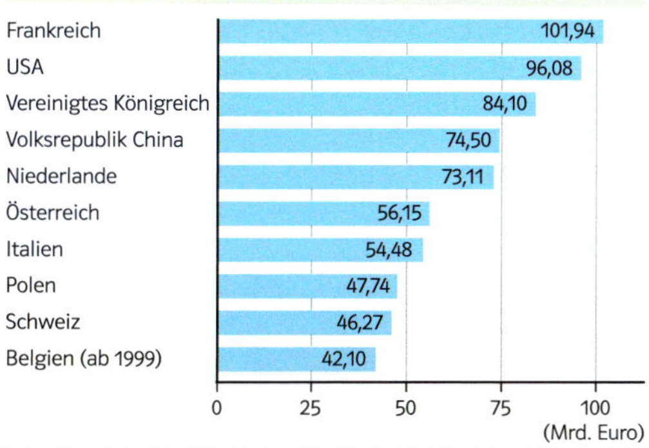

ebenda

4

Entwicklung der deutschen Außenhandelsquote und -bilanz

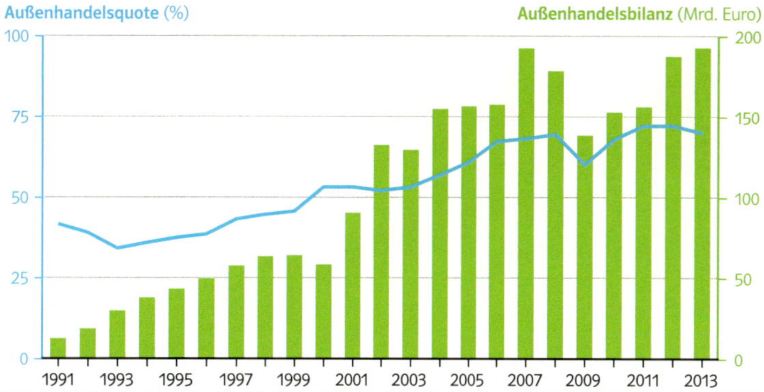

Die Außenhandelsquote ist der prozentuale Anteil der Exporte und Importe am BNE eines Landes.
Die Außenhandelsbilanz ergibt sich aus der Differenz von Export und Import.
Statistisches Bundesamt: Export und Import im Zeichen der Globalisierung, Ausgabe 2015, S. 20 f.

5

Beispiel für eine EU-interne Handelsverflechtung – Handelspartner Niederlande

„Im Jahr 2014 importierte Deutschland Waren im Wert von 88,1 Milliarden Euro aus den Niederlanden. Damit ist das Nachbarland beim Import erneut der wichtigste Handelspartner für Deutschland. …
Das Gesamthandelsvolumen zwischen den Niederlanden und Deutschland lag im Jahr 2014 bei 161,3 Milliarden Euro. 2013 wurden sogar Waren im Wert von 169 Milliarden Euro im- und exportiert. ‚Die Niederlande haben an Boden verloren, wenn man sich den absoluten Warenwert anschaut', so Günter Gülker, Geschäftsführer der Deutsch-Niederländischen Handelskammer in Den Haag (DNHK) in einer entsprechenden Pressemitteilung, dennoch habe sich das Land auf seiner Spitzenposition vor solchen Handelsgiganten wie China und den USA behaupten können. Auch in den Jahren 2013 und 2012 waren die Niederlande für Deutschland der wichtigste Handelspartner beim Import.
Wie die DNHK mitteilte, importiert Deutschland vergangenes Jahr vor allem Kraftstoff [hier sind Erdöl(produkte) und Erdgas gemeint] (24,3 Milliarden Euro), chemische Produkte (16,9 Milliarden Euro) sowie Maschinen und elektrotechnische Güter (11,2 Milliarden) aus den Niederlanden. Ein weiterer wichtiger Bereich waren Futtermittel und lebende Tiere (10,2 Milliarden Euro). Umgekehrt wurden vor allem Maschinen, elektrotechnische Güter und Fahrzeuge von Deutschland in die Niederlande exportiert (18,5 Milliarden Euro)."

Angelika Fliegner: Niederlande erneut wichtigstes Importland für Deutschland. In: NiederlandeNet vom 25.02.2015: www.uni-muenster.de/NiederlandeNet/aktuelles/archiv/2015/februar/0223aussenhandel.html (16.09.2015)

6

2 Erläutern Sie die Diagramme 3 und 4 zum Ex- und Import Deutschlands im Jahr 2014.

3 Stellen Sie am Beispiel „Deutschland – Niederlande" die Handelsbeziehung zwischen zwei EU-Staaten dar.

4 Erklären Sie auf der Grundlage einer Internetrecherche, was man unter „Dienstleistungsexporten" versteht.

7 Güterverkehr durch den Eurotunnel, einem bedeutenden europäischen Verkehrsprojekt

Verkehrskonzepte – Zukunftssicherung für Europas Passagier- und Warenströme

Passagier- und Warenströme

Leistungsfähige Verkehrsnetze, vor allem auch über die Grenzen der Einzelstaaten hinweg, sind in der Europäischen Union von besonderer Bedeutung. Das hat zwei zentrale Gründe:

Zum einen leben in den 28 EU-Staaten gut 500 Millionen Menschen, die über mehr als 270 Mio. Pkw verfügen, was einem durchschnittlichen Bestand von ca. 540 je 1000 Einwohner entspricht. Grenzüberschreitender Besuchs- und Reiseverkehr, Einkaufs- und Dienstleistungsverkehr mit Pkw, Bus oder Bahn sind heute zwischen den Ländern selbstverständlich. Die hier entstehenden großen Passagierströme benötigen ein grenzüberschreitend gutausgebautes Fernstraßen- und Eisenbahnnetz.

Zum Zweiten wurde bereits deutlich, dass der Güterverkehr eine zunehmend große Rolle spielt. Bis auf Großbritannien liegt bei allen anderen Staaten der Anteil des EU-internen Handels an den gesamten Ex- und Importen bei über 50 Prozent. Das bedeutet, dass große Warenströme im grenzüberschreitenden Frachtverkehr entstehen. Deutschland ist davon besonders betroffen. Ein Grund ist die zentrale Lage, die zu einem erheblichen Transitverkehr führt. Ein anderer liegt darin, dass z. B. zwei der weltweit wichtigsten Handelspartner Deutschlands, Frankreich und die Niederlande, unsere direkten Nachbarn sind. Der Warenaustausch mit ihnen läuft also in erster Linie über kontinentale Straßen-, Bahn- und Wasserwege.

Entwicklung des Verkehrsaufkommens in der Europäischen Union

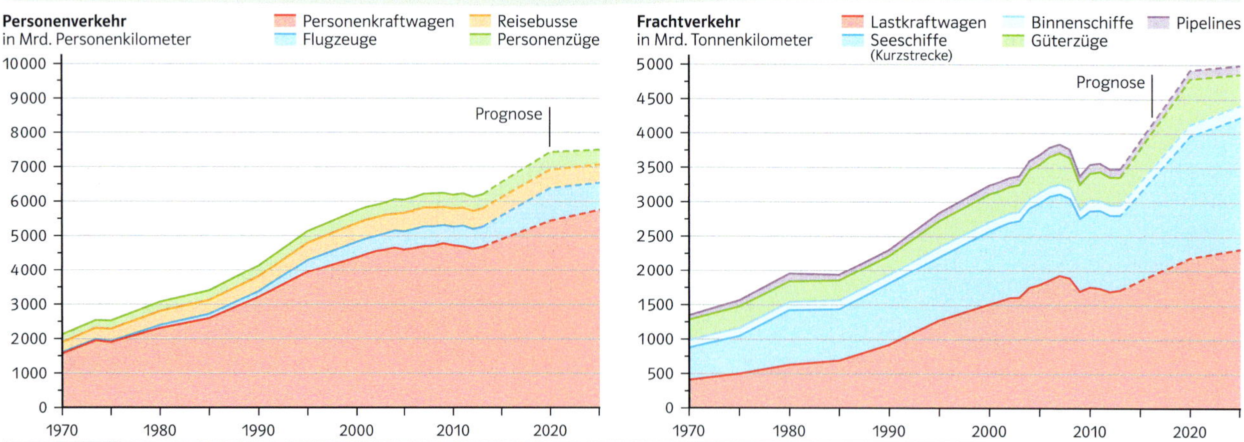

Eigene Darstellung nach verschiedenen Quellen

8

Surftipp
Surftipp: Hintergrund-Informationen zu TEN-T
b8rc4p

Europäische Verkehrsprojekte – das Programm TEN-T (Trans European Network – Transport)

Gut funktionierende Verkehrsnetze für die Passagier- und Warenströme haben für die EU und die fortschreitende Integration im Binnenraum eine hohe Bedeutung. Daher hat die Union ein Programm entwickelt, das wichtige Verkehrsprojekte umfasst: **Trans European Network – TEN-T.** Sein übergeordnetes Ziel ist die allgemein-ökonomische Entwicklung des Binnenraums. Zu den weiteren Zielen der im TEN-T definierten Einzelprojekte gehört vor allem die Verbesserung der wirtschaftlichen und sozialen Bedingungen der Menschen in den Mitgliedstaaten.

Planungs- und Arbeitsbereiche des TEN-T

- Straßen
- Eisenbahnstrecken
- Binnenwasserstraßen
- europäische Hochgeschwindigkeitsnetze (ICE, TGV, AVE ...)
- Güterterminals und kombinierter Ladungsverkehr
- Häfen
- Flughäfen
- Verkehrsmanagement
- Satellitennavigation mithilfe des europäischen Navigationssystems ‚Galileo'

10

Die einzelnen Projekte innerhalb des TEN-T und ihr Stand Ende 2013

Nr.	Projekt	Beginn	Strecke	Status
1	Eisenbahnachse Berlin–Palermo	k. A.	(inkl. Brennerbasistunnel)	in Bau
2	Hochgeschwindigkeits-Eisenbahnachse PBKAL	k. A.	Paris–Brüssel–Köln–Amsterdam–London (Thalys und Eurostar)	fertig
3	Hochgeschwindigkeits-Eisenbahnachse Süd (Westeuropa)	1996	Paris–Madrid (AVE, TGV)	in Bau
4	Hochgeschwindigkeits-Eisenbahnachse Ost	k. A.	Paris–Ostfrankreich–Frankfurt–Stuttgart–München (Rhealys)	in Bau
5	Betuwe-Verbindung		Maasvlakte–Kijfhoek–Oberhausen	in D in Bau
6	Eisenbahnachse Lyon–Tschop	k. A.	Lyon–Triest–Divača/Koper–Divača–Ljubljana–Budapest–Tschop	in Bau
7	Autobahnachse Igoumenitsa–Budapest	k. A.	Igoumenitsa/Patra–Athen–Sofia–Budapest	unbekannt
8	Multimodale Achse Iberische Halbinsel–restliches Europa	k. A.	Portugal–Spanien–Frankreich	unbekannt
9	Eisenbahnachse Irland		Cork–Dublin–Belfast–Stranraer	fertig
10	Anbindung Flughafen Mailand–Malpensa	2001		fertig
11	Öresund-Landverbindung	1993		fertig
12	Eisenbahn-/Straßenachse Nordisches Dreieck		mehrere Strecken	unbekannt
13	Straßenachse Irland–Benelux	2010	Irland–GB–Benelux	unbekannt
14	Hauptstrecke Westküste		Edinburgh/Glasgow–Carlisle–(Manchester)–bzw. Liverpool–Crewe–(Birmingham)–Rugby–London	fertig
15	Galileo	2007	–	fertig
16	Güterverkehr Sines–Paris	k. A.	Sines/Algeciras–Madrid–Paris	unbekannt
17	Magistrale für Europa	k. A.	Paris–Straßburg–Stuttgart–München–Wien–Bratislava/Budapest	in Bau
18	Binnenwasserstraße Rhein–Donau	k. A.	Rhein/Maas–Main–Donau	unbekannt
19	Interoperabilität	2010	Iberien (AVE)	unbekannt
20	Fehmarnbelt	2015	skandinavisch-mediterraner Korridor im TEN-T	in Bau
21	Meeresautobahnen	k. A.	(inkl. Nord-Ostsee-Kanal)	unbekannt
22	Eisenbahnachse Athen–Nürnberg/Dresden	k. A.	Athen–Sofia–Budapest–Wien–Prag–Nürnberg/Dresden	unbekannt
23	Baltisch-Adriatische Achse	k. A.	Danzig–Warschau–Brünn/Bratislava–Wien–Venedig–Bologna	in Bau
24	Eisenbahnachse Lyon/Genua–Rotterdam/Antwerpen	k. A.	Lyon/Genua–Basel–Duisburg–Rotterdam/Antwerpen	unbekannt
25	Autobahnachse Danzig–Wien		Danzig–Brünn/Bratislava–Wien	unbekannt
26	Schienen-/Straßenachse Irland–Festland	k. A.	Irland–Großbrit.–europäisches Festland	unbekannt
27	Rail Baltica	k. A.	Warschau–Kaunas–Riga–Tallinn–Helsinki	in Bau
28	Eurocaprail	k. A.	Brüssel–Luxemburg–Straßburg	in Bau
29	Eisenbahnachse Ionisches Meer–Adria			unbekannt

Verändert nach Wikipedia: https://de.wikipedia.org/wiki/Transeurop%C3%A4ische_Netze (09.12.2015)

9

11 **Eisenbahnprojekte im Rahmen des TEN-T**

Just-in-time-Produktion
Industrielle Produktion, bei der die Zulieferung von Waren und Halbfertigprodukten erst exakt zum Zeitpunkt des Bedarfs erfolgt, sodass Lagerkosten wegfallen.

Raumordnerisches Dilemma. Die Projekte im Rahmen des TEN-T sind unter den genannten Zielsetzungen nachvollziehbar und sinnvoll. Begrüßenswert ist bei ihrer Durchführung vor allem die Bündelung der großräumig bedeutenden Verkehrswege. Durch die so entstehenden Verkehrsbänder wird der Flächenverbrauch reduziert und benachbarte Freiräume werden geschont.

Allerdings wäre diese Sichtweise allein zu einseitig. Es entstehen durch die linienhafte Führung auch erhebliche Probleme. Die stark gebündelte Infrastruktur bewirkt zum Beispiel eine stärkere Zerschneidung von Räumen. Noch gewichtiger sind die Belastungen der Luft sowie die steigenden Lärmemissionen.

Ein weiterer Problemaspekt ist die Bevorzugung der Räume mit ohnehin bereits siedlungsmäßiger und wirtschaftlicher Verdichtung. Ihre Position wird weiter verbessert, während man andererseits nur hoffen kann, dass auch entlang der Verkehrsbänder, also zwischen den Zentren, eine Entwicklung stattfindet.

Die Bevorzugung der Kernräume kann allerdings auf Dauer auch für diese selbst kontraproduktiv sein. Denn mit dem Ausbau der verknüpfenden Verkehrsinfrastruktur nimmt auch die ohnehin schon vorhandene Verkehrsbelastung zu. Das könnte zur Abwanderung von Wohnbevölkerung führen, aber auch von Unternehmen, die Just-in-time produzieren.

Surftipp
TEN-T Verkehrskorridore
75e7zu

Zerbröckelt Deutschlands Infrastruktur?

Deutschland hat ein **Infrastruktur**-Problem. Diese Aussage erscheint angesichts des Reichtums unseres Landes und im Hinblick auf die große Bedeutung der Infrastruktur eigenartig. Doch ist das Beispiel der Leverkusener Brücke kein Einzelfall. Gerade beim Straßen- und Brückenbau besteht ein erheblicher Investitionsstau. Das ist nicht nur für den einzelnen Bürger ein Ärgernis, sondern entwickelt sich wirtschaftlich betrachtet zu einem Nachteil für den Standort Deutschland. Denn dieser ist aufgrund seiner intensiven Produktions- und Handelsverflechtungen auf eine gutausgebaute und funktionierende Verkehrsinfrastruktur angewiesen. Als ein Instrument, Geld für die Sanierung und den Ausbau der Infrastruktur zu generieren, wird von manchen Politikern die Pkw-Maut gesehen, die die bereits vorhandene Lkw-Maut ergänzen soll. Doch gibt es gegen die Form, die 2014/15 präsentiert wurde, erheblichen Widerstand, innenpolitisch ebenso wie von der EU.

13 Langfristige Sperrung der Leverkusener Brücke seit Mitte 2014 auf der A1, einer der wichtigsten deutschen Autobahnen

20 Jahre verschlafen: der Zustand der deutschen Infrastruktur

„Am … 13.12.2012 … löste sich ein mehr als 20 kg schwerer Betonbrocken aus der Decke und krachte mitten in die belebte Bahnhofshalle [am Berliner S-Bahnhof Friedrichstraße]. Es hätte zu einem entsetzlichen Unfall kommen können. …

Der Vorfall ist ein besonders eindrückliches Beispiel, welche Folgen marode Infrastruktur haben kann. Doch selbst wenn es nicht gleich um Leben und Tod geht – eine Gefahr für die Volkswirtschaft sind kaputte Bahnhöfe, Gleise, Straßen und Brücken auf jeden Fall. Als vor zwei Jahren eine Autobahnbrücke bei Leverkusen wegen Rissen drei Monate lang für Fahrzeuge über 3,5 Tonnen gesperrt wurde [seit Mitte 2014 erneut dauerhaft gesperrt], mussten jeden Tag 15 000 Lkw Umwege fahren. …

Deutschland verfällt, Deutschland bröckelt, Deutschland geht kaputt – das sind die Schlagzeilen, die plötzlich immer häufiger zu lesen sind. Doch wo kommt der Sanierungsbedarf auf einmal her? War Deutschland nicht noch bis vor kurzem weltweit für seine Infrastruktur berühmt? Doch. Aber genau das ist ein Teil des Problems. In der Vergangenheit wurde hierzulande immer viel gebaut. Neue Autobahnen, Umgehungsstraßen, dritte Spuren, Hochgeschwindigkeitsstrecken für ICE-Züge – Politiker aller Parteien ließen sich gerne dafür feiern, wenn sie für ihren Wahlkreis etwas davon ergattern konnten. Der Gedanke, dass alles, was gebaut wird, auch gepflegt werden muss, wurde verdrängt, zumal Streckensperrungen für Sanierungen selten auf Begeisterung stoßen. Reparaturen wurden hinausgezögert. …

Deutschland verfügt somit zwar über ein dichtes Verkehrsnetz von knapp 13 000 km Autobahn, 40 000 km Bundesstraße, 600 000 km Land-, Kreis- und Kommunalstraßen sowie 35 000 km Schienennetz. Aber sie verlieren täglich an Wert. Laut Verkehrsinvestitionsbericht befinden sich 20 % der Autobahnen sowie 41 % der Bundesstraßen bereits in einem kritischen Zustand. Von den Autobahnbrücken sind sogar fast die Hälfte marode. …

Die 600 Mio. €, die Bundesverkehrsminister Alexander Dobrindt künftig durch eine Pkw-Maut für Ausländer einnehmen will, werden da kaum helfen. Zwei Regierungskommissionen sind zu dem Ergebnis gekommen, dass allein für die Instandhaltung der Wege von Bund, Ländern und Kommunen jährlich 4,55 Mrd. € mehr ausgegeben werden müssten als bislang. Neu- und Ausbau sind da noch nicht mitgerechnet, und auch nicht der aufgelaufene Nachholbedarf von mehr als 40 Mrd. €."

Nach Daniela Kuhr: 20 Jahre verschlafen: der Zustand der deutschen Infrastruktur. In: Süddeutsche Zeitung vom 29.09.2014: www.sueddeutsche.de/auto/problematische-infrastruktur-wo-deutschland-broeckelt-1.2152159 (17.09.2015)

12

5 Arbeiten Sie mit Diagramm 8:
a) Beschreiben Sie die Entwicklung des Verkehrsaufkommens in der EU. Berücksichtigen Sie dabei auch die Erweiterungsphasen der EU.
b) Stellen Sie mögliche Konsequenzen dar, die sich daraus ergeben.

6 Beschreiben Sie anhand von Karte 11 die räumliche Struktur der Eisenbahnprojekte im Rahmen des TEN-T-Programms.

7 Diskutieren Sie an einem TEN-Projekt, ob die Trassenführung zu einer Verminderung oder Verstärkung regionaler Disparitäten führen kann.

8 Erläutern Sie mithilfe von Atlas und Internet ein ausgewähltes Verkehrsprojekt aus der Übersicht 9.

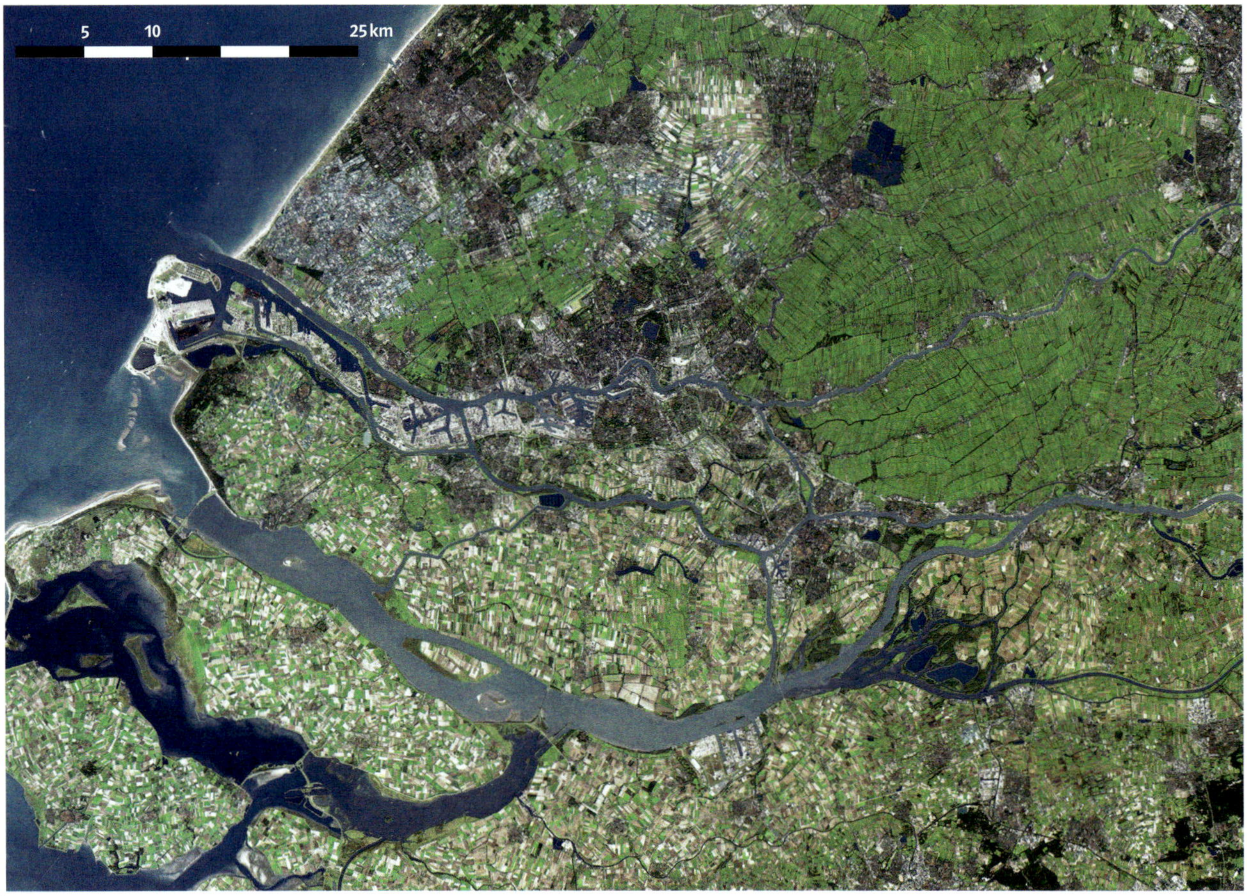

14 Rotterdam – Europas größter Hafen

Infrastruktur für den internationalen Handel – europäische Häfen

Hafen von Rotterdam – Daten und Fakten (2014)

„Rotterdam ist das Zugangstor zum nordwesteuropäischen Markt. Es gibt fast nichts, was nicht über den Hafen von Rotterdam transportiert wird: angefangen bei Äpfeln über Autos, von Computern bis hin zu Rohstoffen wie Zink für die chemische Industrie. Über Wasser und über Land werden die Güter zu über 500 Millionen Konsumenten in Europa gebracht. Dafür werden Binnenschiffe, Lkws, Züge, Pipelines oder Seeschiffe eingesetzt ...

- Hafengebiet: 12 500 ha (Land und Wasser, davon sind ca. 6 000 ha Gewerbeflächen)
- Länge des Hafengebiets: rund 40 km
- Beschäftigung [alle vom Hafen abhängig Beschäftigte in Rotterdam]: 180 000 Arbeitsplätze
- Güterumschlag: ca. 450 Millionen Tonnen Güter pro Jahr
- Schifffahrt: ca. 30 000 Seeschiffe und 110 000 Binnenschiffe pro Jahr
- [Wertschöpfung]: (direkt und indirekt) rund 21 Milliarden EUR, 3,5 % des BIP [der Niederlande]"

Nach Port of Rotterdam: Zahlen und Fakten zum Hafen: www.portofrotterdam.com/de/der-hafen/zahlen-und-fakten-zum-hafen (17.09.2015)

15

Europas Häfen im globalen Markt

Globalisierung und Häfen. Der Schiffsverkehr gehört zu den Gewinnern des Globalisierungsprozesses. Immer mehr Waren müssen aus unterschiedlichen Gründen transportiert werden: Die internationale Arbeitsteilung bei der industriellen Produktion hat stark zugenommen; der Konsum von Gütern, die nicht im eigenen Land hergestellt werden, ist gestiegen; der Aufstieg von Schwellenländern hat einerseits zur drastischen Erhöhung ihrer Exporte geführt, andererseits aber auch zu verstärkten Importen, z. B. von Energierohstoffen – wie besonders das Beispiel China zeigt. Zugenommen hat durch diese Entwicklungen in gleichem Maße auch die Bedeutung der Häfen.

Fallbeispiel „Nordrange": Europas Häfen zwischen Kooperation und Konkurrenz. Über viele Jahre hinweg galt Rotterdam als weltgrößter Hafen, basierend vor allem auf Erdölimporten und anderen Massengütern. Heute rangiert man, am gesamten Güterumschlag gemessen, an dritter Stelle. Unter den Top Ten befanden sich damals mit Hamburg und Antwerpen weitere europäische Seehäfen, die heute die Plätze 14 und 17 belegen (2014). Die ost- und südostasiatischen Globalisierungsgewinner haben diese Veränderungen bewirkt. Deutlich wird das vor allem am Containerumschlag (siehe Tab. 17).

Wie reagieren die europäischen Häfen auf ihren Bedeutungsrückgang? Einerseits werben einige gemeinsam damit, dass sie Teil der sogenannten „Nordrange" sind, also der Kette bedeutender Häfen an der Nordseeküste – Antwerpen, Rotterdam, Amsterdam, Bremische Häfen, Wilhelmshaven, Hamburg. Ihre Stärke basiert vor allem darauf, dass große Teile der interkontinentalen Warenströme aus Amerika und Asien für West- und Mitteleuropa bestimmt sind, die über die Nordrange erreicht werden – mit einem Hinterland, in dem 400 bis 450 Millionen Menschen leben.

Andererseits stehen die gleichen Häfen in starker Konkurrenz zueinander mit dem Ziel, ihren Anteil am kleiner werdenden europäischen „Kuchenstück" zu erhalten oder zu steigern. Hier spalten sich die oben genannten Häfen in zwei konkurrierende Blöcke, in die sogenannten ARA-Häfen (Antwerpen, Rotterdam, Amsterdam) und in die deutschen Nordseehäfen. Im Jahr 2000 hatten Letztere noch einen Anteil von nur rund 26 % am Gesamtumschlag der Nordrange. Nach einer Prognose soll sich die Dominanz der ARA-Häfen bis 2025 deutlich verringern; der Anteil der deutschen Häfen soll dann auf ca. 40 % steigen – zulasten der ARA-Häfen. Maßnahmen hierfür sind z. B. der Bau neuer Container-Terminals, die Vertiefung der Elbe-Fahrrinne oder die Inbetriebnahme des neuen Tiefwasserhafens in Wilhelmshaven. Die beiden letzten Beispiele zeigen allerdings auch, wie schwierig bei solchen Projekten der Spagat zwischen Ökonomie und Ökologie ist. So grenzt der Tiefwasserhafen an den Naturpark Wattenmeer, und durch die Elbe-Vertiefung befürchten Umweltschützer eine nachhaltige Veränderung bzw. Beeinträchtigung der Pflanzen- und Fischwelt des Flusses.

Welt Schiffstransport in Mrd. Tonnen-Meilen

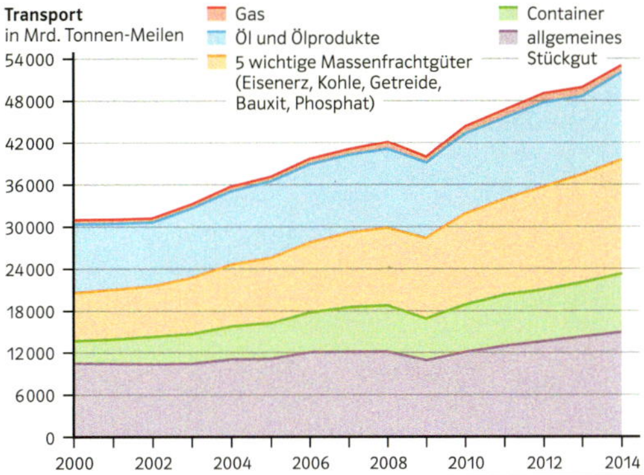

Nach: http://deutsche-wirtschafts-nachrichten.de (17.09.2015)

16

Tonnen-Meilen: Transport einer Tonne Ladung über eine Seemeile (1,852 km)

TEU (Twenty-foot Equivalent Unit) Maßeinheit zur Zählung von Containern und des Containerumschlags im Hafen; 1 TEU entspricht einem 20-Fuß-Standardcontainer, der größere 40-Fuß-Container zählt entsprechend 2 TEU.

Größte Containerhäfen der Welt nach Umschlagvolumen
(2014, in Mio. TEU)

Hafen (Land)	Umschlag	Hafen (Land)	Umschlag
Shanghai (China)	35,3	Dubai (VAE)	15,2
Singapur (Singapur)	33,9	Tianjin (China)	14,1
Shenzen (China)	24,0	Rotterdam (Niederlande)	12,3
Hongkong (SVR China)	22,3	Port Klang (Malaysia)	10,9
Ningbo (China)	19,5	Kaohsiung (Taiwan)	10,6
Busan (Südkorea)	18,7	Dalian (China)	10,1
Qingdao (China)	16,6	Hamburg (Deutschland)	9,7
Gunagzhou (China)	16,2	Antwerpen (Belgien)	9,0

Nach: de.statista.com

17

Hafen von Hamburg – Daten und Fakten (2014)

„Die geografische Lage und die sehr gute Performance der Hafenwirtschaft machen den Hamburger Hafen zur führenden Außenhandelsdrehscheibe der Bundesrepublik. Als größter Universalhafen Deutschlands ist er von großer Bedeutung für die Versorgung der europäischen Binnenmärkte mit bis zu 450 Millionen Konsumenten. Modernste Technik der Umschlaganlagen und Datenkommunikationssysteme, eine effiziente Verkehrsinfrastruktur und eine leistungsfähige Feeder- und Hinterlandanbindung schaffen die Voraussetzungen für den Warenaustausch mit Handelspartnern in aller Welt. Darüber hinaus übernimmt der Hafen eine zentrale Funktion in der Ver- und Entsorgungslogistik für die Industrie in Hamburg und der Metropolregion …"

- Hafengebiet (Land und Wasser): 7 145 ha
- Güterumschlag: ca. 137 Millionen Tonnen (2015)
- alle vom Hafen abhängig Beschäftigte in Hamburg: 156 000 Arbeitsplätze
- Schifffahrt: ca. 9 000 Schiffe pro Jahr
- deutschlandweite Bruttowertschöpfung ca. 20 Mrd. Euro

Eigene Zusammenstellung nach verschiedenen Quellen, u. a. Hafen Hamburg – Das Tor zur Welt: www.hafen-hamburg.de/de/universalhafen-hamburg (17.09.2015)

18

Fallbeispiel: Hafen von Piräus als „globales Projekt"

19 Piräus: A: Frachthafen, B: Kreuzfahrthafen

Hafen von Piräus – Daten und Fakten

- Entstehung des Hafens im 5. Jh. unter Themistokles
- Aufschwung nach der griechischen Unabhängigkeit von der Türkei ab Anfang der 1830er Jahre
- Gründung des heutigen Hafens: 1930
- erst ab 1955 Wiederaufbau des von der deutschen Wehrmacht 1944 zerbombten Hafens
- Besitzer (Juli 2015): griechischer Staat mit 74,14 % Anteil, Investoren mit 25,86 %
- Passagiere: 17,6 Mio. (2013), damit größter Passagierhafen Europas
- Containerhafen: 3,16 Mio. TEU (2013), Platz 9 in Europa, Platz 43 weltweit

Entwicklung des Güterumschlags insgesamt in t

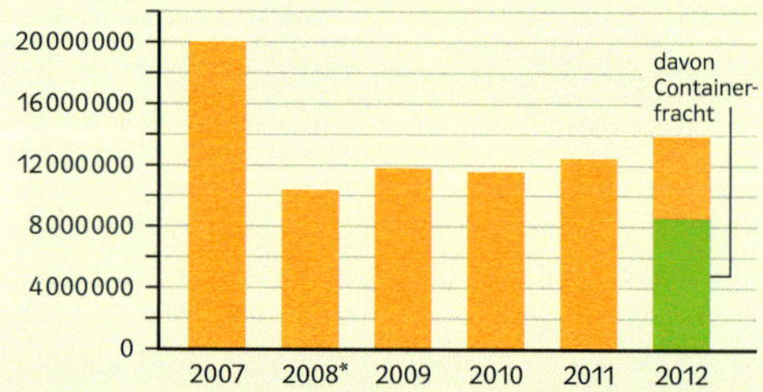

* Beginn der griechischen Finanzkrise

Nach Wikipedia: https://de.wikipedia.org/wiki/Hafen_von_Pir%C3%A4us (14.07.2015)

21

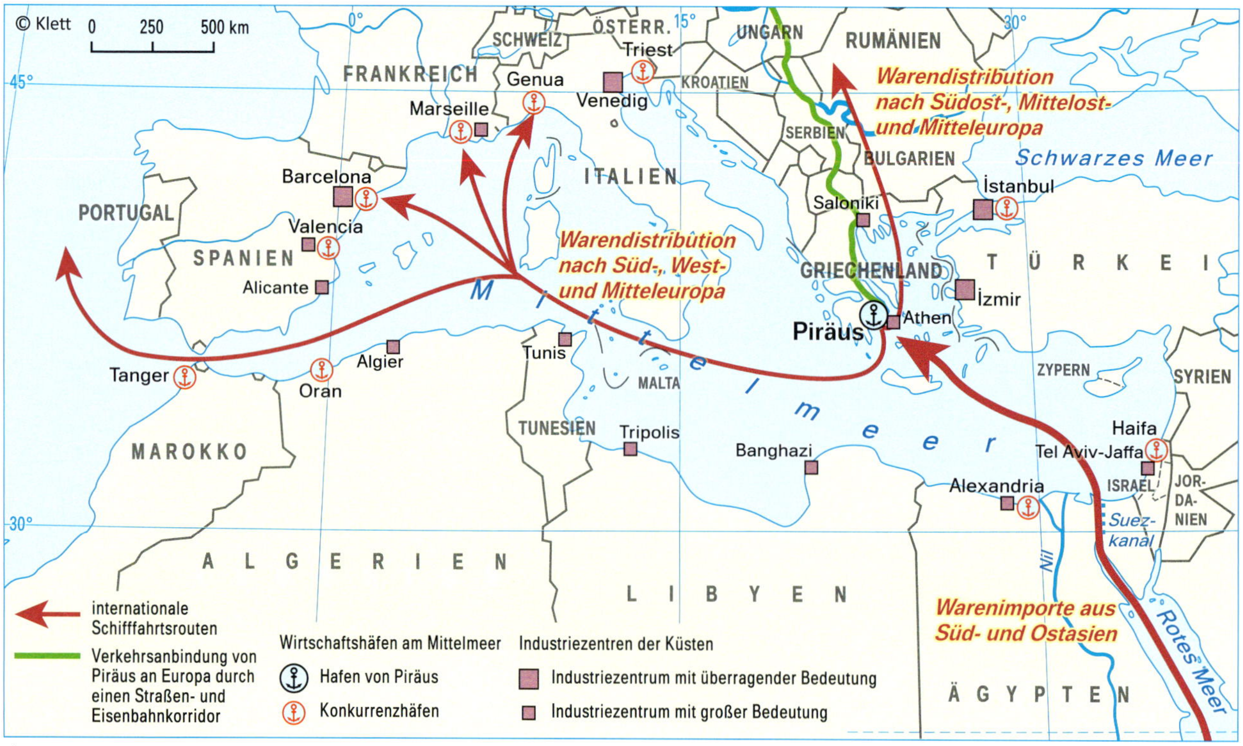

20 Piräus – im Zentrum internationaler Schifffahrtsrouten

Wenn man beim Hafen von Piräus von einem „globalen Projekt" spricht, so hat das eine zweifache Bedeutung. Zum einen ist damit gemeint, dass Piräus im Passagier- und Frachtverkehr eine globale Position erlangt hat, wenn diese auch durch die 2008 einsetzende Finanzkrise Griechenlands geschwächt wurde. Für die globale Rolle ist besonders die Lage zwischen dem arabisch-asiatischen Raum und Europa wichtig. Dabei hat man mit entsprechenden Kaianlagen (Piers) rechtzeitig auf den Boom beim Containerverkehr reagiert.

Piräus als „globales Projekt" verweist aber auch noch auf einen anderen Aspekt: Aufgrund der interessanten Lage ist der Hafen von Piräus in das Blickfeld Chinas gerückt. Das ostasiatische Land gehört zweifellos zu den großen Gewinnern des Globalisierungsprozesses, und mit den Exporterlösen sind die staatlichen Investitionsfonds gut gefüllt. So hat das Staatsunternehmen COSCO, ein Global Player im Schiffsverkehr, dem auch die fünftgrößte Containerflotte der Welt gehört, massives Interesse an einer Übernahme des Hafens.

Situation im Juli 2015

„Konkret: Griechenland muss dem Fonds [gemeint ist der Privatisierungs-Fonds, der zwischen dem Land und seinen Gläubigern ausgehandelt wurde] Staatsvermögen überschreiben. Dieses wird dann verkauft. Von den erwarteten 50 Milliarden Erlös darf Griechenland aber nur 12,5 Milliarden für dringend benötigte Investitionen behalten. Den Rest muss es zur Tilgung seiner Schulden verwenden. ...

So kommt es, dass Tsipras [2015 griech. Ministerpräsident] genau diejenigen Filetstücke verkaufen muss, von denen er sich noch im Wahlkampf auf keinen Fall trennen wollte. ... Nun muss er diese Perlen doch noch verscherbeln:

Der Verkauf des Hafens von Piräus, dem größten und wichtigsten Handelshafen bei Athen, war eigentlich schon beschlossene Sache. Er sollte für 320 Millionen Euro nach China gehen. Nun interessiert sich aber auch die Container-Reederei Moeller-Maersk für die Häfen Piräus und Thessaloniki ..."

Nach Patrik Berger: Häfen, Airports, Inseln. Das müssen die Griechen jetzt verscherbeln. In: Blick vom 13.07.2014: www.blick.ch/news/wirtschaft/haefen-airports-inseln-das-muessen-die-griechen-jetzt-verscherbeln-id3967229.html (15.07.2015)

23

Chronologie des „globalen Projekts" Piräus seit 2009

2009 Verkauf der Hälfte des Containerhafens an das chinesische Schifffahrts-Staatsunternehmen COSCO für die Dauer von 35 Jahren; die Nutzungsgebühr für die Hafenanlagen beträgt 100 Mio. Euro jährlich, das gesamte Volumen 3,3 Mrd. Euro

2010–2013 Bau und Inbetriebnahme eines neuen Containerterminals („Pier III") durch COSCO; dadurch Erhöhung der Hafenkapazitäten um 700 000 TEU

2012 Ankündigung des US-amerikanischen Global Player Hewlett-Packard, sein Transport- und Logistikdrehkreuz für Europa, Afrika und den Nahen Osten im Hafen von Piräus anzusiedeln

2013 Nach über 12 Jahren Bauzeit Fertigstellung einer 17 km langen Eisenbahnstrecke, die den Hafen an das internationale Fernbahnnetz anschließt [siehe Karte 11]

2014 Im Rahmen der Privatisierungsbestrebungen die Entscheidung des staatlichen Mehrheitseigentümers HRADF, fast alle seine Anteile an der Hafengesellschaft OLP von rund 74 % zu verkaufen

2014 Bekanntgabe des chinesischen Mobilfunkherstellers ZTE, seine Produkte in Zukunft statt von Rotterdam, Amsterdam und Hamburg von Piräus aus auszuliefern; so spart man mehrere Tage Transport

2014 Vertragsunterzeichnung durch China, Serbien und Ungarn für den Ausbau einer 360 km langen Eisenbahn-Schnellstrecke auf dem Balkan; Ziel der 1,5 Mrd.-Euro-Investition ist u. a., bis 2017 eine bessere Anbindung des Hafens von Piräus an Osteuropa zu erreichen

2015 Zu Beginn des Jahres Regierungswechsel in Athen; Stopp der Privatisierungspläne

2015 Im Mai Wiederaufnahme des Bieterverfahrens für einen Verkauf der OLP-Anteile; Voraussetzung ist ein jährliches Investitionsvolumen von 300 Mio. Euro durch den Käufer

2016 Zu Jahresbeginn Übernahme von weiteren 67 % des Hafens durch COSCO für 368,5 Mio. Euro

Nach: Wikipedia: https://de.wikipedia.org/wiki/Hafen_von_Pir%C3%A4us (15.07.2015)

22

9 Beschreiben Sie das Satellitenbild 14 von Rotterdam.

10 Erläutern Sie die Situation europäischer Häfen, auch im internationalen Vergleich.

11 Erarbeiten Sie ein kurzes Statement zu der Forderung: „Nur mehr Kooperation ermöglicht es den Nordseehäfen, im globalen Wettbewerb zu bestehen."

12 Piräus:

a) Charakterisieren Sie die Vorzüge des Hafens.
b) Erläutern Sie die Entwicklung seiner Situation seit dem Jahr 2008/2009.
c) Informieren Sie sich mithilfe des Internets über den aktuellen Stand der Hafenentwicklung.

TERRA **KOMPETENZ**

Agrobusiness
Altindustrieräume
Biolandbau
Blaue Banane
Cluster
EFTA
Infrastruktur
Montanrevier
Sanfter/ Nachhaltiger Tourismus
Trans European Network (TEN)

Wissen vernetzen

„Wirtschaftsraum Europa" suggeriert Einheitlichkeit. Trotz aller aktuellen Probleme wird die Europäische Union besonders von außen als ein gemeinsamer Wirtschaftsraum wahrgenommen. Aber auch auf der wirtschaftlichen Ebene gilt in Europa viel eher das Prinzip der Vielfalt. Das zeigen sowohl die verschiedenen formellen und informellen Bündnisse als auch die Diskrepanzen im Wohlstand der Menschen. Hinzu kommt, dass die wirtschaftsräumlichen Entwicklungen in Europa dynamisch sind, wie das Beispiel der EFTA zeigt.

Innerhalb der EU verdeutlichen die Raumstrukturmodelle die Heterogenität. Diese wird noch offenkundiger bei der Betrachtung der einzelnen Regionen: Hier reicht die Bandbreite von altindustriellen Stagnationsräumen bis zu Wachstumsräumen, von touristisch geprägten Räumen bis zu Agrarräumen. Alle aber sind sie geprägt von der Vielfalt und Dynamik struktureller Herausforderungen und Veränderungen, von Zukunftsrisiken und -perspektiven.

Es gibt weltweit keinen größeren gemeinsamen Markt als die EU. Sie und in ihr besonders Deutschland sind bedeutende Akteure im weltweiten und intraregionalen Handel. Deutschlands große Handelsbilanzüberschüsse sind dabei nicht unumstritten.

Um die grenzüberschreitenden Waren- und auch Passagierströme zu meistern und zukunftsfähig zu gestalten, hat die EU für Straßen, Schienen und Wasserwege Verkehrskonzepte entwickelt und im Programm TEN-T gebündelt.

Die globalen Strukturen und Verbindungen im wachsenden Welthandel sichert Europa beispielsweise über seine Häfen. Bei wachsender Bedeutung sind diese aber auch einem globalen Kampf um Marktanteile ausgesetzt. Die Frage ist, ob die einzelnen Hafenstandorte den weltweiten Wettbewerb in Konkurrenz zueinander bestehen können oder ob verstärkte Kooperation notwendig ist.

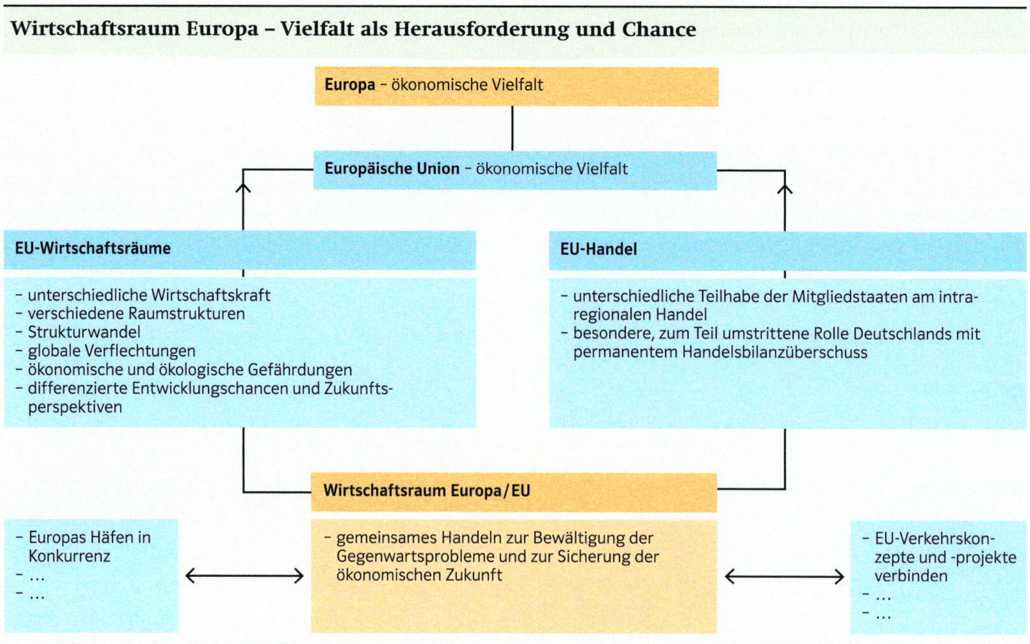

1

Material
Stumme Karte Europa
aw7n2n

Material
Lösungshinweise
7pq5nn

Kompetenzen überprüfen

Überprüfen Sie Ihre in diesem Kapitel erworbenen Kompetenzen mit den folgenden Aufgaben und Materialien. Gehen Sie bei der Bearbeitung wie folgt vor:
- Erarbeiten Sie für jede Aufgabe schriftlich eine Lösung.
- Vergleichen Sie diese dann mit den Lösungshinweisen (Online-Code 7pq5nn).
- Bewerten Sie nun Ihre Lösung anhand der Notenskala 1 bis 6.
- Überlegen Sie, wie Sie eventuell festgestellte Defizite beseitigen können.

Räumliche Orientierung

1 Nennen Sie die aktuellen Mitgliedstaaten der EFTA.

2 Lokalisieren Sie in einer Europakarte (abrufbar unter dem Online-Code aw7n2n) die Baltischen Staaten sowie vier mittelosteuropäische Transformationsländer.

Fachwissen

1 Charakterisieren Sie die europäischen Raumstrukturmodelle „Blaue Banane" und „Kreuzbanane" (Karte 6 auf S. 67).

2 Erläutern Sie die Gründe für die Krise altindustrieller Räume.

3 Stellen Sie wichtige Maßnahmen zur Zukunftssicherung der Uckermark dar.

4 Erläutern Sie Deutschlands Stellung im EU-Binnenhandel.

Methoden

1 Altindustrielle Region Nord-Pas-de-Calais
Arbeiten Sie mit der Karte 2:
a) Beschreiben Sie die wirtschaftliche Struktur der Region.
b) Erläutern Sie, wie dieser altindustrielle Raum seine strukturellen Probleme zu lösen sucht.
c) Beurteilen Sie die erkennbaren Maßnahmen zur Krisenbewältigung.

Kommunikation

1 Erarbeiten Sie mithilfe einer Internetrecherche eine Präsentation zu einer der in Text 3 genannten Krisensituationen.

2 Diskutieren Sie mit den anderen Kursteilnehmern die im Text 3 aufgestellten Thesen.

Beurteilen und bewerten

1 „Auf kaum eine andere Landschaft Europas trifft die Kennzeichnung als ‚Ein Natur- und Lebensraum in Gefahr' so zu wie auf die Alpen."
Nehmen Sie Stellung zu dieser Aussage.

2 Der Hafen von Piräus soll von einem privaten Investor übernommen werden. Erörtern Sie Vor- und Nachteile.

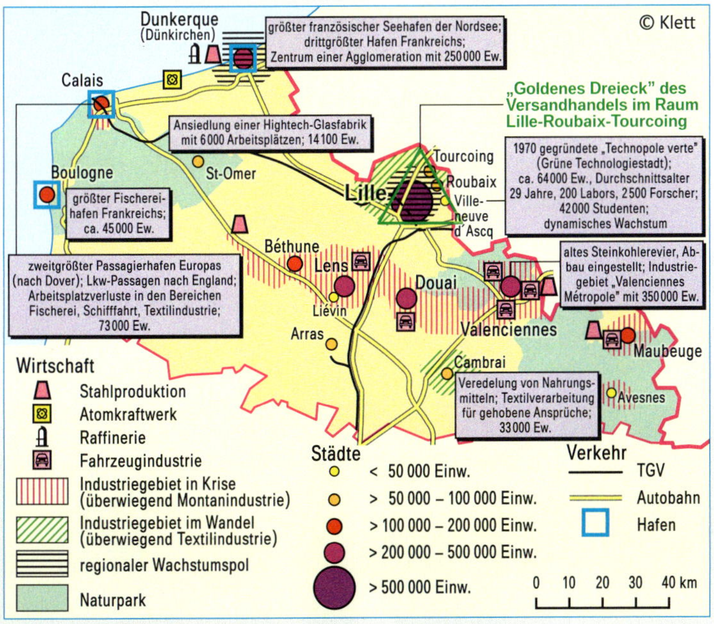

2 Die Region Nord-Pas-de-Calais

EU – Scheitern an der ökonomischen Vielfalt?
Die Europäische Union steht vor einer historischen Zerreißprobe. Flüchtlingskrise, Griechenlandkrise, Eurokrise sind nur einige Stichwörter, Abwendungstendenzen von der EU wie in Großbritannien ein weiteres. So unterschiedlich die Gründe für die einzelnen Vorgänge auch sein mögen, im Kern hängen sie alle auch mit den großen Unterschieden in den wirtschaftlichen Strukturen und Stärken zusammen. Gelingt es nicht, sie zu überwinden, ist die Einheit der Union bedroht. In diesem Zusammenhang stellt sich die Frage, ob die Erfolgsgeschichte der EU an ihren Schattenseiten zerbricht.

3

5 Zusammenarbeit in der Europäischen Union

Im Jahr 2012 wurde der EU der Friedensnobelpreis verliehen. Damit würdigte das Nobelpreiskomitee die Verdienste der Länder und Menschen in Europa, die nach dem Zweiten Weltkrieg nicht nur Feindschaften, Hass und Misstrauen überwunden hatten. Ihnen war es auch gelungen, Formen der Zusammenarbeit zu finden, die trennende Grenzen beseitigt, den Frieden sicherer gemacht und den allgemeinen Wohlstand gemehrt haben.
Beginn dieser Zusammenarbeit war die Gründung einer „Europäischen Wirtschaftsgemeinschaft" von zunächst nur sechs Staaten. Insbesondere deren Gemeinsame Agrarpolitik (GAP) erwies sich als Motor einer immer tiefer gehenden Zusammenarbeit. In einem sechs Jahrzehnte anhaltenden Integrationsprozess haben sich schrittweise 22 weitere europäische Staaten dieser Gemeinschaft angeschlossen. Alle diese Mitgliedstaaten bringen zwar unterschiedliche Interessen in die inzwischen entstandene Europäische Union ein. Sie sind aber gemeinsam der Überzeugung, dass sie die meisten der derzeitigen existenziellen

1 Errungenschaften der EU: offene Grenzen als Markenzeichen 2011

Probleme nicht mehr allein lösen können. Deshalb ist die EU heute in nahezu jedem Politikfeld aktiv. Der Bürger spürt fast täglich, dass ihn ihre Entscheidungen betreffen.

- Mit welchen Zielsetzungen und in welchen Schritten vollzog sich der europäische Integrationsprozess?
- Wie profitiert der Bürger von der Zusammenarbeit in Europa? Wo liegen die wichtigsten Probleme?
- Welche Chancen bietet die EU für Jugendliche?
- Wie ist die Rolle der Gemeinsamen Agrarpolitik zu bewerten?
- Welche Schwierigkeiten waren bei der EU-Osterweiterung zu überwinden?
- Wie wirkte sich der Transformationsprozess in den MOE-Ländern aus?
- An welchen Grundsätzen orientiert sich die Regional- und Strukturpolitik der EU? Wie wirksam sind die eingesetzten Instrumente?
- Wo liegen die Grenzen des vereinten Europa? Wo steht aktuell die Erweiterungsdiskussion?

2 Flüchtlingskrise (Grenzkontrollen): eine Herausforderung für die Zusammenarbeit in der EU 2016

5.1 Der europäische Integrationsprozess: Chancen und Probleme

Kompetenzen erwerben
- Den Integrationsprozess mit seinen Voraussetzungen und wichtigsten Stationen beschreiben;
- Bereiche der Integration darstellen;
- Inhalte und Möglichkeiten der EU-Jugendprogramme beurteilen.

1 Europäische Gemeinschaft?

← **Migration** Kapitel 2.1

Der europäische Integrationsprozess vollzog und vollzieht sich in einem zähen Ringen. Die einzelnen Staaten verfolgen sehr unterschiedliche, ja teilweise gegensätzliche Interessen. Bei der oft mühsamen Suche nach Kompromissen drohen gelegentlich die gemeinsamen Ziele - also die Sicherung von Freiheit, Wohlstand und wirtschaftlicher Stabilität - aus dem Blickfeld zu geraten. Nationale Egoismen erschweren und gefährden eine weitergehende Integration.
Dabei ist eine enge Zusammenarbeit unerlässlich. Im Zeitalter der Globalisierung und des Klimawandels lassen sich viele Probleme nicht mehr im nationalstaatlichen Rahmen lösen. Zu nennen sind zum Beispiel die Migrationsströme und die grenzüberschreitende Bandenkriminalität. Auch der Klimaschutz bedarf gemeinsamer Maßnahmen und Regelungen, genauso wie die Kontrolle transnationaler Unternehmen und ihrer Machtposition. An oberster Stelle aber steht die gemeinsame Sicherung des Friedens. Diese Zielsetzung bildete den Ausgangspunkt der „Europa-Idee".

Stationen der Integration

Europa im Jahre 1945: Der Zweite Weltkrieg ist zu Ende. Er hinterlässt Millionen von Toten und ein unvorstellbares Ausmaß an Zerstörung, Vertreibung, Hunger und Leid. Hass, Misstrauen und Forderungen nach Vergeltung beherrschen die Beziehungen zwischen den Menschen und den Staaten.
Europa 70 Jahre später: Unbeschwerte Ferienreisen in fast alle Länder dieses Kontinents sind eine Selbstverständlichkeit. Schülerinnen und Schüler haben - meist ausgehend von Schulpartnerschaften - Freundschaftsbeziehungen über alle Grenzen hinweg geknüpft.
Immer lauter hatten in den meisten europäischen Staaten Menschen dazu aufgerufen, die nationalen Gegensätze zu überwinden und gemeinsam den Frieden zu sichern. Die Vertreter dieser „Europa-Idee" argumentierten:
- Das System souveräner Nationalstaaten in Europa sei auf Dauer nicht in der Lage, Konflikte gewaltfrei zu lösen;
- größerer Wohlstand sei erst durch die ungehinderte Entfaltung der Produktionsfaktoren in einem einheitlichen Wirtschaftsraum möglich;
- angesichts der dominierenden Stellung der beiden Weltmächte USA und Sowjetunion könne nur ein vereinigtes Europa die Interessen der europäischen Länder wirksam vertreten.

Mit der Gründung der **Europäischen Gemeinschaft für Kohle und Stahl (Montanunion)** im Jahre 1951 durch Deutschland (BRD), Frankreich, Italien, Belgien, die Niederlande und Luxemburg fiel dann der Startschuss für den bis heute anhaltenden Integrationsprozess. In den **„Römischen Verträgen"** von 1957 vereinbarten die Montanunion-Staaten die Errichtung einer **Europäischen Wirtschaftsgemeinschaft (EWG)**. Aus ihr ging 1993 mit dem Vertrag von Maastricht die Europäische Union hervor, der schrittweise weitere Mitglieder beitraten (Karte 2).

Material
Zeittafel Europäische Integration
tq4557

2 Europäische Integration

1 Interpretieren Sie die Karikatur 1.

2 Beschreiben Sie, unter Einbeziehung Ihrer im Fach Geschichte erworbenen Kenntnisse, die Situation in Europa nach dem Zweiten Weltkrieg, aus der heraus sich verschiedene Wege der europäischen Integration ergaben.

3 Erklären Sie mithilfe einer Internetrecherche die folgenden Begriffe: Euratom, Europaparlament, Verträge von Maastricht und Lissabon.

4 Erstellen Sie mithilfe dieser Begriffe und der Materialien dieser Doppelseite eine tabellarische Übersicht über wichtige Stationen der Integration.

Der „Baum der EU-Politik"

Nach Europäische Kommission u. a. (Hrsg.):Europa. Das Wissensmagazin für Jugendliche. 2014. S. 29. www.europarl.de/resource/static/files/Jugend/europa_schulerheft.pdf (12.10.2015)

3

Die Bedeutung der EU für unseren Alltag

„Fangen wir mit dem Geld an, wenn wir unser Portemonnaie öffnen, finden wir ... den Euro. Durch den Vertrag von Maastricht 1992/93 auf den Weg gebracht und 1999 als offizielles Zahlungsmittel eingeführt, begegnet er uns jeden Tag. ...
Auch in Sachen Gesundheit haben wir ständig Kontakt mit der EU und ihren Regeln. So wird durch die EU geregelt, wie sauber unsere Luft und unser Trinkwasser sein müssen. ...
Die EU bietet ihren Bürgern auch Schutz vor Verbrechen. Durch die Vernetzung der europäischen Polizei über Interpol bekämpft die EU das organisierte Verbrechen in seinen Mitgliedsstaaten. ...
Zudem hat die EU festgelegt, dass die Telefongebühren vom Handy aus, vom EU-Ausland nach Deutschland, nicht zu hoch sein dürfen. Wenn wir in unserem Urlaub in einem Land der EU krank werden sollten, so bietet uns die europäische Krankenkarte Schutz und Hilfe. ...
Auch in Sachen Bildung ist die EU präsent. Die EU ist bestrebt, durch die Vereinheitlichung der Universitätsabschlüsse eine Vergleichbarkeit herzustellen. Dies soll erleichtern, innerhalb der EU einen Job zu finden. Gleichzeitig soll es den Studenten ermöglicht werden, während ihres Studiums an anderen Universitäten innerhalb der EU zu studieren."

Europäische Union einfach erklärt: Die EU in unserem Alltag: www.zukunft24.eu/die-eu-in-unserem-alltag/ (12.10.2015)

4

Bereiche der Integration

←
Freizügigkeit in der EU
Seite 27

Die Einstellung vieler Bürger gegenüber der Politik der Europäischen Union ist zwiespältig. Auf der einen Seite wird der „Brüsseler Bürokratie" vorgeworfen, mit ihrer „Regelungswut" in alle unsere Lebensbereiche einzudringen. Gleichzeitig werden viele Entscheidungen auf europäischer Ebene als etwas Abstraktes wahrgenommen, das weit entfernt stattfindet und uns nur am Rande berührt. Betrachten wir die Fakten.
Die Staaten der Europäischen Union arbeiten in sehr vielen Politikfeldern aufs Engste zusammen (Abbildung 3). Wirtschaftliches Kernstück ist dabei der einheitlichen Regeln unterworfene **Binnenmarkt**, der die sogenannten „Vier Freiheiten" garantiert (Grafik 6). Auf dieser Grundlage ist es zum Beispiel jedem Deutschen erlaubt, in Italien ein Auto zu kaufen, auf einer griechischen Insel ein Touristikbüro zu eröffnen, im benachbarten Frankreich eine Arbeitsstelle anzunehmen und sein Geld bei einer Bank in Österreich anzulegen bzw. dort einen Kredit aufzunehmen. Jeder EU-Bürger kann sich in allen Staaten der Union frei und ungehindert bewegen und aufhalten. Er muss überall wie ein Inländer behandelt werden und kann sich niederlassen, wo er will.
Was für den einzelnen Bürger als Rechtsgrundlage geschaffen wurde, gilt auch für die Unternehmen. Sie benötigen Rechtssicherheit und verlässliche Rahmenbedingungen, wenn sie ihre Erfolgschancen richtig einschätzen und auf dieser Grundlage investieren wollen. Deshalb sind in der EU entsprechende Regelungen erlassen worden, um Handelshemmnisse abzuschaffen und eine Öffnung der nationalen Märkte zu erreichen. Die ökonomische Entwicklung des gesamten EU-Raumes ist dadurch äußerst positiv beeinflusst worden.
Im Folgenden werden die Bereiche Verbraucherschutz, Krisenmanagement in der Eurozone sowie Jugend- und Bildungsprogramme näher betrachtet.

Material
Hilfestellung zum „Baum der EU-Politik"
rr64qv

Verbraucherschutz

Insbesondere vom Europäischen Parlament sind in den letzten Jahren viele wirksame Initiativen ausgegangen, um die Interessen der Verbraucher zu wahren. Die Volksvertretung hat zum Beispiel Rahmenrichtlinien erlassen, die eine Etikettierung von gentechnisch veränderten Lebensmitteln („Novel Food") vorschreiben oder die Weichmacher in Kinderspielzeugen verbieten. Auch werden Käufer vor Mängeln an Produkten geschützt, unabhängig davon, in welchem Land des Binnenmarktes sie gekauft wurden. Produzenten und Lieferanten haften zwei Jahre lang und müssen Mängel unentgeltlich beseitigen oder Ersatz liefern. Dabei liegt die Beweispflicht in den ersten sechs Monaten beim Verkäufer.

Fluggastrechte. Auch bei Reiseproblemen hilft die Europäische Union. Sie sorgt zum Beispiel dafür, dass jeder Fluggast zu seinem Recht kommt, egal ob er ein teures Ticket erworben oder bei einer Billigfluglinie gebucht hat. Wer beim Einchecken von der unangenehmen Mitteilung überrascht wird, dass sein Flug überbucht sei und er deshalb auf einen späteren Abflugtermin vertröstet wird, hat Anspruch auf eine Entschädigung. Sie beträgt bei Flügen unter 1500 Kilometern in jedem Falle 250 Euro, auch wenn der Ticketpreis deutlich unter diesem Betrag lag. Bei großen Verspätungen haben die Fluggesellschaften die Pflicht, sich um ihre Fluggäste zu kümmern. Sie müssen dafür sorgen, dass sie verpflegt und notfalls in einem Hotel untergebracht werden. Kommen sie dieser Verpflichtung nicht nach, kann sich der Fluggast bei der betreffenden Gesellschaft beschweren. Sollten trotzdem noch Probleme auftreten, helfen die nationalen Einrichtungen, deren Adresse man bei den Flughäfen erfragen kann.

5 Bio-Siegel im Binnenmarkt der Europäischen Union

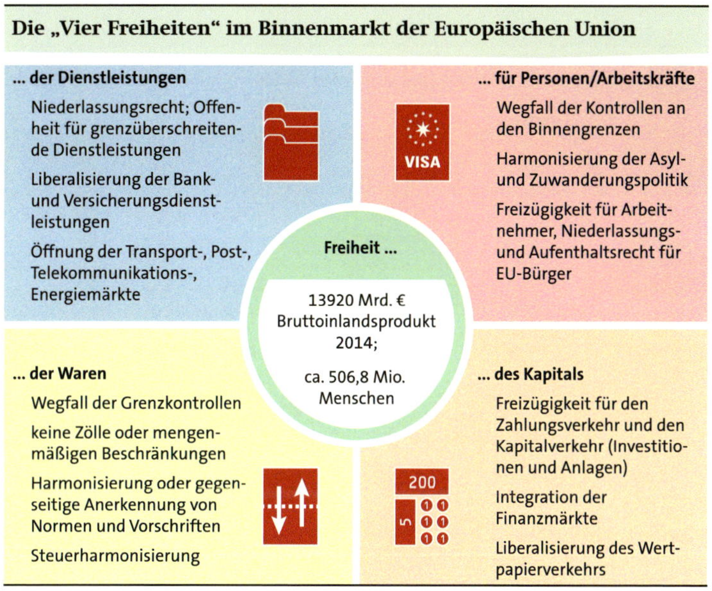

6

Bio-Siegel

„Bio-Lebensmittel boomen. Um den Verbraucherinnen und Verbrauchern Gewissheit zu geben, dass auch tatsächlich ‚Bio' drin ist, wo ‚Bio' draufsteht, hat die Europäische Union eine Verordnung erlassen. Diese definiert genau, wann ein Lebensmittel als Bio-Lebensmittel verkauft werden darf. So müssen die Erzeugung und auch die Weiterverarbeitung ökologischen Kriterien genügen. Bei der Herstellung dürfen beispielsweise keine synthetischen Pflanzenschutzmittel benutzt werden. Bio-Produkte dürfen weder bestrahlt werden (um etwa die Haltbarkeit zu verlängern) noch gentechnisch veränderte Organismen enthalten. Auch die Tierhaltung muss artgerecht sein und festgelegten Kriterien genügen. Die EG-Öko-Verordnung, die all das regelt, gilt auch für importierte Lebensmittel. Nur wenn die Verordnung genau befolgt wird, darf ein Lebensmittel mit dem bekannten Bio-Siegel ausgezeichnet werden. Seit dem 1. Juli 2010 müssen Bio-Produkte, die gemäß den Vorschriften der EU ökologisch/biologisch hergestellt wurden, das Logo der Europäischen Union für ökologische/biologische Produktion (EU-Bio-Logo) tragen. Das deutsche Bio-Siegel, eines der bekanntesten Verbraucherschutz-Kennzeichnungen überhaupt, darf weiterhin zusätzlich verwendet werden. Ende Oktober 2014 trugen fast 70 000 Produkte das deutsche Bio-Siegel. Verstöße gegen die EG-Öko-Verordnung werden mit hohen Geldbußen geahndet, sogar Haftstrafen sind möglich."

Europäisches Parlament, Informationsbüro Deutschland (Hrsg.): Europa 2015, S. 95

7

5 Arbeiten Sie aus den Materialien dieser Doppelseite die notwendigen Informationen heraus, um die Zweige im „Baum der EU-Politik" sinnvoll zu beschriften. Hilfestellung bietet der Online-Code.

6 Erläutern Sie wesentliche Merkmale des EU-Binnenmarktes.

7 „Der Einfluss der EU auf meinen Alltag" – Gestalten Sie hierzu eine Grafik, ein Plakat, eine Mindmap oder ähnliches.

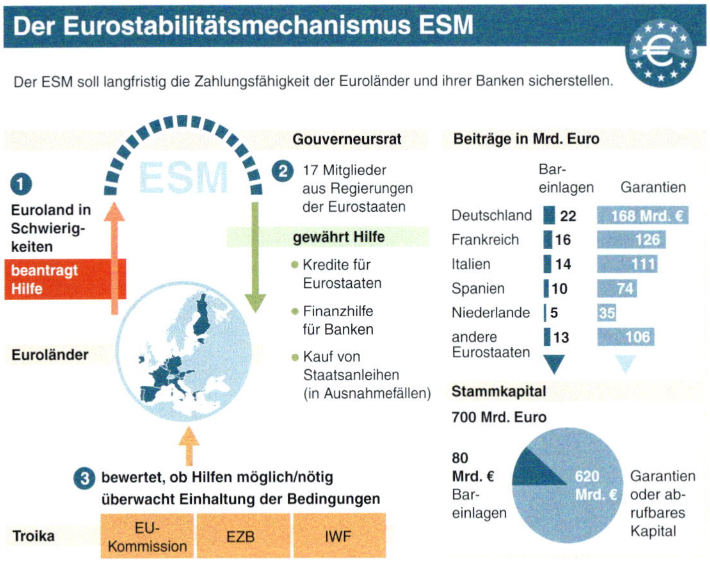

8 Der „Rettungsschirm" der EU?

Krisenmanagement in der Eurozone

Am 1. Januar 2002 wurde in 17 EU-Staaten der Euro als Zahlungsmittel eingeführt. Die gemeinsame Währung war Kernelement der im Vertrag von Maastricht 1992 beschlossenen Wirtschafts- und Währungsunion. Alle Beitrittsstaaten der Eurozone mussten bestimmte Stabilitätskriterien erfüllen. Der öffentliche Schuldenstand durfte nicht mehr als 60 Prozent des Bruttoinlandsprodukts betragen und die jährliche Verschuldung sollte die Obergrenze von drei Prozent des BIP nicht überschreiten. Diese Kriterien wurden allerdings aus politischen Gründen nicht allzu scharf überprüft. Einige Euroländer, wie zum Beispiel Griechenland, hatten von Anfang an einen über der 60-Prozent-Marke liegenden Schuldenstand oder sie meldeten der EU-Kommission unrealistische Zahlen.

Trotz dieser Kritik gab und gibt es überzeugende Gründe für eine gemeinsame Währung:
- Wegfall des Geldumtauschs bei Reisen und damit der Umtauschkosten;
- Befreiung der im Waren- und Zahlungsverkehr oft mittel- bis langfristig abgeschlossenen Verträge vom Risiko eventueller Währungsschwankungen;
- dadurch insbesondere Erleichterungen für die deutsche Exportwirtschaft (60 Prozent aller Warenlieferungen ins EU-Ausland);
- Akzeptanz des – sehr bald nach seiner Einführung – starken Euro als weltweite Reservewährung neben Dollar und Yen.

Die 2008 ausbrechende weltweite Finanz- und Wirtschaftskrise deckte dann die strukturellen Schwächen vieler Eurostaaten und der Eurozone insgesamt auf.

Euro-Krise und EU-Rettungsschirm

„Einige Staaten in der Euro-Zone haben in den letzten Jahren einen sehr großen Schuldenberg angehäuft. Dadurch sind sie in eine Schuldenkrise geraten, weil sie diese Schulden und die Zinsen nicht mehr zurückzahlen können. Eine Folge war, dass der Euro insgesamt als Zahlungsmittel an Vertrauen in der Welt verloren hat. Darunter leiden alle Länder, die den Euro als Währung haben. Aus diesem Grunde haben sich die Euro-Länder nach vielen Verhandlungen dazu entschlossen, den Euro-Ländern zu helfen, die in großen finanziellen Schwierigkeiten sind.
Ein sogenannter Rettungsschirm (Fachabkürzung ESM [=Europäischer Stabilitätsmechanismus]) wurde geschaffen. Das ist nichts anderes als eine riesige Summe Geld, mit der diesen Ländern geholfen werden soll. Die Länder, die den Rettungsschirm geschaffen haben, stehen dafür ein, dass die verschuldeten Länder irgendwann das geliehene Geld zurückzahlen. Die Banken und andere Geldgeber, die Kredite geben, haben also die Gewissheit, dass sie ihr Geld zurückbekommen. Bisher bewahrten die Kredite aus dem Rettungsschirm das hoch verschuldete Griechenland, Portugal und Irland vor der Pleite. Aber auch andere Länder aus der Euro-Zone werden Geld aus dem Rettungsschirm brauchen.
Das geliehene Geld bekommen die verschuldeten Länder allerdings nicht ohne Gegenleistung. Sie müssen sich zum Sparen verpflichten und in ihren Ländern viele Maßnahmen einleiten, um künftig die Schulden gering zu halten. Deutschland ist das Land mit der stärksten Wirtschaftskraft in Europa und hat deshalb die höchste Geldsumme für den Rettungsschirm zur Verfügung gestellt."

Gerd Schneider und Christiane Toyka-Seid: Das junge Politik-Lexikon von www.hanisauland.de, Bonn: Bundeszentrale für politische Bildung 2013: www.bpb.de/nachschlagen/lexika/das-junge-politik-lexikon/161005/eu-rettungsschirm (12.10.2015)

9

Surftipp
Das Jugendportal der EU
3t27xd

Junges Europa – Jugend- und Bildungsprogramme der EU

Erasmus+ – das EU-Jugend- und Bildungsprogramm 2014–2020 im Überblick

COMENIUS	ERASMUS
Schulische Bildung: Förderung der Zusammenarbeit von Schulen aller Stufen beim Lehrer- und Schüleraustausch	Hochschulbildung und akademische Ausbildung: Förderung von Auslandsaufenthalten an Universitäten
LEONARDO DA VINCI	**GRUNDTVIG**
Berufliche Bildung: Förderung der grenzüberschreitenden beruflichen Aus- und Weiterbildung	Erwachsenenbildung: Förderung im Programmbereich „Lebenslanges Lernen“
Fördermittel für die Programmperiode 2014–2020: 14,7 Mrd. Euro	

10

12 Lehren, Lernen und Studieren ohne Grenzen

Mit Erasmus+ europaweit lehren, lernen und arbeiten

„Die Europäische Union lebt von ihren Bürgerinnen und Bürgern. Deshalb fördert sie deren Bildung und gegenseitigen Austausch auf vielfältige Weise. Das neue Programm Erasmus+ wird es von 2014 bis 2020 mehr als 5 Millionen jungen Europäerinnen und Europäern ermöglichen, im Ausland zu lernen und zu leben. Dafür steht ein Budget von 14,7 Milliarden Euro zur Verfügung.

Das Programm soll auch zur Bekämpfung der Jugendarbeitslosigkeit beitragen, indem junge Menschen von 13 bis 30 Jahren ihre Fähigkeiten durch Auslandserfahrungen erweitern können.

Unter dem Dach Erasmus+ werden die unterschiedlichen Aus- und Weiterbildungsprogramme der EU gebündelt und fortgeführt, zum Beispiel die Programme Erasmus, Erasmus Mundus, Leonardo da Vinci, Comenius, Grundtvig, Jugend in Aktion. Das neue Programm ist ein Rahmen für alle Trainingsprogramme für Bildung, Training, Jugend und Sport. Stipendien für Studenten, Lehrer, Ausbilder und Auszubildende werden vergeben; junge Führungskräfte, ehrenamtlich Tätige und Nachwuchssportler werden gefördert. Außerdem können Masterstudenten durch eine neue Garantie günstigere Kredite für ein Auslandsstudium erhalten.“

Nähere Informationen und Beratungsangebote zu Erasmus+ finden Sie unter:
- Offizielle Internetseite des neuen Erasmus+ www.erasmusplus.de
- Nationale Agentur Bildung für Europa www.nabibb.de
- Deutscher Akademischer Austauschdienst https://eu.daad.de

Nach Europäisches Parlament. Informationsbüro in Deutschland: Bildung und Austausch. http://ec.europa.eu © Europäische Union, 1995–2016, Für die Wiedergabe und Anpassung ist allein die Ernst Klett Verlag GmbH verantwortlich

11

8 Erklären Sie die Funktionsweise des Eurostabilitätsmechanismus (ESM).

9 Stellen Sie anhand von Medienberichten die aktuelle Entwicklung in der „Griechenland-Krise“ dar.

10 Erläutern Sie, inwieweit Verbraucherschutz, Jugend- und Bildungsprogramme sowie gemeinsames Krisenmanagement in der Eurozone einen Beitrag zur Integration Europas leisten.

11 Gestalten Sie auf der Grundlage einer Internetrecherche eine Präsentation zu den Inhalten und Möglichkeiten eines ausgewählten EU-Jugendprogramms.

5.2 Bedeutung der Landwirtschaft und des EU-Agrarmarktes

Kompetenzen erwerben

- Die Gemeinsame Agrarpolitik der EU (GAP) in ihren Zielen und Grundzügen darstellen;
- die Notwendigkeit einer Neuausrichtung der GAP begründen;
- am Beispiel der Milchbauern die Problematik der EU-Agrarpolitik erörtern.

Für manche Bürger ist es ein Ärgernis und Diskussionsanlass: Der Agrarsektor steuert im EU-Durchschnitt nur noch weniger als zwei Prozent zur gesamtwirtschaftlichen Wertschöpfung bei, im EU-Haushalt aber beansprucht die Agrarpolitik den größten Posten (Grafik 1). Dieses Missverhältnis geht historisch gesehen auf die **Römischen Verträge** von 1957 zurück. Damals spielte die Landwirtschaft in ökonomischer Hinsicht noch eine wichtigere Rolle als heute.

Politisch betrachtet war der Agrarbereich zunächst der einzige gemeinsam organisierte Sektor im Rahmen der EWG und wurde so zum Motor der weitergehenden Integration. Darüber hinaus verfügen die in allen Ländern gut organisierten Bauern über sehr einflussreiche Lobbygruppen. Zudem muss die Landwirtschaft auch heute noch die Grundversorgung mit Nahrungsmitteln sicherstellen, und sie übernimmt eine zunehmend wichtigere Rolle bei der Pflege unserer Kulturlandschaft.

„Landwirtschaft in der EU – Ernährer oder Kostgänger?"
Bearbeiten Sie zur Beantwortung dieser Frage die folgenden Aufgaben und nutzen Sie dafür die Seiten 118 bis 121:

1. Nennen Sie die Ziele der Gemeinsamen Agrarpolitik (GAP).
2. Erklären Sie am Beispiel der Getreidemarktordnung die Agrarpolitik der Europäischen Gemeinschaft (Grafik 3).
3. Beurteilen Sie diese Agrarmarktordnung aus verschiedenen Perspektiven (z. B. Landwirte, Vertreter eines Entwicklungslandes).
4. Überprüfen Sie anhand ausgewählter Daten (Tabellen 4), inwieweit die Ziele der GAP verwirklicht worden sind.
5. Stellen Sie die Reform der GAP dar.
6. Die Situation der Milchbauern: ein Beispiel für die Problematik aller Agrarerzeuger? Erörtern Sie diese Frage.

EU-Haushalt 2015

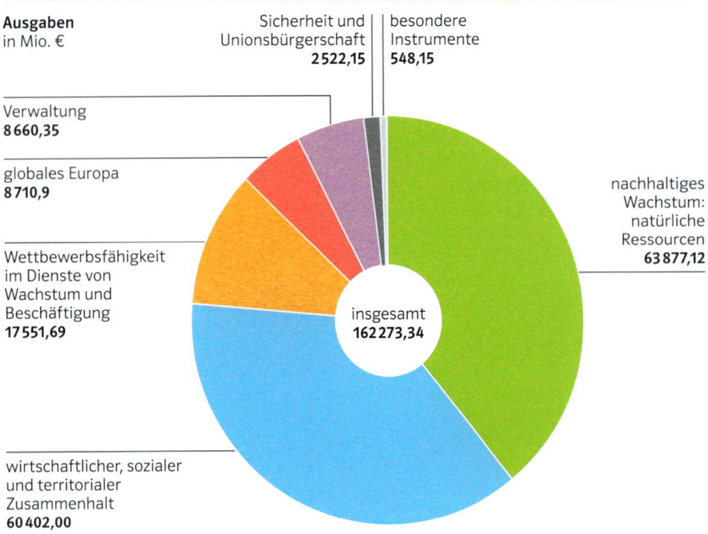

Nach Europäische Kommission (Hrsg.): EU jährlicher Haushaltslebenszyklus: Zahlen und Dokumente: http://ec.europa.eu/budget/annual/index_de.cfm?year=2015 (13.10.2015)

1

Die Gemeinsame Agrarpolitik (GAP)

In unserer heutigen Überflussgesellschaft können sich Schülerinnen und Schüler, aber auch viele Erwachsene kaum noch vorstellen, dass in den 1950er Jahren die Verhandlungen über die Gründung einer Europäischen Wirtschaftsgemeinschaft unter dem Eindruck gerade überwundener akuter Nahrungsmittelknappheit geführt wurden. Europa litt noch immer unter den Zerstörungen des Zweiten Weltkrieges, die landwirtschaftliche Produktion kam erst allmählich wieder in Gang und die Selbstversorgung mit Lebensmitteln war längst nicht in allen Bereichen gesichert. Vor diesem Hintergrund sahen die Gründungsmitglieder der EU die Verständigung auf eine **Gemeinsame Agrarpolitik** als ein Schlüsselelement jeglicher Integration. Der Artikel 39 des EWG-Vertrages von 1957 (später Artikel 33 des EG-Vertrages) formulierte deshalb folgende Ziele:

- die Produktivität der Landwirtschaft durch Förderung des technischen Fortschritts, Rationa-

lisierung der landwirtschaftlichen Erzeugung und den bestmöglichen Einsatz der Produktionsfaktoren, insbesondere der Arbeitskräfte, zu steigern;
- der landwirtschaftlichen Bevölkerung, vor allem durch Erhöhung des Pro-Kopf-Einkommens der in der Landwirtschaft tätigen Personen, eine angemessene Lebenshaltung zu gewährleisten;
- die Märkte zu stabilisieren;
- die Versorgung sicherzustellen;
- für die Belieferung der Verbraucher zu angemessenen Preisen Sorge zu tragen.

Eingriffe in den Marktprozess

„Während ähnliche Ziele [wie bei der GAP] für andere Wirtschaftsbereiche im Binnenmarkt grundsätzlich mit Hilfe von marktwirtschaftlichen Instrumenten verfolgt werden, ist die GAP durch starke Eingriffe in den Marktprozess gekennzeichnet. Im Mittelpunkt ... stehen die Marktordnungen. Diese sehen je nach landwirtschaftlichem Produkt unterschiedliche Markteingriffe vor, die von der Begrenzung der Anbauflächen (Marktordnung für Wein) über betriebsspezifische Produktionsgrenzen (z.B. ... ‚Milchquote') bis hin zu Preisgarantien (Marktordnungen für Getreide, Fleisch und bestimmte Obst- und Gemüsesorten) reichen können.
In den Marktordnungen mit Preisgarantien werden ggf. entstehende Überschüsse auf Kosten des EU-Haushaltes (also letztlich auf Kosten der europäischen Steuerzahler) zu den garantierten Preisen aufgekauft. Die Kosten fallen umso höher aus, je weiter die EU-Garantiepreise die Weltmarktpreise übersteigen. Eine solche staatliche Preissetzung erlaubt keinen freien Außenhandel für Agrarprodukte: Landwirtschaftliche Importe werden durch Zölle verteuert oder durch Mengenbeschränkungen verhindert. Da umgekehrt die EU-Produkte zu ihren hohen Preisen auf den Weltmärkten kaum absetzbar wären, gewährt die Union für die Exporte Subventionen. Diese traditionelle und stark interventionistische Agrarpolitik ist mit vielen Problemen behaftet: So haben die Marktordnungen mit ihren Preisgarantien zeitweilig zu hohen Überschussproduktionen ... geführt. Die Abschottung ... nach außen steht im Widerspruch zum Prinzip des freien Handels. Während für sonstige Güter und Dienstleistungen die Zölle langsam sinken, sind die EU-Märkte für Agrarprodukte noch stark durch Protektionismus (also die Abschottung ... gegen ausländische Konkurrenz) gekennzeichnet. Dies schadet insbesondere den Exportmöglichkeiten der Entwicklungsländer und schwächt die Verhandlungsposition der EU im Rahmen der Welthandelsorganisation."

Nach: Friedrich Heinemann: Agrarpolitik. In: Informationen zur politischen Bildung 279: Europäische Union. Bonn 2012. S. 40–41

2

Getreidemarktordnung der EU

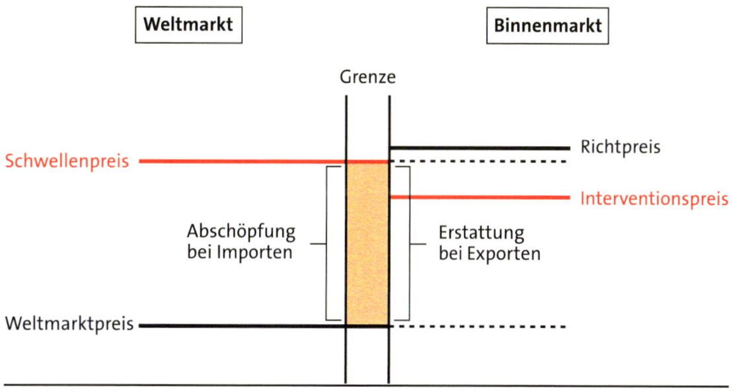

Ein deutlich über dem Weltmarktpreis liegender Schwellenpreis schützte die einheimische Produktion, wurde doch der Preis von Agrarimporten durch eine Einfuhrabgabe (Abschöpfung) auf das Preisniveau des Binnenmarktes angehoben. Gleichzeitig wurde der Export durch Ausfuhrerstattungen subventioniert. Als jährlich festgelegter Verkaufshöchstpreis wurde ein Richtpreis festgesetzt. An ihm orientierte sich der Interventionspreis, ein garantierter Mindestpreis, zu dem innerhalb des gemeinsamen Wirtschaftsraumes erzeugte Agrarprodukte von der EU aufgekauft werden mussten.

3

Ergebnisse der GAP

a) Selbstversorgungsgrad der EU 2013 (in Prozent)

Weizen	134	Zucker	159
Gemüse	39	Obst	13
Eier	71	Milch	121
Rind-, Kalbfleisch	109	Schweinefleisch	118

i.m.a – information.medien.agrar e.V.: Agrar-Lexikon. Selbstversorgungsgrad: www.agrilexikon.de/index.php?id=selbstversorgungsgrad (13.10.2015)

b) Entwicklung der Flächenproduktivität in Deutschland (Hektarerträge in dt)

	1950–1954	2008–2013	2014
Weizen	27,3	75,7	86,2
Roggen	24,0	52,1	61,4
Kartoffeln	224,1	430,7	468,8
Zuckerrüben	345,5	670,1	780,0

Deutscher Bauernverband: Situationsbericht 2014/15, 1.2 Jahrhundertvergleich: www.bauernverband.de/12-jahrhundertvergleich-638265, Bild 5 (13.10.2015)

4

Neuausrichtung der GAP

Entwicklung der Haushaltsstruktur der EU

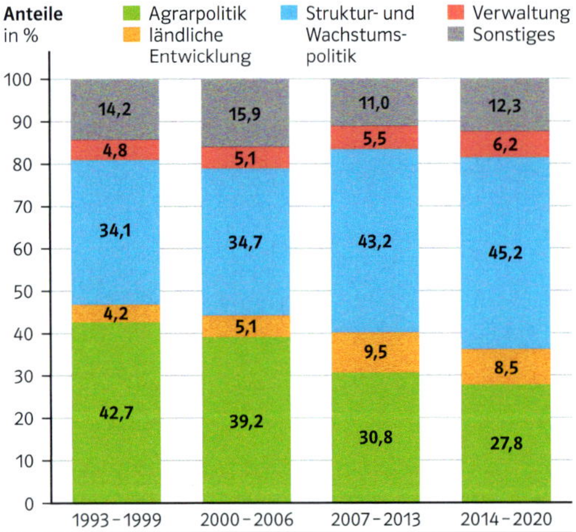

EU-Kommission, in: Deutscher Bauernverband: Situationsbericht 2014/15, 4.1 EU-Agrarhaushalt. Kap. 4: Agrarpolitik und Agrarförderung, S. 87, unter: www.bauernverband.de/41-eu-agrarhaushalt (13.10.2015)

5

Mit steigender landwirtschaftlicher Produktion und Produktivität schwand zwar die Sorge um die Nahrungsmittelsicherheit. Doch auch die Beschäftigtenanteile in der Landwirtschaft und deren Beitrag zum Bruttonationaleinkommen in den einzelnen Staaten, aber auch in der Europäischen Gemeinschaft insgesamt, gingen stark zurück. Der Agrarsektor verlor also an wirtschaftlicher Bedeutung. Damit wurde es politisch immer schwieriger, die hohen Agrarausgaben zu rechtfertigen und durchzusetzen. Hinzu kam, dass sich die protektionistischen Agrarmarktordnungen nicht mit den Forderungen anderer Länder und insbesondere der Welthandelsorganisation (WTO) nach Marktöffnung und Zollsenkung vereinbaren ließen. Zur Vorbereitung der Osterweiterung waren Agrarreformen, insbesondere aber Begrenzungen der Agrarausgaben dringend erforderlich. Mit den neuen Mitgliedstaaten wurden noch sehr stark agrarisch geprägte Volkswirtschaften in die EU aufgenommen. Eine Beibehaltung der landwirtschaftlichen Förder- und Unterstützungsmaßnahmen im bisherigen Umfang hätte die Gemeinschaft finanziell kaum verkraften können.
Die Europäische Union hat auf die veränderten Bedingungen für die europäische Landwirtschaft mit verschiedenen Reformen reagiert. Sie standen unter der Devise: „Mehr Markt und mehr Nachhaltigkeit".

Von Reform zu Reform

„Der Agrarrat beschloss [1992], ... die bisherige Preisstützung durch staatliche Ankaufsgarantien, Prämien oder Erzeugerbeihilfen schrittweise zu reduzieren und durch an die Produktion gekoppelte direkte Einkommensbeihilfen (Hektarbeihilfen, Tierprämien) zu ersetzen ... Der Reformansatz von 1992 wurde [1999] durch weitere Preissenkungen bei den Ackerkulturen und im Rindfleischsektor vertieft und auf den Milchsektor ausgedehnt. ...
Kernelemente der Reform ab 2005 ... waren:

- Die Entkopplung der Direktzahlungen von der Produktionsmenge, mit dem Ziel, dass die Landwirte ihre betrieblichen Entscheidungen nicht mehr an den erzielbaren Subventionen, sondern stärker an den Marktgegebenheiten orientieren.
- Die Bindung der Direktzahlungen an die Einhaltung von Umwelt-, Tierschutz- und Lebensmittelsicherheitsstandards (‚Cross Compliance').
- Die Kürzung der Direktzahlungen an landwirtschaftliche Betriebe um bis zu 5 Prozent und Umschichtung der daraus gewonnenen Mittel zur Finanzierung einer verstärkten Förderung des ländlichen Raums. ...

Die Neuausrichtung der GAP wurde durch ... weitere Entkopplungsschritte bei den Marktordnungen für Olivenöl, Baumwolle, Tabak und Hopfen vertieft. ... Die Marktordnungen für Zucker, Obst und Gemüse sowie Wein [wurden] in Richtung auf eine stärkere Marktorientierung und Ausgabenbegrenzung umgestaltet. ...
Ab 2015 werden 30 Prozent der Mittel für Direktzahlungen für die sogenannte ‚Greening'-Prämie verwendet. Die Landwirte erhalten diese Prämie nur bei Einhaltung bestimmter Klima- und Umweltschutzmaßnahmen, die über bestehende Umweltschutzvorschriften hinausgehen. ... Das ... lange Zeit zentrale Instrument der Exporterstattungen ... hat heute praktisch keine Bedeutung mehr."

Nach Bundesministerium der Finanzen: Gemeinsame Agrarpolitik, S. 7 ff. (GAP): www.bundesfinanzministerium.de/Content/DE/Standardartikel/Themen/Europa/EU_auf_einen_Blick/Politikbereiche_der_EU/EU_Agrarpolitik/2012-03-21-ueberblick-gemeinsame-agrarpolitik.html?__act=renderPdf&__iDocId=167132 (13.10.2015)

6

Streitfall Milchquote und Milchpreis

Richtpreis und Absatzgarantie hatten dafür gesorgt, dass in der Europäischen Gemeinschaft mehr Milch erzeugt als verbraucht wurde. Die Folge waren „Butterberge" und „Milchseen" – lange Zeit Metapher für Überfluss und verfehlte Agrarpolitik. 1984 beschloss deshalb der EG-Ministerrat die Einführung einer Milchquote. Sie legte fest, welcher Bauer wie viel Milch produzieren darf. Wer mehr an die Molkereien abliefern wollte, musste sich das Recht dazu für viel Geld erkaufen oder er musste eine Strafe zahlen. Zum 1. April 2015 wurde diese Milchquote abgeschafft.

Droht Europa eine Milchschwemme?

„Für die Bauern markiert das Datum [01.04.2015] eine Zeitenwende. ‚Sie sind dann nur noch mit den freien Kräften des Marktes konfrontiert', sagt EU-Agrarkommissar Phil Hogan. Schritt für Schritt sind 21 Marktordnungen abgeschafft worden – für Obst, Gemüse, Getreide oder Fleisch. Mit dem Ende der Milchquote gibt es nur noch für ein bäuerliches Erzeugnis Sonderregeln – und auch die Zuckerordnung wird im Herbst 2017 Geschichte sein. …

Es gilt als ausgemachte Sache, dass damit künftig mehr Milch produziert wird. Die grüne Europa-Abgeordnete und Milchbäuerin Maria Heubuch berichtete …, es gebe bereits deutliche Signale dafür, dass viele Bauern sich das Quotenende zunutze machen wollen und Mehrproduktionen angemeldet haben. …

Zu Jahresbeginn [2015] lag der Preis [für Milcherzeuger] im europäischen Mittel noch bei gut 40 Cent; das nahe Quotenaus trieb die Produktion in die Höhe und die Preise in den Keller. … Dabei lagen die Marktpreise selbst zu Hochzeiten unter den Produktionskosten, die in Deutschland im vergangenen Juli [2014] 44,99 Cent betrugen, wie das Büro für Agrarsoziologie & Landwirtschaft errechnet hat. Die regionalen Unterschiede dabei sind groß."

Nach Christopher Ziedler: Droht Europa eine Milchschwemme? In: Stuttgarter Zeitung, vom 31.03.2015, S. 2

7

8 „Tag der Milch" in Ulm im Juni 2015: Proteste der Milchbauern

Milcherzeugerpreise in Deutschland

(EUR/100 kg, tatsächliche Inhaltsstoffe, ab Hof, ohne MwSt.)

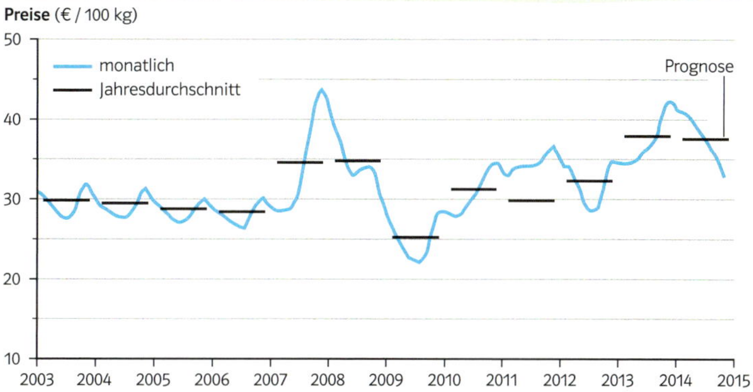

ZMB, BMEL, BLE; nach Milchindustrie-Verband: Perspektiven für den Milchmarkt 2015, vom 20.01.2015: www.milchindustrie.de/aktuelles/pressemitteilungen/perspektiven-fuer-den-milchmarkt-2015/ (03.06.2015)

9

Milchbauern kämpfen für faire Preise

„Ein Sprecher des Bundesverbandes deutscher Milchviehhalter sagte, den Milchbauern bliebe nach Abzug aller Kosten pro Liter Milch noch ein Erlös von drei Cent. Dies sei für Investitionen, Arbeitslohn und Erhalt der Gebäude viel zu wenig. Investitionen seien aber wegen hoher Qualitätsstandards und Tierschutzauflagen erforderlich. [Sie] fordern, dass über einen bestimmten Zeitraum hinweg weniger Milch produziert werden darf. So sollen weiterer Preisdruck und Wertschöpfungsverluste vermieden werden. …

Die Milcherzeuger stehen unter enormem Druck durch die großen Handelsketten. Bei der jüngsten Verhandlungsrunde hätten diese die Frischmilchpreise um rund zehn Prozent gedrückt, klagt der Deutsche Bauernverband. Die Discounter senkten danach Anfang Mai die Preise für Milch, Butter und Sahne teils erheblich."

SWR: Milchbauern kämpfen für faire Preise, vom 01.06.2015: www.swr.de/landesschau-aktuell/bw/ulm/proteste-auch-in-ulm-mueder-milchpreis-macht-milchbauern-munter/-/id=1612/did=15608358/nid=1612/3pl2a3/index.html (13.10.2015)

10

5.3 EU-Osterweiterung und Transformationsprozesse

Kompetenzen erwerben

- Die Herausforderungen des Transformationsprozesses beschreiben;
- anhand von zwei MOE-Ländern die Ergebnisse der Transformation und des EU-Beitritts untersuchen;
- mithilfe der SWOT-Analyse die Standortqualitäten eines Landes bewerten.

Transformation: von der Zentralverwaltungs- zur Marktwirtschaft

Zentralverwaltungswirtschaft (ausgewählte Grundelemente)	→ TRANSFORMATION (Ebenen)	→ Marktwirtschaft (ausgewählte Grundelemente)
gesellschaftliches Eigentum an Produktionsmitteln	Privatisierung	Privateigentum an Produktionsmitteln
Staat: Festsetzung von Preisen und Löhnen	Freigabe	Lohn- und Preisbildung durch Angebot und Nachfrage
Staat: Planung von Produktion und Bedarf	freier Markt für Güter und Dienstleistungen	freier Wettbewerb
Staat: Lenkung der Berufsfindung und Arbeitsplatzwahl	Gewährung individueller Entscheidungsfreiheit	freie Berufs- und Arbeitsplatzwahl
Staat: Kontrolle von Gewerbe und Geschäftsbeziehungen	Liberalisierung	Gewerbe- und Vertragsfreiheit
Staat: Bankenmonopol	freier Kapitalmarkt	Wettbewerb von Banken, Kreditinstituten

positiv? ← mögliche Folgen der Transformation → negativ?

Entwurf: Korby

1

Transformation in den MOE-Ländern

„Der Umbau ... war eine beispiellose Herausforderung, zu der es [keine Vorbilder] gab. ... Der erste Schritt war die Freigabe der meisten Preise – mit Ausnahme von Mieten, Energie, Transport und einigen Grundbedarfsgütern, die später folgten. Damit ergaben sich massive Veränderungen der Realeinkommen, vor allem bei Beziehern nominal fester Transfereinkommen (z. B. Renten)...

Teilweise erhielten enteignete Alteigentümer vorrangige Eigentumsansprüche. ... Wohnungen und kleine Unternehmen wie Läden, Restaurants und Handwerksbetriebe fanden meist rasch neue Eigentümer. Bei der Privatisierung der großen Staatsunternehmen waren vielfältige Interessen und Ziele zu berücksichtigen. ...

‚Freie' Märkte und ihre privaten Marktteilnehmer brauchen Regeln und Institutionen, die der Staat bereitstellen muss. In fünf der acht [MOE-]Länder gehörte dazu eine neue Währung, damit verbunden eine Zentralbank und Regelungen für die ... Kapitalmärkte. [Dabei] spielte ... das europäische Vorbild eine ... Rolle, da das neue Recht mit dem EU-Recht ... kompatibel sein musste."

Nach Michael Dauderstädt: Transformation und Integration der postkommunistischen Beitrittsländer. In: Aus Politik und Zeitgeschichte, 2004

2

Das Jahr 2004 markiert eine bedeutende Etappe im europäischen Integrationsprozess. Die Aufnahme von acht mittel- und osteuropäischen (MOE-)Ländern – zusammen mit Malta und dem griechischen Landesteil von Zypern – schuf die Voraussetzungen zur dauerhaften Überwindung der Teilung Europas. Hierzu gehört auch die Aufnahme der ehemaligen Ostblockstaaten Rumänien und Bulgarien drei Jahre später. Dadurch war die EU auf 27 Mitgliedstaaten angewachsen – mit dem Beitritt Kroatiens 2013 dann sogar auf 28, was im Hinblick auf die inneren Strukturen und Entscheidungsprozesse eine enorme politische Herausforderung darstellt.

Die mittel- und osteuropäischen Beitrittsländer standen und stehen vor der gewaltigen Aufgabe, den **Transformationsprozess**, also den Umbau des politischen und wirtschaftlichen Systems, zu bewältigen. Nach jahrzehntelanger Zentralverwaltungswirtschaft unter einer Einparteienherrschaft hatten sie sich für Marktwirtschaft und Demokratie entschieden. Die erforderlichen tief einschneidenden Strukturveränderungen, die mit dem Zusammenbruch des Ostblocks 1989 begonnen haben, sind noch in vollem Gange.

Zwischenbilanz: Osteuropa zwischen Euphorie und Ernüchterung

„In den Staaten Ostmitteleuropas … haben sich verschiedene regionale ‚Spielarten des Kapitalismus' etabliert. Allen gemeinsam sind die starke Abhängigkeit von ausländischen Direktinvestitionen und die enge Verzahnung über Lieferketten mit westeuropäischen Staaten. … So kam es insbesondere in den … Staaten Polen, Tschechische Republik, Slowakei und Ungarn sowie in Slowenien zur Herausbildung stark exportorientierter Industriesegmente, welche diese Länder zur ‚verlängerten Werkbank' westeuropäischer, teilweise aber auch asiatischer Hersteller machten. …

Die gesamtgesellschaftlichen Wohlfahrtseffekte der wirtschaftlichen Entwicklung in den zurückliegenden 25 Jahren in Ostmitteleuropa [sind] kaum zu übersehen. Die früher üblichen Pferdekarren sind von den Straßen verschwunden, die Innenstädte wirken herausgeputzt. Betrachtet man nur die acht Länder aus der ersten EU-Beitrittswelle 2004, haben diese zwischen 1993 und 2012 ihre Wirtschaftsleistung durchschnittlich von 41 Prozent des EU-Durchschnitts auf 61 Prozent gesteigert. …

Allerdings sagen diese Zahlen nichts über die sozialen Kosten der ökonomischen Transformation aus. Zum einen führte der Wandel für Teile der strukturell benachteiligten Bevölkerung in die Armut. Zu den Transformationsverlierern gehören oft Menschen mit niedrigem Ausbildungsniveau, die sich nicht mehr an die Herausforderungen anpassen konnten, ältere Menschen oder Gruppen wie die Roma, die nach der Auflösung der Staatsbetriebe in die Arbeitslosigkeit entlassen wurden und wegen starker Diskriminierung nur schlecht Fuß fassen konnten. Zum anderen ist die Ungleichheit in den früher stark egalitären Gesellschaften überall deutlich angestiegen. Auch trotz absoluter Wohlstandsgewinne führt das relative Empfinden einer Verschlechterung der wirtschaftlichen Lage zu Frustration."

by-nc-nd/3.0/de/ Aron Buzogány für bpb.de: 25 Jahre 1989: Osteuropa zwischen Euphorie und Ernüchterung. In: Aus Politik und Zeitgeschichte, 2014: www.bpb.de/apuz/185594/25-jahre-1989-osteuropa-zwischen-euphorie-und-ernuechterung?p=all (13.10.2015)

3

MOE-Länder: Entwicklung des BIP 2000–2013
Kaufkraftstandard je Einwohner in gerundeten Prozent des EU-28-Durchschnitts – EU = 100]; Deutschland zum Vergleich

	2000	2002	2004	2006	2008	2010	2012	2013
Bulgarien	29	32	35	38	43	44	48	47
Estland	45	50	58	66	69	64	72	73
Kroatien	50	54	58	60	65	k.A.	61	61
Lettland	37	41	47	53	58	55	64	67
Litauen	40	45	52	58	64	62	72	74
Polen	48	48	51	52	56	63	67	68
Rumänien	26	30	35	39	49	51	63	54
Slowakei	50	54	57	63	72	74	76	76
Slowenien	80	83	87	88	91	84	84	83
Tschechien	71	74	78	80	81	80	81	80
Ungarn	54	61	63	63	64	66	67	67
Deutschland	118	115	116	115	116	119	123	124

Nach Eurostat: Datenbanken, Wirtschaft und Finanzen, Stand April 2015: http://ec.europa.eu/eurostat/de/data/database (13.10.2015)

4

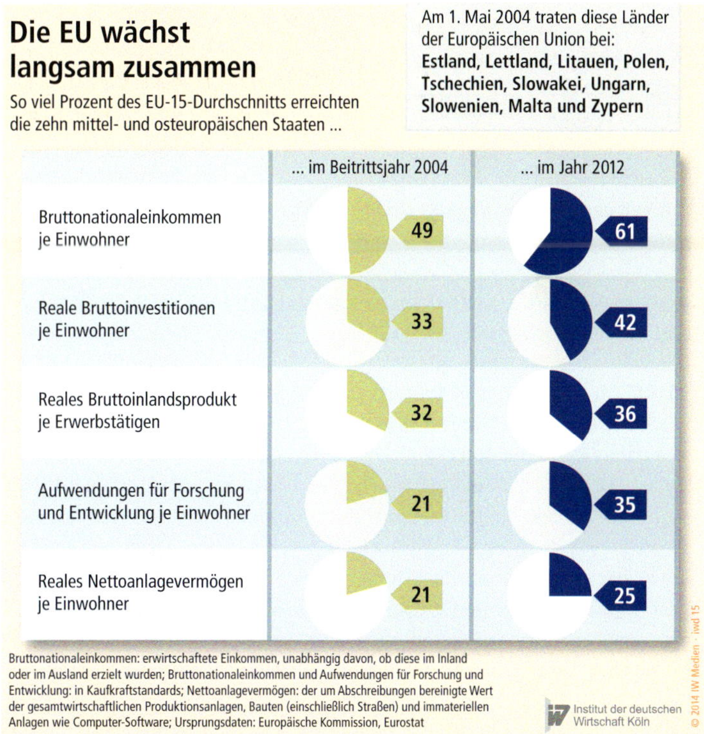

5 „Die EU wächst langsam zusammen"

1 Beschreiben Sie mithilfe der Quelle 2 den Prozess der Transformation (Grafik 1).

2 Stellen Sie mögliche positive und negative Folgen dieses Prozesses dar.

3 „Die EU wächst langsam zusammen". Überprüfen Sie, ob die Daten in Grafik 5 hinreichend geeignet sind, diese Aussage zu belegen.

Fallbeispiel Ungarn: EU-Mitglied 2004 – ohne Beitritt zur Eurozone

4 Arbeiten Sie aus Karte 6 Grundstrukturen des ungarischen Wirtschaftsraumes heraus.

5 Analysieren Sie M8 bis M11 im Hinblick auf die aktuelle wirtschaftliche und soziale Situation Ungarns.

6 Vergleichen Sie diese Situation mit den Einschätzungen der Interviewpartner (Text 7).

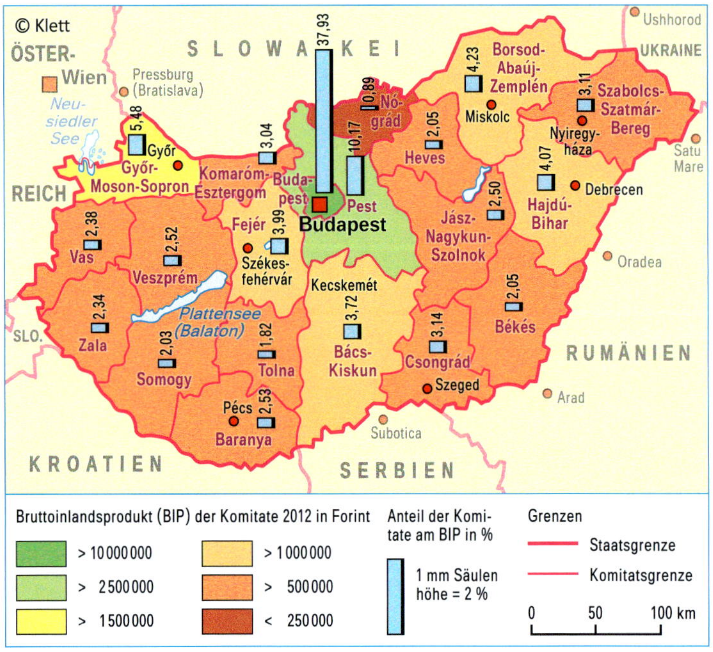

6 Anteil der Regionen Ungarns am BIP in Prozent (2011)
Nationales Statistikamt

Ungarn: ausgewählte Strukturdaten 2013	
Allgemeine Daten	
Bevölkerung [Mio.] 2014	9,9
Fläche [km²] (Weltrang)	93 030 (108)
Anteil der städtischen Bevölkerung	69
Index of Primacy*	8,5
Wirtschaftsleistung und -struktur	
BIP nominal [Mrd. US-$]	132,3
Inflationsrate [%]	1,7
BNE bei KKP pro Einwohner [US-$]	20 930
BIP nach Wirtschaftssektoren [%] Primärer/Sekundärer/Tertiärer Sektor	4,8/30,1/65,1
BIP nach Beschäftigten [%] Primärer/Sekundärer/Tertiärer Sektor	7,1/28,9/64,0
Soziales	
Arbeitslosigkeit [%]	10,2
HDI-Index	0,818
HDI-Rang (von 191 Staaten)	43

Zusammengestellt nach versch. Quellen; u. a. FWA 2015
*Index of Primacy: Quotient zwischen größter und zweitgrößter Stadt eines Landes

8

Autoreninterview „vor Ort" im August 2015 in Budapest (Ungarn) mit
- **Edina**, leitende Angestellte in einem Unternehmen, 35 Jahre
- **Antal**, Angestellter beim Staat, 36 Jahre

Welche Erwartungen hattet ihr beim EU-Beitritt Ungarns 2004?
Edina: „Ich hoffte auf neue Märkte für ungarische Produkte und einen wirtschaftlichen Aufschwung – mehr und einfache Reisemöglichkeiten ohne Grenzen."
Antal : „Ich erhoffte den Aufbau von Industrien, die Schaffung von Arbeitsplätzen."

Haben sich diese Erwartungen erfüllt?
Edina: „Die wirtschaftliche Entwicklung ist O. K. – aber Ungarn ist nach wie vor ein armes Land mit vielen Nachteilen."
Antal: „Wir haben bis heute nicht den für 2009 versprochenen Euro – aber das ist im Moment vielleicht auch gut so. Nach wie vor gibt es für viele Ungarn kaum berufliche Chancen."

Wie spürt ihr die EU in eurem Alltag?
Edina: „Ich kann mir jederzeit ganz leicht einen Arbeitsplatz in einem anderen EU-Land suchen; EU-Gelder fließen für verschiedene Infrastrukturprojekte, die auch von meiner Firma gebaut werden."
Antal: „Viele Projekte werden mithilfe von EU-Geldern finanziert, was auch auf entsprechenden Hinweistafeln vermerkt ist; z. B. wäre das Gemeindehaus in meinem Heimatort ohne EU-Gelder nicht denkbar."

Wie beurteilt ihr die Politik der gegenwärtigen ungarischen Regierung?
Edina: „Sehr viele Aktivitäten richten sich gegen die Demokratie. Man muss ein ‚Freund' der Regierung sein, sonst wird die Karriere schwierig."
Antal: „Als Staatsangestellter muss ich mich vorsichtig ausdrücken. Aber trotzdem: Die wirtschaftlichen und politischen Freiheiten werden immer mehr eingeschränkt."

Welche Hoffnungen habt ihr für die Zukunft?
Edina: „Auf absehbare Zeit sehe ich keine Besserung der politischen und wirtschaftlichen Situation. Beispiel: Einführung der Studiengebühren – für viele wird es sehr schwer, ein Studium zu finanzieren."
Antal: „Die staatliche Verwaltung ist personell überbesetzt. Ich muss also dauernd den Verlust meines Arbeitsplatzes fürchten; ich will selbst die wichtigsten Entscheidungen für mich und meine Familie treffen, ohne dass ein autoritärer werdender Staat mir alles vorschreibt."

7

Wirtschaftliche Situation 2015

„Die Automobilindustrie [wird] … dank Audi, Mercedes & Co. seit Jahren als Wachstumsretter Ungarns angesehen. Diesmal dürfte allerdings Suzuki die Statistik gerettet haben, denn in Esztergom wurde die Serie für den neuen Vitara hochgefahren. … In den Automobilwerken von Mercedes-Benz in Kecskemét und Audi in Győr wurde im Vorjahr auf drei Schichten umgestellt. … Einschließlich der Zulieferer, der Gummi- und Leder- bzw. Textilindustrie wird die Automobilbranche Ungarn noch ein gutes Wachstumsjahr bescheren, doch ohne neue Investitionen wird dieses Potenzial demnächst erschöpft sein … [Auch] der Fachkräftemangel könnte Ungarn zum Verhängnis werden. Die Beschäftigtenzahlen wurden unter der Orbán-Regierung stabil über 4–4,1 Mio. Personen angehoben. … Ohne die öffentlichen Arbeitsprogramme würde die Erwerbsquote hingegen stagnieren; die Statistik wird also mit miserabel bezahlten und nur marginal zum Nationaleinkommen beitragenden ABM-Kräften frisiert. Hinzu kommt der Exodus nach Westeuropa: Verschiedenen Schätzungen zufolge tragen 250 000–500 000 Ungarn bestenfalls mit Devisentransfers an die Familie zum hiesigen Wohlstand bei. Junge Leute treibt die Abenteuerlust, gestandene Fachkräfte wollen materielle Anerkennung, die hierzulande schmal gesät wird.

In Ungarn gilt für Arbeitnehmer ein Jahreseinkommen von umgerechnet 10 000 Euro bereits als guter Durchschnitt, in den großen Fabriken oder auf dem Lande sind selbst Stundenlöhne unter zwei Euro gängig. In Deutschland wie in Österreich sind gute Fachkräfte willkommen, von Koch und Kellner über Handwerker und Maschinenführer bis hin zu Truckerfahrern und Pflegepersonal. … Dem zunehmenden Fachkräftemangel will die Orbán-Regierung … mit einer intensivierten dualen Ausbildung an den Berufs- und Hochschulen zu Leibe rücken."

www.budapester.hu: Rainer Ackermann: Was dynamisiert die ungarische Wirtschaft? In: Budapester Zeitung, vom 15.06.2015: www.budapester.hu/2015/06/15/was-dynamisiert-die-ungarische-wirtschaft/ (13.10.2015)

9

Außenhandel von Ungarn 2013

Import: 75,4 Mrd. € Anteile in %

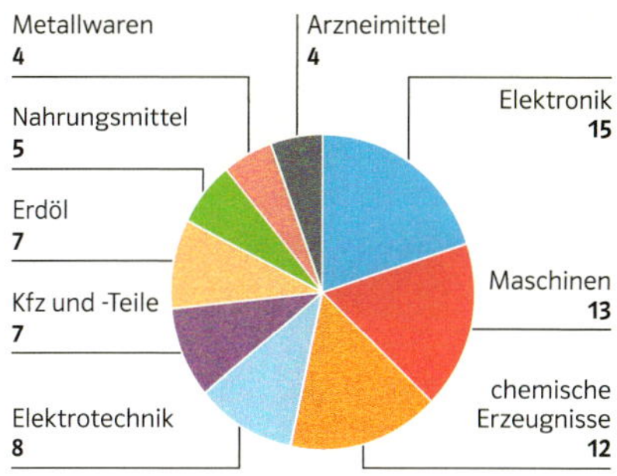

Export: 81,4 Mrd. € Anteile in %

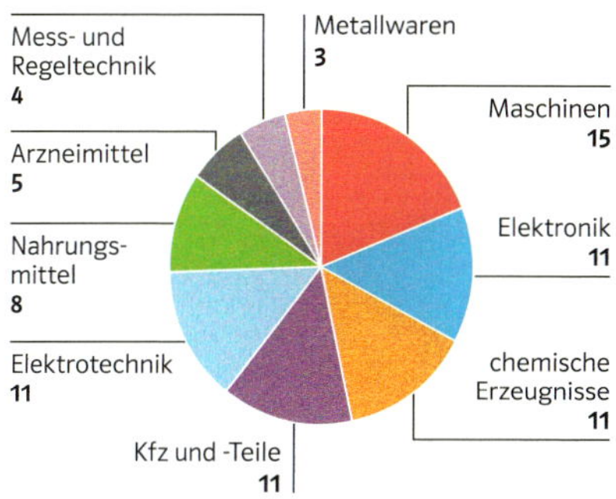

Eigene Darstellung nach Fischer Weltalmanach 2015

11

SWOT-Analyse Ungarn 2015

Strengths (Stärken)
- Enge Verflechtung mit Deutschland (vor allem Süddeutschland).
- Gut ausgebildete, aber knappe Arbeitskräfte, niedrige Löhne.
- Sehr flexibler Arbeitsmarkt.
- Gutes Infrastrukturangebot und Reindustrialisierungspläne.
- Traditionelle Affinität zu deutscher Qualität und Technikbegeisterung.

Weaknesses (Schwächen)
- Hohe Abgaben für Sektoren wie Banken, Versorger und Telekommunikation.
- Armutsprobleme und Abwanderung kombiniert mit Fachkräfteknappheit.
- Geringere Transparenz bei Auftragsvergaben.
- Vergleichsweise niedrige Investitionsquote.

Opportunities (Chancen)
- Günstiges Umfeld für Investitionen im verarbeitenden Sektor, vor allem Kfz.
- Bei Forschung und Entwicklung sowie Biotechnologie Kostenvorteile.
- Großer Nachholbedarf bei Energieeffizienz und erneuerbaren Energien.
- Ausbau des Transport- und Logistiksektors.
- Erfolge in Budgetsanierung und hoher Zufluss von EU-Fördermitteln (4 % des BIP).

Threats (Risiken)
- Vertrauensverlust bei wachsendem Staatseinfluss auf die Wirtschaft.
- Häufige Rechts- und Steueränderungen.
- Parlament und Justiz geschwächt.
- Wechselkursschwankungen und Anfälligkeit für Finanzkrisen.
- Steigende Korruptionsgefahren und Intransparenz.
- Schwächere Anlehnung an EU-Wertegemeinschaft bei „Ost-Orientierung".
- Neuer Nationalismus.

Leicht verändert nach: Erika Anders-Clever: Wirtschaftstrends Jahresmitte 2015 – Ungarn. In: GTAI (Germany Trade and Invest). vom 24.06.2015: www.gtai.de/GTAI/Navigation/DE/Trade/Maerkte/Wirtschaftsklima/wirtschaftstrends,t=wirtschaftstrends-jahresmitte-2015--ungarn,did=1266386.html (13.10.2015)

10

Die SWOT-Analyse
- hilft Wirtschaftsunternehmen und anderen Organisationen bei der Entwicklung von Strategien zur weiteren Ausrichtung von Produktion, Marketing und Unternehmensstrukturen
- analysiert Stärken und Schwächen sowie Chancen und Risiken in einem Investitionsraum

Fallbeispiel Lettland: EU-Mitglied 2004 – Beitritt zur Eurozone 2014

7 Arbeiten Sie aus Karte 12 Grundstrukturen des Wirtschaftsraumes Lettland heraus.

8 Analysieren Sie die Materialien 13 bis 17 im Hinblick auf die aktuelle wirtschaftliche und soziale Situation Lettlands.

9 Erstellen Sie anhand des Beispiels Grafik 11 (S. 125) eine SWOT-Analyse für Lettland. Hilfestellungen bietet der Online-Code.

10 Ein mittelständischer Zulieferer für die Automobilindustrie plant, ein Zweigwerk in Osteuropa zu errichten. Ungarn oder Lettland (S. 124–127) stehen zur Wahl. Arbeiten Sie mithilfe der SWOT-Analysen für die Firmenleitung einen Vorschlag zur Standortwahl heraus.

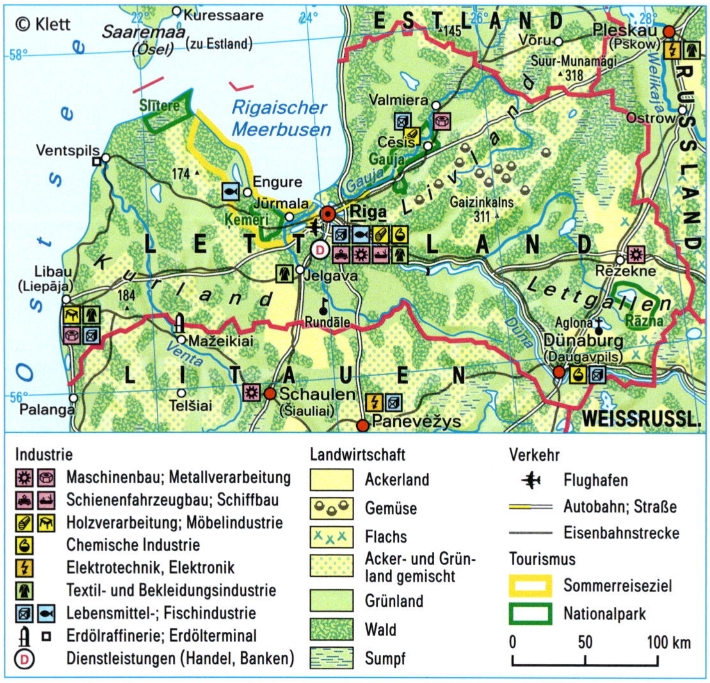

12 Lettland – Lage im baltischen Wirtschaftsraum

Am 01.01.2014 hat Lettland als 18. EU-Staat den Euro eingeführt. Dieses Vorhaben war von der Regierung seit 2009 so zielstrebig vorangetrieben worden, dass alle Stabilitätskriterien (Defizit- und Staatsschuldenquote – siehe Grafik 16) erfüllt werden konnten. Die zwei Millionen Letten sind sich in der Frage des Eurobeitritts allerdings uneinig: In Umfragen spricht sich nach wie vor ein Drittel für und ein Drittel gegen den Euro aus. Ein weiteres Drittel zeigt sich eher unentschieden bis ablehnend – darunter vor allem die russische Minderheit. Etwa 26 Prozent der Bevölkerung und nahezu die Hälfte der Bevölkerung der Hauptstadt Riga sind Russen.

Wirtschaftstrends Jahreswechsel 2014/15

„Lettlands Wirtschaft soll 2014 um 2,6 % und 2015 um 2,9 % wachsen. Damit zählt das Land weiter zu den sich am dynamischsten entwickelnden EU-Staaten. Der private Konsum ist der stärkste Wachstumstreiber, dank kräftig steigender Löhne und einer anziehenden Beschäftigung. Erhebliche Risiken bergen die Sanktionen sowie die Konjunktur- und Währungsschwäche in Russland, ist doch der größte GUS-Staat Lettlands wichtigster Auslandsmarkt für Waren und auch für den Logistik- und Tourismussektor. …

Zuletzt [kam es] zu einer Verschiebung der Wachstumsimpulse von den Exporten und Investitionen hin zum Konsum. … Dagegen sind die Investitionen 2013 um 5,2 % gesunken. … Hinter der Investitionszurückhaltung stehen zum einen der verspätete Beginn vieler EU-Förderprogramme, zum anderen die Unsicherheiten in Russland, das Lettlands wichtigster Exportmarkt ist und auch politische Bedeutung hat. … Zunehmend problematisch ist ferner der Fachkräftemangel, der auch zu starken Lohnsteigerungen führt. Lettland hat nicht zuletzt wegen Arbeitsemigration 2014 etwa 12,1 % weniger Einwohner als 2004. …

Der Logistiksektor hat in Lettland vor allem wegen des erheblichen GUS-Transits über die Häfen Riga, Ventspils und Liepaja große Bedeutung. … [Das] Russlandgeschäft birgt aber … auch erhebliche Risiken, zum einen wegen der Konjunktur- und Rubelschwäche, zum anderen wegen der Sanktionen im Zuge der Ukrainespannungen. Zudem droht der Bau des neuen russischen Großhafens Ust-Luga zwischen der estnischen Grenze und St. Petersburg Transit auch aus Lettland abzuziehen."

Nach Torsten Pauly: Wirtschaftstrends Jahreswechsel 2014/15 – Lettland. In: GTAI (Germany Trade and Invest), vom 12.12.2014: www.gtai.de/GTAI/Navigation/DE/Trade/Maerkte/Wirtschaftsklima/wirtschaftstrends,t=wirtschaftstrends-jahreswechsel-201415--lettland,did=1133896.html (13.10.2015)

13

Material
Hilfestellung für SWOT-Analyse
2h82xq

Lettland: ausgewählte Strukturdaten 2013

Allgemeine Daten	
Bevölkerung [Mio.] 2014	2,2
Fläche [km²] (Weltrang)	64 589 (145)
Anteil der städtischen Bevölkerung	68
Index of Primacy*	7,4
Wirtschaftsleistung und -struktur	
BIP nominal [Mrd. US-$]	28,4
Inflationsrate [%]	0,0
BNE bei KKP pro Einwohner [US-$]	21 390
BIP nach Wirtschaftssektoren [%] Primärer/Sekundärer/Tertiärer Sektor	4,9/25,1/70,0
BIP nach Beschäftigten [%] Primärer/Sekundärer/Tertiärer Sektor	7,6/24,1/68,3
Soziales	
Arbeitslosigkeit [%]	11,9
HDI-Index	0,810
HDI-Rang (von 191 Staaten)	48

Zusammengestellt nach versch. Quellen; u.a. FWA 2015
*Index of Primacy: Quotient zwischen größter und zweitgrößter Stadt eines Landes

14

Lettland und Euroraum im Vergleich

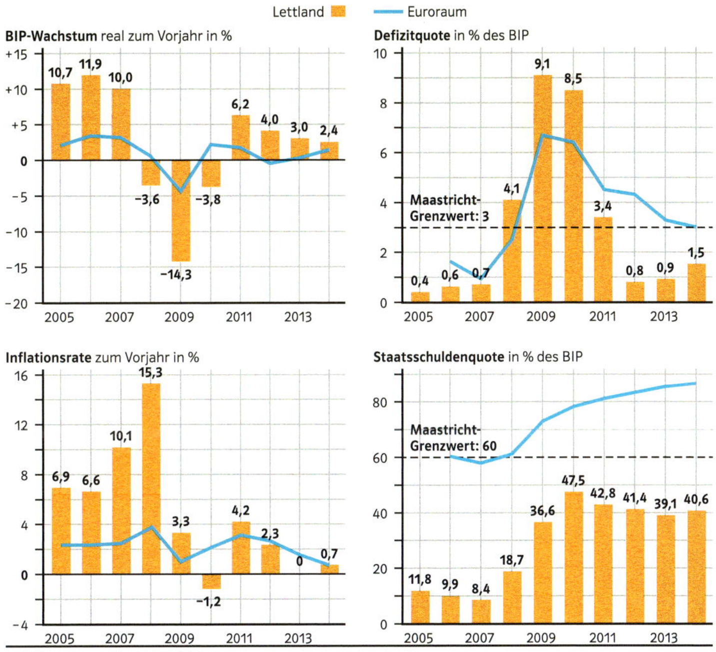

Eigene Darstellung nach Eurostat

16

Aktuelle wirtschaftliche Entwicklung

„EU-Währungskommissar Olli Rehn sagte in Brüssel, der Wunsch Lettlands, den Euro einzuführen, sei ein Zeichen dafür, ‚dass diejenigen irrten, die den Zerfall des Euroraums vorhersagten'. Lettland habe gezeigt, dass ein Staat makroökonomische Ungleichgewichte überwinden und ‚stärker denn je aus der Krise kommen' könne. Das größte der drei baltischen Länder war 2006 und 2007 auf Zahlungsbilanzhilfen des Internationalen Währungsfonds (IWF) und der EU angewiesen. Nun wird es nach Rehns Angaben in diesem Jahr voraussichtlich die höchste Wachstumsrate der ganzen EU haben. ... Schon 2011 und 2012 hatte die lettische Wirtschaft zu den Spitzenreitern in der EU gehört mit jeweils mehr als 5 Prozent Wachstum, nachdem sie noch in den Jahren 2008, 2009 (um dramatische 17,7 Prozent) und 2010 geschrumpft war. Die Sanierung des Landes gelang, indem die ohnehin niedrigen Renten um 10 Prozent und die Gehälter im öffentlichen Dienst um 20 Prozent gekürzt wurden. Außerdem profitierte Lettland vom sich belebenden Handel mit der russischen Wirtschaft ... [Doch] sind die zwei Millionen Letten gespalten. Ein Drittel spricht sich in Umfragen für, ein Drittel gegen den Euro aus; ein Drittel zeigt sich unentschieden bis eher ablehnend ... Tatsächlich verfolgen die Letten mit dem Eurobeitritt auch das Ziel, nach der 1991 erlangten Unabhängigkeit nun ‚ein für alle Mal dem Westen anzugehören'. ...
Weil Lettland aber in den kommenden Jahren schneller wachse als der Durchschnitt des Euroraums, sei auch höhere Inflation zu erwarten, schreibt die EZB. Sie hat ferner Bedenken wegen des hohen Anteils ausländischer Spareinlagen, die auf Konten lettischer Banken liegen. Sie summieren sich laut Zentralbank auf etwa 40 Prozent des BIP. Es handle sich um ein ‚wichtiges Risiko für die Finanzstabilität' des Landes, heißt es in dem EZB-Bericht."

Hanno Mussler und Werner Mussler: Deutsche Firmen in Lettland freuen sich auf den Euro. In: Frankfurter Allgemeine, vom 05.06.2013: www.faz.net/aktuell/wirtschaft/beitritt-2014-deutsche-firmen-in-lettland-freuen-sich-auf-den-euro-12211072.html (13.10.2015)

15

Außenhandel von Lettland 2013

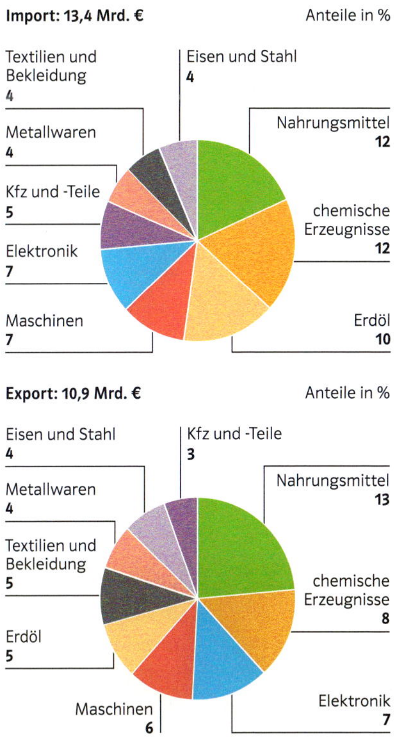

Eig. Darstellung nach Fischer Weltalmanach 2015

17

5.4 Regional- und Strukturpolitik in der EU

Kompetenzen erwerben
- Regionale Disparitäten in der EU und deren Messung beschreiben;
- Funktionsweise und Finanzinstrumente der EU-Kohäsionspolitik darstellen;
- Wirksamkeit ausgewählter Strukturfonds-Projekte beurteilen;
- Szenario erstellen und bewerten.

1 Räumliche Entwicklungsunterschiede in der Europäischen Union – eine Herausforderung. Leben und Arbeiten in der Metropolregion London (A), im ländlichen Raum Rumäniens (B)

Wie schon das Kapitel 4 gezeigt hat, besteht in der Europäischen Union ein Wohlstandsgefälle zwischen hoch und weniger entwickelten Regionen, zwischen zentralen und peripheren Räumen. Die Kinder eines Bankangestellten in London haben ungleich bessere Bildungsmöglichkeiten, Berufsperspektiven und damit Lebenschancen als die eines Landarbeiters im ländlichen Raum Rumäniens. Die Menschen in Dänemark und Finnland sind mit ihrer Lebenssituation Statistiken zufolge zufriedener als die in Bulgarien oder Portugal.

Angesichts dieser regionalen Disparitäten stellt sich für die Europäische Union die Frage, ob sie sich, wie bei ihrer Gründung, als reine Wirtschaftsgemeinschaft versteht. Dann würde es ausreichen, im Sinne liberaler Traditionen den freien Verkehr von Waren und Kapital sicherzustellen, die Entwicklung in den Teilräumen aber dem freien Spiel der Kräfte zu überlassen. Oder sollte sie anstreben, ihren inzwischen ca. 510 Mio. Millionen Bürgerinnen und Bürgern in allen Regionen humane und vor allem gleichwertige Lebensbedingungen und Chancen zu garantieren? Nur Wirtschafts- und Währungsunion oder auch Sozial- und Solidargemeinschaft?

Die Antwort ergibt sich schon aus der Erkenntnis, dass ein vereintes Europa auf Dauer nur dann lebensfähig ist, wenn sich bei den Bürgerinnen und Bürgern des Alten Kontinents auf der Grundlage sowohl des wirtschaftlichen als auch des sozialen Zusammenhalts ein gemeinsames europäisches Bewusstsein entwickelt. Das setzt – im Sinne der sozialen Marktwirtschaft – eine Politik voraus, die das Wirken von Marktkräften und Unternehmerfreiheit verbindet mit Solidarität und gegenseitiger Unterstützung. Nur so kann allen Mitgliedern der Gemeinschaft der Zugang zur allgemeinen Grundversorgung und zu Sozialleistungen gesichert werden.

Zielsetzung ist dabei nicht nur die Verbesserung der Lebenschancen von Bürgerinnen und Bürgern in benachteiligten Regionen. Es geht auch darum, durch den Abbau von Ungleichgewichten zum Beispiel in Ausbildung, Beschäftigung und Wettbewerbsfähigkeit das Humankapital und die wirtschaftlichen Möglichkeiten optimal auszuschöpfen. Auf diese Weise verbessert die Europäische Union ihre Chancen im globalen Wettbewerb.

Messung regionaler Disparitäten in der EU

Um Problemregionen und deren Defizite zu ermitteln, muss man die wirtschaftliche und soziale Entwicklung in allen Teilräumen der EU messen und vergleichen. Diese Aufgabe übernimmt die Europäische Kommission. Das „Statistische Amt der EU" (EUROSTAT) erhebt für die verschiedenen NUTS-Ebenen (s. S. 32–33) eine Fülle sozioökonomischer Daten. Sie bilden die Grundlage für den „Bericht über den wirtschaftlichen, sozialen und territorialen Zusammenhalt" (**Kohäsionsbericht**), den die Europäische Kommission laut EU-Vertrag alle drei Jahre dem Europäischen Parlament vorlegen muss.

Bilanz des 6. Kohäsionsberichts 2014

„Bis Anbruch der [Finanz-]Krise 2008 entwickelten sich die Unterschiede zwischen den Regionalwirtschaften in der EU rückläufig. ... 2000 war das durchschnittliche Pro-Kopf-BIP jener 20 % der Regionen mit dem höchsten Entwicklungsniveau ca. 3,5 Mal so hoch wie das in den 20 % mit den größten Entwicklungsrückständen. Bis 2008 war diese Kluft auf den Faktor 2,8 beschränkt. ... Infolge der Krise ist diese Tendenz jedoch offenbar zum Stillstand gekommen. Zwischen 2008 und 2011 haben die regionalen Disparitäten wieder zugenommen. ...

Einige Regionen sind schwer angeschlagen, andere nahezu unversehrt geblieben. Besonders deutlich wird dies im Zusammenhang mit den regionalen Arbeitslosenquoten. Wiesen 2008 lediglich fünf Regionen eine Arbeitslosenquote von über 20 % auf, waren es 2013 bereits 27. In zahlreichen deutschen Regionen hat die Arbeitslosigkeit unterdessen abgenommen. ...

Es gibt Grund zur Annahme, dass sich der langfristige Konvergenzprozess in der EU fortsetzen wird, sobald die Krise überwunden ist. ... Dieser Prozess, der durch aus Kohäsionsmitteln geförderte Investitionen untermauert wird, wird mit hoher Wahrscheinlichkeit so verlaufen, dass weniger entwickelte Regionen zu stärkeren Wachstumsraten zurückfinden, als es in höher entwickelten Teilen der Union in den kommenden Jahren der Fall sein wird."

2

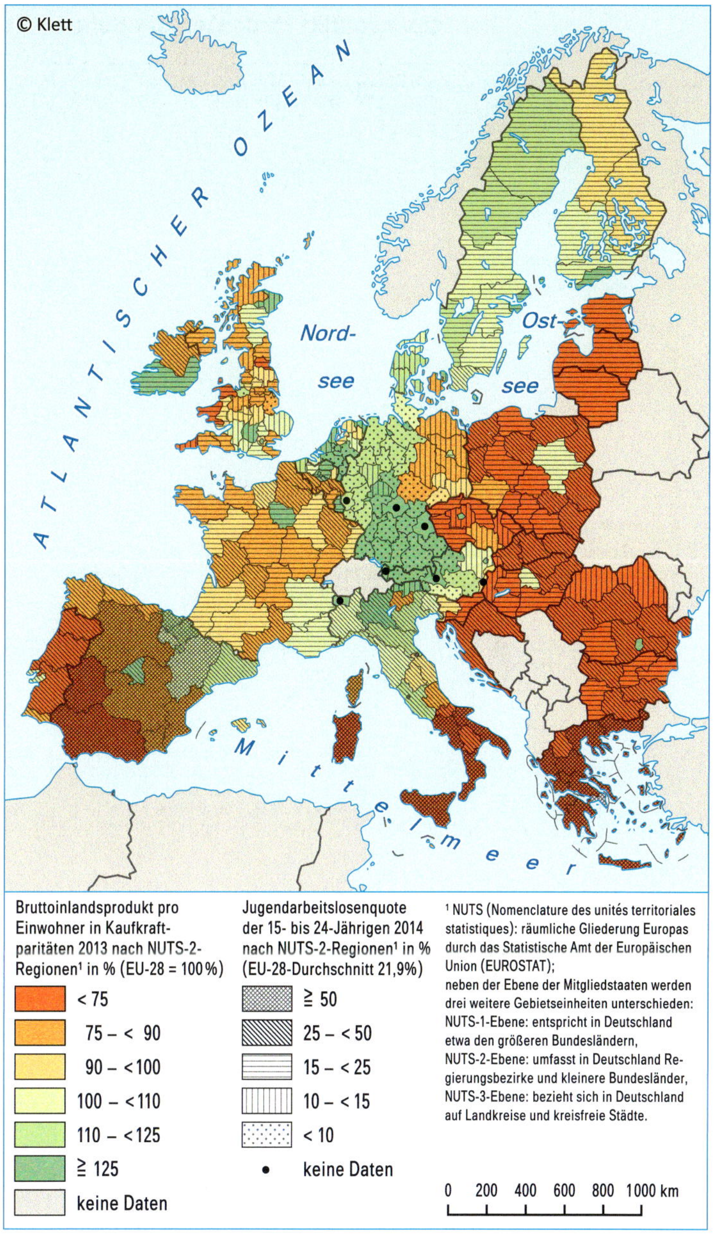

3 **BIP pro Kopf in KKS in Prozent des EU-Durchschnitts 2013 (EU-27 = 100) und Jugenarbeitslosenquote 2014 auf NUTS-2-Basis**
Nach Europäische Kommission (Hrsg.): Sechster Bericht über den wirtschaftlichen, sozialen und territorialen Zusammenhalt. Brüssel 2014, S. 2

1 Regionale Disparitäten in der EU
a) Beschreiben Sie die Verteilung von hoch entwickelten Räumen und Problemregionen.
b) Vergleichen Sie Ihr Ergebnis mit der Karte 6, S. 67.

2 Stellen Sie Aufgaben der EU-Regional- und Strukturpolitik dar.

3 Analyse einer ausgewählten strukturschwachen Region
a) Erstellen Sie anhand geeigneter Indikatoren ein Porträt dieser Region.
b) Stellen Sie Ursachen der wirtschaftlichen Situation dar.
c) Nennen Sie mögliche Ansatzpunkte für strukturverbessernde Maßnahmen.

Kohäsionspolitik: Förderung der Solidarität

4 EU-Fördergebiete 2014–2020

Kohäsionsmittel 2014–2020

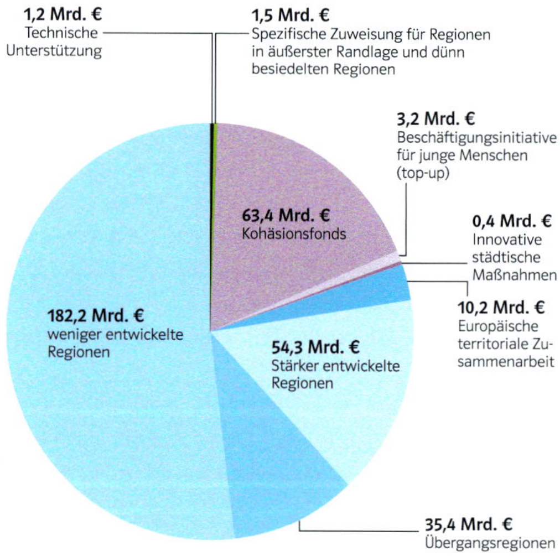

Gesamthaushalt 2014–2020: 1082 Mrd. €, davon 32,5% für ESIF

Nach Europäische Kommission: Einführung in die EU-Kohäsionspolitik 2014–2020, vom Juni 2014, S. 7: http://ec.europa.eu/regional_policy/sources/docgener/informat/basic/basic_2014_de.pdf (14.10.2015)

5

Kohäsion (von lat. cohaerere „zusammenhängen"): Ein in der Europäischen Union gebräuchlicher politischer Begriff, der den Zusammenhalt zwischen den einzelnen Staaten und Regionen beschreibt.

→ **EU-Haushaltsplanung 2014–2020** Seite 120

Um die wirtschaftlichen und sozialen Ungleichgewichte zwischen den Regionen und Ländern zu verringern, stellt die Europäische Union erhebliche Finanzmittel bereit. Für die Programmperiode 2014 bis 2020 stehen für die Kohäsionspolitik 32,5 Prozent des gesamten EU-Haushaltes zur Verfügung Grafik 5). Das ist nach den Ausgaben für den Agrarhaushalt (ca. 45%) der größte Einzelposten.
Die Gelder fließen in den „Europäischen Struktur- und Investitionsfonds" (ESIF). Dort können Kommunen und Regionen im Rahmen bestimmter Vorgaben und Regeln (Text 7) Finanzhilfen für Entwicklungsprojekte beantragen. Die Kohäsionspolitik unterstützt dabei auch grenzüberschreitende Vorhaben, Programme oder Netzwerke. Sie erhalten im Rahmen der Territorialen Zusammenarbeit Finanzmittel aus dem Strukturfonds.

Die drei Finanzinstrumente der Kohäsionspolitik

Der **Europäische Fonds für Regionale Entwicklung (EFRE)** besteht seit 1975. Er finanziert unter anderem Investitionshilfen insbesondere für kleine und mittlere Unternehmen zur Schaffung dauerhafter Arbeitsplätze. Ziel ist die Modernisierung und Diversifizierung der Wirtschaftsstruktur einer Region.
Der 1960 geschaffene **Europäische Sozialfonds** investiert gewissermaßen in Menschen. Er soll in erster Linie die Beschäftigungssituation in einer Region verbessern. Unterstützt werden sozial- und bildungspolitische Maßnahmen zur Eingliederung von Arbeitsuchenden, Frauen, Zuwanderern und benachteiligten Personen in den Arbeitsmarkt.
Der seit 1993 bestehende **Kohäsionsfonds** investiert in umweltfreundliches Wachstum und nachhaltige Entwicklung. Er will die Vernetzung in und zwischen den Mitgliedstaaten fördern. Finanziert werden Projekte zum Beispiel im Zusammenhang mit den transeuropäischen Verkehrsnetzen. Vorrang haben dabei alle Maßnahmen, die zu einer effizienten Energienutzung, zum Einsatz erneuerbarer Energien, zum Ausbau des Bahnverkehrs und zu einer Stärkung der öffentlichen Verkehrsmittel führen.

Kohäsionspolitik der EU 2014–2020: Ziele und Finanzinstrumente

Ziele	**ESIF: Europäischer Struktur- und Investitionsfonds Gesamtbudget 2014–2020: 351,8 Milliarden Euro**		
	EFRE Europäischer Fonds für Regionale Entwicklung	**ESF** Europäischer Sozialfonds	**Kohäsionsfonds**
Konvergenz Annäherung an den EU-Durchschnitt	– für **weniger entwickelte Regionen** mit einem Pro-Kopf-BIP unter 75 % des EU-28-Durchschnitts – für **Übergangsregionen** mit einem Pro-Kopf-BIP zwischen 75 % und 90 % des EU-28-Durchschnitts		– für Mitgliedstaaten mit einem Pro-Kopf-BIP unter 90 % des EU-28-Durchschnitts
Stärkung der regionalen Wettbewerbsfähigkeit und Beschäftigung	– für **stärker entwickelte Regionen** mit einem Pro-Kopf-BIP über 90 % des EU-28-Durchschnitts		
Förderung der europäischen Territorialen Zusammenarbeit	– für alle Regionen und Städte		
	Weitere Fonds: **ELER** (Europäischer Landwirtschaftsfonds für die Entwicklung des ländlichen Raums) **EMFF** (Europäischer Meeres- und Fischereifonds)		

Entwurf: W. Korby

6

Kohäsionspolitik: Funktionsweise und Bereitstellung der Finanzmittel

„Die Regionen werden nach ihrem Bruttoinlandsprodukt (BIP) als ‚stärker entwickelt', ‚Übergangsregion' oder ‚weniger entwickelt' eingestuft. Abhängig von dieser Kategorisierung können die Fonds zwischen 50 % und 85 % der Gesamtfinanzierung eines Projekts übernehmen. Die restliche Finanzierung muss von öffentlichen (nationalen oder regionalen) oder privaten Quellen beigesteuert werden. …

Die [Europäische] Kommission arbeitet eng mit den Mitgliedstaaten und den Regionen zusammen, um Partnerschaftsvereinbarungen und operationelle Programme zu erarbeiten, in denen die Investitionsprioritäten und Entwicklungsbedürfnisse skizziert werden. …

Wer kann sich bewerben? Zu den potenziellen Leistungsempfängern zählen öffentliche Stellen, Unternehmen (insbesondere KMU [= kleine und mittlere Unternehmen]), Universitäten, Verbände, NROs und Freiwilligenorganisationen.

Die [nationalen] Verwaltungsbehörden wählen einzelne Projekte aus. Falls die Gesamtkosten eines Projekts 50 Millionen EUR übersteigen, muss es von der Kommission genehmigt werden.

Kanalisierung der Fonds:
- Die Kommission stellt zu Beginn jedes Jahres Mittel bereit, damit die Länder in die Projekte investieren können.
- Die von den nationalen Behörden bescheinigten Ausgaben werden von der Kommission erstattet.
- Die Programme werden kontinuierlich überwacht. Dies umfasst Vor-Ort-Kontrollen und Prüfungen durch die Kommission und den Mitgliedstaat. Beide müssen während der siebenjährigen Haushaltsperiode regelmäßig Berichte vorlegen …
- Die Kommission kann die Fondsmittel für einen Mitgliedstaat aussetzen, falls er sich nicht an die EU-Wirtschaftsregeln hält."

Nach Europäische Kommission: http://ec.europa.eu © Europäische Union, 1995–2016, Für die Wiedergabe und Anpassung ist allein die Ernst Klett Verlag GmbH verantwortlich

7

4 Vergleichen Sie das Muster der „Empfängerregionen" in Karte 4 mit den Aussagen der Karte 3 (S. 129).

5 Erörtern Sie die in Grafik 5 dargestellte Mittelzuteilung im EU-Haushalt.

6 Erstellen Sie ein Fließdiagramm zur Bereitstellung von Finanzmitteln für ein regionales Entwicklungsprojekt.

Kohäsionspolitik für Griechenland

Kohäsionspolitik für Griechenland in Zahlen

Gesamtmittelzuteilung an Griechenland aus Kohäsionspolitik und anderen ESIF-Programmen im Programmzeitraum 2014–2020

EFRE	8 165 716 613 €
ESF	3 690 994 020 €
Kohäsionsfonds	3 247 019 502 €
Europäische Territoriale Zusammenarbeit	231 634 557 €
Beschäftigungsinitiative für junge Menschen	171 517 029 €
Europäischer Hilfsfonds für die am stärksten benachteiligten Personen	280 972 531 €
ELER	4 223 960 793 €
EMFF	388 777 914 €
Gesamt	20 980 631 530 €

Europäische Kommission: Ökonomische Ausrichtung der griechischen Partnerschaftsvereinbarung. In: Panorama, Heft 50, 2014, Brüssel, S. 19

8

Der stark verschuldete griechische Staat musste in der seit 2008 anhaltenden Finanzkrise seine öffentlichen Ausgaben für Aufträge an die Wirtschaft radikal reduzieren. Auch die Investitionen des einheimischen privaten Sektors, die bereits vor der Krise im EU-Vergleich äußerst gering waren, sind in den letzten Jahren auf ein untragbar niedriges Niveau gesunken. Angesichts der unsicheren politischen und wirtschaftlichen Lage kamen auch kaum Wachstumsimpulse von ausländischen Investoren. In dieser Situation kommt der europäischen Kohäsionspolitik und ihrem „Europäischen Struktur- und Investitionsfonds" (ESIF) eine erhebliche Bedeutung zu. Seine Finanzmittel müssen zur Neustrukturierung und Modernisierung der griechischen Wirtschaft, zur Förderung des Exports und zur Verbesserung des Geschäftsklimas im Land eingesetzt werden. Experten schätzen, dass die Gesamtinvestitionen im Land bis zu sechs Mal höher sein müssen als die aus dem ESIF zur Verfügung stehenden Mittel (Tabelle 8), damit bis 2020 das Pro-Kopf-Einkommen wieder den Stand von 2008 erreicht.
Im Folgenden wird an Beispielen gezeigt, wie die Mittel aus dem ESIF in Griechenland eingesetzt werden und was mit ihnen erreicht werden soll bzw. kann.

9 Seafront in Thessaloniki

Regenerating Thessaloniki's seafront

Gesamtkosten: 22 031 920 EUR
EU-Mittel: 18 674 696 EUR
aus EFRE, Programmperiode 2007–2013

"The waterfront of Thessaloniki is the centrepoint of an EU-funded regeneration scheme which strengthens the local economy, and makes the city 'greener' and more welcoming for tourists.
As well as creating over 700 new jobs and drawing in streams of locals and new visitors, the regeneration of Thessaloniki's seafront has done much to strengthen the intensely local character of the area. The plans have created a relationship between the city and sea, integrating life on the new seafront into the overall urban fabric, while at the same time highlighting the ecological character of the area and its role as the 'green lung' of Thessaloniki …
There are two main areas of the project:
The pedestrian area: an esplanade next to the seafront … offering an uninterrupted field of vision of the sea and the beautiful city. The pedestrian walkway will be lined with 870 new trees planted and bicycle lanes expanded.
Differentiated spaces: including green areas and constructions such as sports courts, refreshment facilities, an outdoor amphitheatre, sculptures …"

Europäische Kommission: http://ec.europa.eu © Europäische Union, 1995–2016, Für die Wiedergabe und Anpassung ist allein die Ernst Klett Verlag GmbH verantwortlich

10

Expansionsunterstützung für griechische Kleinunternehmen

Gesamtkosten:	97 500 000 EUR
EU-Mittel:	30 000 000 EUR

„Kleine Unternehmen in Griechenland werden im Hinblick auf Zusammenarbeit und die gemeinsame Erschließung ihrer internationalen Märkte gefördert ... Das Programm ist auf weltoffene und exportorientierte Unternehmer ausgerichtet. ...
Es gibt viele verschiedene Möglichkeiten, wie die verfügbaren Mittel genutzt werden können, z. B.: für die Fertigung neuer oder differenzierter Produkte oder Dienstleistungen und die entsprechenden Werbemaßnahmen, für die Einführung neuer Technologien, für Prototypen und Innovationen, für die Diversifizierung der produktiven Basis des Unternehmens, für die Entwicklung von umweltfreundlichen Geschäftspraktiken oder Recycling-Aktivitäten. ...
Das vorrangige Ziel des Projekts besteht darin, die Leistung von griechischen Unternehmen in internationalen Märkten zu verbessern. Deswegen wird ein ‚nach außen orientierter' Unternehmergeist gefördert, um die Produktion in Griechenland zu Produkten und Dienstleistungen mit einem hohen Mehrwert, die Qualität, Umweltbewusstsein, Wissen und Innovation vereinen, zu verlagern.
Außerdem soll mit dem Programm erreicht werden, dass ausländische Direktinvestitionen in die Wirtschaft in Griechenland zunehmen und dass griechische Unternehmen Unterstützung erhalten, um in Binnen- und Auslandsmärkten mit wettbewerbsfähigen Produkten und Dienstleistungen aufzutreten.
Das Programm hat bisher zur Schaffung von mehr als 1 000 Arbeitsplätzen geführt. ...
Über das Programm konnte zum Beispiel THYRATRON S. A. ein System zur Qualitätskontrolle implementieren, das eine Umsatz- und Produktionssteigerung von 100 % ermöglichte."

Nach Europäische Kommission: http://ec.europa.eu © Europäische Union, 1995–2016, Für die Wiedergabe und Anpassung ist allein die Ernst Klett Verlag GmbH verantwortlich

11

THYRATRON S. A.
Steckbrief
Gründungsdatum: 1992
Typ: Aktiengesellschaft; 3 Shareholder
Unternehmensgröße: früher 11, jetzt 50 Mitarbeiter

"THYRATRON is an electronic applications company that was founded in 1992. It is situated in Kydonies, Vasiliko Erymantos, in Achaia, Greece [near Patras]. Its main purpose is the research, development, manufacturing and trading of electronic apparatus and systems. The final products are checked by 100 % so the customers are sure that the appliances are functioning well.
Thyratron's activities up to now are automation and control systems, security, fire alarm and early warning systems, automatic security, caller systems, automatic elevator callers, diagnostic instruments for ships (engine room monitoring), control instruments for refrigerators, electronic voltage protector – stabilizers, electronic voltage & frequency supervisors, data acquisition systems, asset tracking systems.
THYRATRON SA applies modern technology and methods in the design, development, production and quality control for its products (microprocessors, SMT components, etc.) ...
Over 96 % of its products are indirectly or directly exported in about 24 countries all over the world."

Thyratron Electronic Applications S. A.: Representation on Linked In: www.linkedin.com/company/thyratron-electronic-applications-sa (25.07.2015)

12

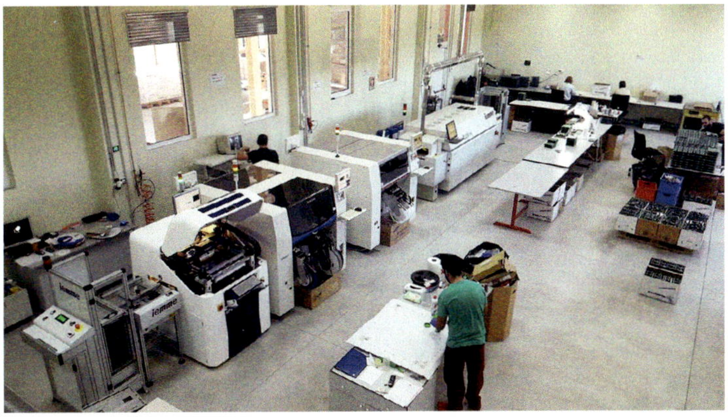

13 **Thyratron**

7 Erläutern Sie die Bedeutung und die Ziele der Kohäsionspolitik für Griechenland.

8 Erörtern Sie, inwieweit die vorgestellten Maßnahmen (Materialien 8–13) zur Erreichung dieser Ziele beitragen können.

Förderung der Regionalentwicklung und Modernisierung – Beispiele

Die Kohäsionspolitik hat in erster Linie das Ziel, regionale Disparitäten abzubauen. Insbesondere in der letzten Programmperiode (2007–2013) hat sie sich aber auch zu einem Instrument zur Förderung von Innovationen, Nachhaltigkeit und Energieeffizienz sowie zur Schaffung von Arbeitsplätzen und gezielter Unterstützung von KMUs (kleine und mittlere Unternehmen) entwickelt. Diese Strategie soll anhand von ausgewählten Projektbeispielen aufgezeigt werden.

9 Beispiele von Strukturfonds-Projekten
a) Arbeiten Sie jeweils die wichtigsten Maßnahmen heraus.
b) Ordnen Sie die Projektbeispiele in die Zielsetzungen und Programme der EU-Strukturpolitik ein (S. 130–131).
c) Beurteilen Sie die Wirksamkeit und Bedeutung der getroffenen Maßnahmen.

14 National Broadband Scheme in Ireland
Department of Communications, Energy and Natural Resources, Dublin

Ireland: National Broadband Scheme

Gesamtkosten:	79 800 000 EUR
EU-Mittel:	36 000 000 EUR

aus EFRE, Programmperiode 2007–2013

"Ireland's National Broadband Scheme brings affordable, quality broadband to targeted regional areas ... of Ireland.
Before this scheme was implemented, broadband was not accessible to approximately 10 % of Ireland's population with those affected mostly located outside of towns and cities. The combination of private investment and State interventions in broadband provision, such as this scheme, has succeeded in ensuring that all areas of Ireland have access to affordable, quality broadband which is in line with national and EU policy on the matter ...
This scheme, offering a basic, affordable, scalable product, has had a significant impact on balancing out regional development. This has a positive effect on the rural economy. The two regions involved in this ['Border, Midland and Western' and 'Southern and Eastern'] have become more attractive and competitive destinations for investment as a result of this scheme.
More than 170 jobs were involved in the implementation of the scheme to say nothing of the many jobs protected or created indirectly by broadband roll out. Furthermore, as homes, schools etc. also have access to broadband now, the quality of life has been improved for citizens in these regions. This of course will positively affect Ireland's score in other indicators of the Digital Agenda such as doing online banking, taking a course online, seeking health information, using eGovernment services etc ..."

Nach Europäische Kommission: http://ec.europa.eu © Europäische Union, 1995–2016, Für die Wiedergabe und Anpassung ist allein die Ernst Klett Verlag GmbH verantwortlich

15

Surftipp
Europäische Kommission. Regionalpolitik. Projekte
7sa3i4

16 **Golice Wind Farm – Westpolen**
19 Windturbinen auf einer Fläche von 4,1 km²

19 **Die Lage des Werkes für Motorölproduktion im Industriehafen Lubmin**
Dieser wurde als Kühlwasserkanal für das 1990 stillgelegte AKW angelegt, das damals 10 000 Mitarbeiter beschäftigte und heute demontiert wird.

Renewable energy for Western Poland

Gesamtkosten: 55 866 309 EUR
EU-Mittel: 22 750 403 EUR
aus Kohäsionsfonds, Programmperiode 2007–2013

"The wind farm, which is the first in the country, increases the supply of energy from renewable resources in Poland. This is helping the country to meet its international commitments for cutting greenhouse gas emissions, which stand at 15 % by 2020.
Along with providing a reliable renewable source of power, the wind farm also brings greater energy security to Poland by diversifying supply and by reducing the need to import energy from abroad. The local population will also benefit from an improved electricity supply and lower air pollution ...
The turbines are tailored to work with low-intensity winds. The adjustable angle of the rotor blades, depending on wind condition, allows for a balance between the maintaining power production at a maximum level, whilst minimising noise levels ...
The project is expected to create around 600 direct and indirect jobs ..."

17

Deutsche Ölwerke Lubmin

Gesamtkosten: 17 000 000 EUR
EU-Mittel: 3 500 000 EUR
aus EFRE, Programmperiode 2007–2013

Ein „neues Werk für die Motorölproduktion schafft in Lubmin 26 Arbeitsplätze ... In der Region, die sehr vom Tourismus und der saisonalen Landwirtschaft abhängt, sind die stabilen ganzjährigen Arbeitsplätze besonders attraktiv. Das Projekt wird sich aber auch anderweitig auf die Region auswirken, zum Beispiel durch eine vermehrte Nachfrage nach Transportmöglichkeiten, um die Produkte an ihr Ziel zu bringen.
In einer der modernsten Anlagen Deutschlands produziert, lagert, verpackt und vertreibt das Unternehmen Motor- und Schmieröle. Jährlich sollen in Lubmin rund 40 000 Tonnen Schmierstoffe produziert und ins In- und Ausland verkauft werden. ...
Das Werk [profitiert] von der Nähe zu den neuen Märkten in Osteuropa sowie vom lokalen Industriehafen und effizienten Schienen- und Straßenanbindungen. ... Es wird erwartet, dass durch nachfolgende Investitionen mindestens vier weitere unbefristete Arbeitsplätze entstehen ..."

20

Lubmin: Daten zur Wirtschaftskraft im Vergleich 2012

	Deutschland	Mecklenburg-Vorpommern	Ostvorpommern mit Lubmin*
BIP pro Kopf zu Marktpreisen (Euro)	33 600	23 000	17 200
BIP pro Kopf (% des EU-28-Durchschnitts)	127	87	65
KKS pro Kopf (% des EU-28-Durchschnitts)	123	84	63

Lubmin liegt in Ostvorpommern, das bei der Kreisgebietsreform 2011 in den Landkreis Vorpommern-Greifswald eingegliedert wurde.
Zusammenstellung nach Eurostat: http://ec.europa.eu/eurostat/de/data/database

18

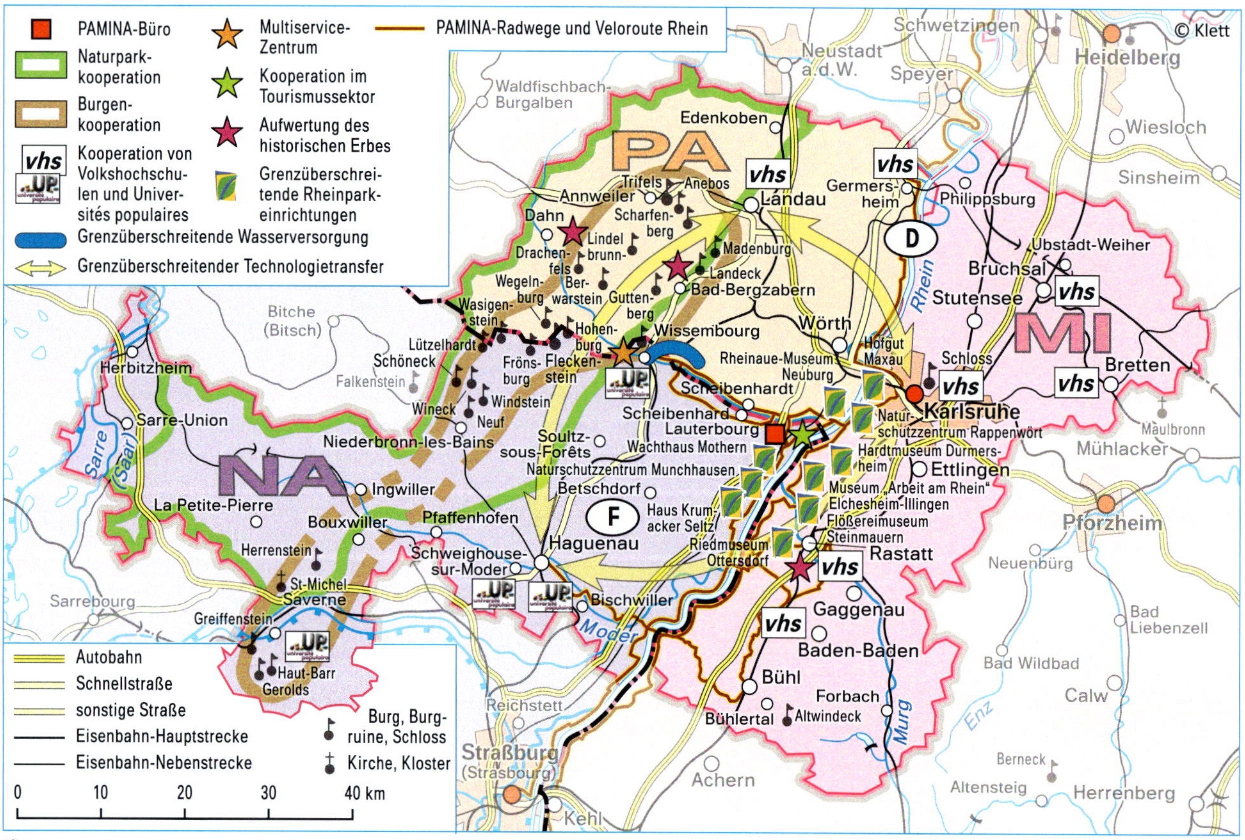

21 Die Euregio PAMINA

Grenzüberschreitende Zusammenarbeit: das Euregio-Konzept

Die Karte 21 zeigt die Fülle an Kooperationen, die am Oberrhein die deutsch-französische Grenze überwinden. Das war nicht immer so. Grenzen waren häufig eine historische Belastung, die den betroffenen Regionen viele Nachteile brachte. Immer wieder haben Kriege, politische Spannungen, aber auch Unterschiede in den Wirtschaftssystemen sowie Handelshemmnisse die Entwicklung behindert. In besonderer Weise galt das für die Grenzräume zwischen Deutschland und Frankreich.
Zur Überwindung der Hemmnisse fördert die EU die Zusammenarbeit zwischen Nachbarregionen. Im Rahmen ihrer Kohäsionspolitik werden Fördermittel des EFRE speziell für grenzüberschreitende Kooperationen bereitgestellt. In **Euregios** sollen nicht nur Benachteiligungen von Grenzräumen, sondern auch regionale Disparitäten abgebaut werden.

→
Karte 4: Beispiele für „Euregios" bzw. Euregionen
Seite 130

Vorteile der Europäischen Territorialen Zusammenarbeit

- Grenzübergreifende Probleme (Beispiel: Umweltverschmutzung) können am wirkungsvollsten durch die Zusammenarbeit aller betroffenen Regionen gelöst werden …
- Zusammenarbeit bietet eine Plattform für den Austausch bewährter Verfahren und von Know-how.
- Zusammenarbeit kann Größenvorteile freisetzen und zur Erzielung einer kritischen Masse beitragen (z. B. Bildung von Clustern in bestimmten Bereichen)…
- In bestimmten Makroregionen (etwa im Ostseeraum) ist transnationale Zusammenarbeit unerlässlich, um die Bewirtschaftung des Ökosystems und damit nachhaltiges Wachstum und Beschäftigung zu fördern.

Europäische Kommission: http://ec.europa.eu © Europäische Union, 1995–2016, Für die Wiedergabe und Anpassung ist allein die Ernst Klett Verlag GmbH verantwortlich

22

Surftipp
PAMINA
22v68u

Die Euregio PAMINA

Eines der ersten Projekte grenzüberschreitender Zusammenarbeit wurde 1988 mit der Euregio PAMINA gestartet. Der Begriff beinhaltet die Namen der Mitgliedsregionen:
- PA (frz. Palatinat) = Pfalz,
- MI = Mittlerer Oberrhein,
- NA = Nord Alsace (Nordelsass).

Diese Regionen haben als Programmschwerpunkte vereinbart, durch die Förderung zweisprachiger Schulen allmählich eine gemeinsame Identität aufzubauen, den Tourismus weiterzuentwickeln, grenzüberschreitende Infrastrukturen aufzubauen sowie Unternehmerinitiativen zu unterstützen, wissenschaftliche und kommunale Einrichtungen zu vernetzen und nachhaltige Raumnutzungskonzepte umzusetzen.

Ausgewählte Strukturdaten

	Insgesamt	PA	MI	NA
Fläche (km²)	5 922	1 512	2 138	2 272
Einwohner (in 1 000)	1 560	302	990	273
Erwerbstätige (in 1 000)	844	148	564	132
Pendler über die Grenze	16 782	100	50	16 632
Arbeitslose (%)		5,1	4,2	7,8
Landwirtschaft				
Betriebe	11 704	3 140	2 097	6 467
Nutzfläche (ha)	313 825	61 721	56 652	195 452
Industrie				
Betriebe	1 981	204	678	1 099
Beschäftigte	165 136	28 493	105 643	31 000

Eurodistrikt PAMINA (Hrsg.): Wirtschaftsprofil. Lauterbourg/Neulauterburg: o.J: www.eurodistrict-regio-pamina.eu/pamina/IMG/pdf/Profil_Eco_Eurodistrict.pdf (21.01.2014)

24

Wirtschaftsprofil der Region PAMINA

„Der Rohstoffsektor, der im Eurodistrikt PAMINA in Form von Landwirtschaft (Weinbau, Getreide- und Gemüseanbau) und Holzwirtschaft vertreten ist, spielt besonders in der Südpfalz und im Nordelsass eine wichtige Rolle. Der stark vertretene Industriesektor sticht durch seine umfangreiche Produktpalette hervor (verarbeitende Industrie, Metall- und Elektroindustrie, Automobilindustrie, Holzindustrie. ...
Der Dienstleistungssektor zeigt sich im badischen Teil (MI) des Eurodistrict um einiges weiterentwickelt als in den anderen beiden Teilräumen ... Im Eurodistrikt PAMINA gibt es rund 40 000 Gästebetten und über 3 500 Restaurants."

Eurodistrikt PAMINA (Hrsg.): Wirtschaftsprofil. Lauterbourg/Neulauterburg: o. J.: www.eurodistrict-regio-pamina.eu/pamina/IMG/pdf/Profil_Eco_Eurodistrict.pdf (21.01.2015)

23

Beispiele für Ziele im Rahmen des Programms INTERREG 2014–2020

- „Erweiterung der grenzüberschreitenden Forschungskapazitäten für FuE-Spitzenleistungen
- Verbesserung des Artenschutzes auf grenzüberschreitender Ebene am Oberrhein
- Verringerung der Umweltbelastungen im Rahmen der Wirtschafts- und Siedlungsentwicklung am Oberrhein
- Begrenzung des Anstiegs des grenzüberschreitenden, motorisierten Verkehrs durch die Entwicklung von belastungsärmeren Verkehrsträgern im Oberrheinraum
- Ausweitung der grenzüberschreitenden Entwicklungs- und Absatzmöglichkeiten für KMU [= kleine und mittlere Unternehmen] am Oberrhein
- Steigerung des Arbeitsplatzangebotes ...
- Zunahme der grenzüberschreitenden Beschäftigung am Oberrhein."

Interreg Oberrhein (Hrsg.): Interreg V Oberrhein 2014–2020: Wesentliche Eckpunkte, vom 16.07.2015: http://www.interreg-oberrhein.eu/interreg-v-oberrhein-2014-2020-wesentliche-eckpunkte,30865,de.html (16.10.2015)

25

INTERREG: Ein aus dem Europäischen Fonds für Regionale Entwicklung (EFRE) finanziertes Programm mit dem Ziel, grenzüberschreitende Zusammenarbeit zu fördern; seit der Programmperiode 2007–2013 trägt es die Bezeichnung „Europäische Territoriale Zusammenarbeit".

EUREGIO: Abkürzung für „Europäische Grenzregion"; Grenzgebiet, in dem grenzüberschreitend gearbeitet wird, z. B. in der Wirtschaft, Raumplanung oder im Umweltbereich.

10 Charakterisieren Sie Prinzipien und Funktionen der Euregios.

11 Beschreiben Sie die grenzüberschreitende Zusammenarbeit in der Euregio PAMINA.

12 Vergleichen Sie die Wirtschaftsstruktur der drei PAMINA-Regionen.

13 Beurteilen Sie die Funktion von Euregios im Rahmen der EU-Raumordnung.

TERRA **METHODE**

Wie entwickelt sich die Europäische Union in den nächsten 10, 20 oder 30 Jahren? Wird es einen Rückfall in ein „Europa der Nationalstaaten" geben oder wird die EU zu einer globalen Supermacht aufsteigen? Welche positiven Entwicklungen sollten jeweils verstärkt, welche negativen sollten gebremst werden?

Szenarios erstellen und bewerten – wie weiter mit der EU?

Die Szenariotechnik hilft, derartige Fragen zu beantworten. Sie ist eine Methode zur Erstellung von umfassenden Bildern oder Modellen, mit denen mögliche und wahrscheinliche „Zukünfte" beschrieben werden. Dabei entstehen keine realitätsfernen Utopien oder Fantasien wie zum Beispiel in einer „Zukunftswerkstatt". Vielmehr werden in sachlich-analytischer Vorgehensweise für ein bestimmtes gesellschaftliches oder politisches Problem entscheidende Einflussfaktoren, quantitative Daten und Informationen sowie qualitative Einschätzungen und Wertvorstellungen ermittelt. Deren Wirkungen werden gewichtet und bewertet. Als Ergebnis der Analyse ergeben sich „Zukunftsbilder" bzw. verschiedene Typen von Szenarien.

Der Szenario-Trichter

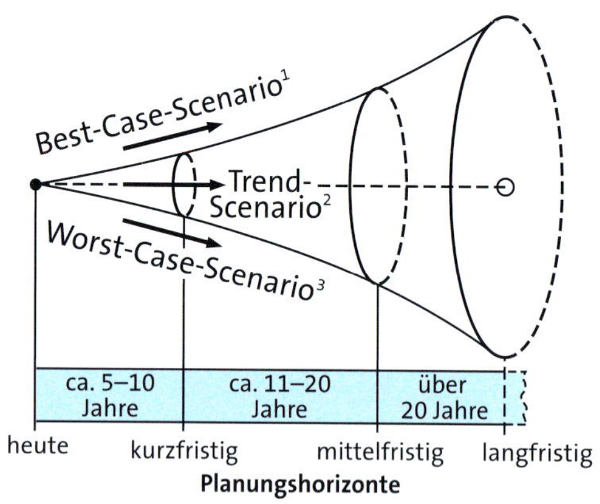

¹ günstigst mögliche Zukunftsentwicklung
² Fortschreibung der heutigen Situation
³ schlechtest mögliche Entwicklung

1

Phasen einer Szenariotechnik

1. Schritt: Vorbereitung (Plenum)
- Auswahl eines gesellschaftlichen bzw. politischen, als lösungsbedürftig angesehenen Problems (z. B. „Die Zukunft der EU")
- Klärung der Rahmenbedingungen (Teilnehmer, Räumlichkeiten, Zeitbudget, Ziele)

2. Schritt: Problemanalyse (Plenum)
- genaue Problembeschreibung mit sachlicher, räumlicher, zeitlicher Eingrenzung (z. B. Zustand der EU in 20 Jahren)
- Bestandsaufnahme anhand von Leitfragen (z. B. Beunruhigung? Kritikpunkte, Defizite? Persönliche Betroffenheit?)

3. Schritt: Analyse der Einflussbereiche (Plenum)
- Ermittlung von Einflussfaktoren
- Aufzeigen von Vernetzungen und Wechselwirkungen
- bildhafte Darstellung der Ergebnisse (z. B. Pinnwand, Plakate)

4. Schritt: Entwicklung von Szenarien (Kleingruppen)
- arbeitsteiliges Erstellen von Zukunftsbildern auf der Grundlage der ermittelten Einflussfaktoren
- Materialauswertung
- Präsentation der Szenarien in geeigneter Form (z. B. Tabelle, Plakate, Folien)

5. Schritt: Entwicklung von Strategien und Maßnahmen zur Problemlösung (Plenum)
- Ableitung von Konsequenzen aus den entworfenen Szenarien
- Vorschläge von zukunftsorientierten Maßnahmen
- Fragen nach möglichen Beiträgen des Einzelnen (z. B. Mitwirkung in einer Jugendorganisation), der Schule, der Betriebe und Verbände, der Wissenschaft und der Kirche, der Politik, der Parlamente, der Regierungen

Richtung EU II – Best-Case-Szenario?

„Die Europäische Union wird in den kommenden Jahren viel stärker zusammenwachsen, die Mitgliedsstaaten werden in Fragen der Haushalts-, Wirtschafts-, Innen-, Migrations-, Energie- und Landwirtschaftspolitik weitere Kompetenzen nach Brüssel verlagern. Das bedeutet ...: Die Bundesregierung und der Deutsche Bundestag werden weiter an Bedeutung verlieren. In zehn Jahren werden wir eine deutlich stärker integrierte EU mit einer wiedererstarkten Europäischen Kommission haben! Der Weg dorthin wird holperig sein, es wird harte Auseinandersetzungen darüber zwischen den Regierungen geben. ... Das wird nicht so kommen, weil plötzlich alle zu überzeugten Europäern mutiert sind. Nein, es ist letztlich der Markt, der diese Bewegung in Richtung einer EU II vorantreiben wird.

In einer globalisierten und vernetzten Welt mit freiem Kapitalverkehr, mehr Wettbewerb und einer Tendenz zur Bildung von strategischen Blöcken (regionale Wirtschaftszonen; Freihandelsabkommen et cetera) müssen die europäischen Länder ihre Kräfte bündeln und sich viel stärker als bisher miteinander abstimmen – andernfalls drohen Wohlfahrtsverluste, ein Rückgang des Produktivitätspotenzials und Machtverlust.

Kapital, Energie, Flüchtlinge, Schulden, Umweltverschmutzung – all dies macht nicht halt vor nationalen Grenzen, es widerspricht der Logik nüchterner Interessenkalkulatoren, die immer noch bestehende Kleinstaaterei in vielen Politikbereichen zu konservieren oder gar hochzufahren. Die EU im Jahr 2025 wird noch viel stärker als heute eine Transfergemeinschaft sein. ... Die EU wird in zehn Jahren mindestens 30 ... Mitglieder haben."

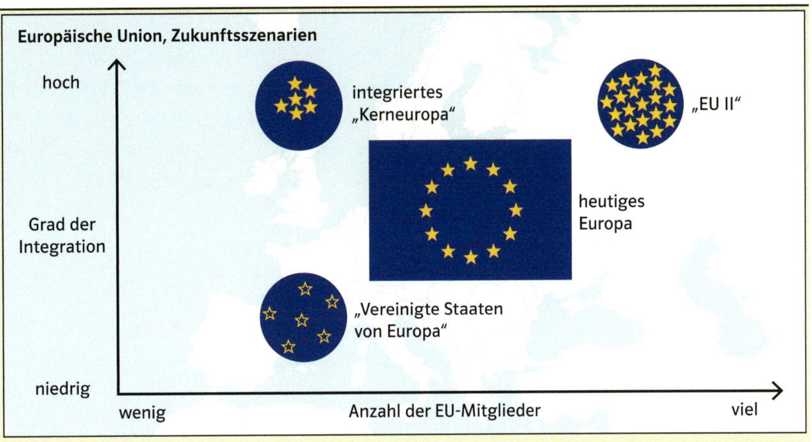

Vereinigte Staaten von Europa (USE) – Worst Case-Szenario?

„In Frankreich wird Marine Le Pen Präsidentin und leitet den Austritt Frankreichs aus Euro-Zone und Europäischer Union und die Annäherung an Russland ein. Die Verhandlungen mit den USA über eine Freihandelszone werden abgebrochen. Spanien und Italien führen nationale Währungen wieder ein, Lira, Franc und Peseta liefern sich einen Abwertungswettkampf.

In den Austrittsländern werden Währungs- und Grenzkontrollen wieder eingeführt. Deutschlands Touristen freuen sich über Billigurlaube an der Costa Brava, während deutsche Manager den Zusammenbruch ihrer europäischen Exportmärkte konstatieren. Die Arbeitslosigkeit übertrifft die zuletzt in den 70er Jahren erreichte Rekordmarke. ...

Nach dem Austritt Frankreichs stimmen die Briten mit überwältigender Mehrheit für den Verbleib in der EU, die nur noch aus Deutschland, Österreich, Polen und einigen baltischen und skandinavischen Ländern besteht. Die Türkei bricht die Beitrittsverhandlungen formal ab, annektiert Nordzypern und verhandelt mit Russland über einen Beitritt zur Eurasischen Union. Ethnische Russen starten Kampagnen zum EU-Austritt in den baltischen Staaten. Gewalttätige Auseinandersetzungen in Lettland, der West-Ukraine, in Bosnien und im Kosovo. Die Lombardei und Südtirol erklären ihre Unabhängigkeit, ebenso wie Katalonien und das Baskenland. Serbien und Mazedonien treten der Eurasischen Union bei. Russland annektiert die Rest-Ukraine, Georgien und Armenien. Bewaffnete Widerstandsaktionen flammen überall in Großrussland auf.

... Die EU wird formal aufgelöst und durch die Vereinigten Staaten von Europa (USE) ersetzt, einen Staatenbund, der auf der Basis eines gemeinsamen Marktes und einer gemeinsamen Sicherheits- und Außenpolitik sowie der Konkurrenz der Sozial- und Steuerpolitik funktioniert. ... Oberhaupt der USE wird König William V. von Großbritannien. ... EU-Kommission und EU-Parlament werden aufgelöst. Prag wird Hauptstadt der USE. Die Brüsseler Gastronomie bricht zusammen."

Nach Stefanie Bolzen u.a.: Wie weiter mit der EU? In: Die Welt, vom 01.06.2014: www.welt.de/politik/ausland/article128606815/Wie-weiter-mit-der-EU-Vier-Szenarien.html (19.10.2015) Richtung EU II – ein Best-Case-Szenario?

2

1 Nennen Sie Gründe, warum die „Zukunft der Europäischen Union" ein existenzielles politisches und gesellschaftliches Problem darstellt.

2 Erstellen Sie eine Liste von Einflussfaktoren, von denen die Zukunft der Europäischen Union abhängt.

3 Arbeiten Sie aus dem Material 2 Entwicklungen heraus, die zu den aufgezeigten Szenarien führen können.

4 Beurteilen Sie diese Szenarien.

5 Erstellen Sie in Kleingruppen ein eigenes Szenario zur Zukunft der Europäischen Union und ordnen Sie Ihr Ergebnis in die Grafik in Material 2 ein.

TERRA **KOMPETENZ**

Binnenmarkt
Euregio
Europäische Gemeinschaft für Kohle und Stahl (Montanunion)
Europäische Wirtschaftsgemeinschaft (EWG)
Europäischer Fonds für Regionale Entwicklung (EFRE)
Europäischer Sozialfonds (ESF)
Gemeinsame Agrarpolitik (GAP)
Kohäsionsbericht
Kohäsionsfonds
Römische Verträge
Transformationsprozess

Wissen vernetzen

Gegenwärtig leben in Europa ca. 750 Millionen Menschen in 46 Staaten. In einem nun bereits sechs Jahrzehnte andauernden Integrationsprozess haben sich bis heute 28 dieser Einzelstaaten schrittweise in der Europäischen Union zusammengefunden. Kernstück ihrer Zusammenarbeit ist der gemeinsame Binnenmarkt. Unter dem Schlagwort der „Vier Freiheiten" umfasst er einheitliche Regelungen für den freien Verkehr von Waren, Dienstleistungen, Personen bzw. Arbeitskräften und Kapital. Die Staaten der EU arbeiten aber auch in der Außen-, Sicherheits-, Innen- und Justizpolitik sehr eng zusammen.

Eine besondere Rolle kam und kommt dabei der Gemeinsamen Agrarpolitik zu. Die Landwirtschaft war der erste von der „Europäischen Wirtschaftsgemeinschaft" gemeinsam organisierte Politikbereich. Er wurde zum Motor der weitergehenden Integration. Noch heute erhält der Agrarsektor den weitaus größten Anteil aus dem EU-Haushalt.

Die politischen Umbrüche in Mittel- und Osteuropa zu Beginn der 1990er Jahre stellten die Europäische Union vor neue Herausforderungen. Sie musste nicht nur die beitrittswilligen MOE-Staaten bei ihrem Transformationsprozess unterstützen, sondern auch ihre inneren Strukturen im Hinblick auf die hohe Zahl neuer Mitglieder anpassen. Die EU-Osterweiterung erfolgte dann in den Jahren 2004, 2007 und 2013.

Nicht nur die strukturschwachen Gebiete in den neuen Mitgliedstaaten, sondern alle peripheren Regionen mit Entwicklungsrückständen kommen in den Genuss strukturpolitischer Maßnahmen der EU. Sie sind Ausdruck sozialstaatlichen Denkens. Die Europäische Union versteht sich nicht nur als Wirtschafts- oder in Teilen sogar als Währungsunion, sie will auch Solidargemeinschaft sein. Ihr Ziel ist es, räumliche Disparitäten abzubauen und möglichst allen Bürgerinnen und Bürgern gleichwertige Lebenschancen zu bieten.

Zusammenarbeit in der Europäischen Union

Europäische Union

Politische Union (in Ansätzen)	**Wirtschaftsunion** (z.T. Währungsunion – Euroraum)	**Solidargemeinschaft** (Diskussion über das Ausmaß)
gemeinsame Außen-, Sicherheits-, Innen-, Justizpolitik	gemeinsamer Binnenmarkt	Regional- und Strukturpolitik
Beispiele: - Kampf für Frieden, Menschenrechte, Demokratie - Kampf gegen organisiertes Verbrechen, Terrorismus, Drogenhandel	„Vier Freiheiten": Freiheiten für - Dienstleistungen - Warenverkehr - Personen, Arbeitskräfte - Kapital	ESIF: Europäischer Struktur- und Investitionsfonds - EFRE - ESF - Kohäsionsfonds

Ziel: Stärkung der EU-Position in der Weltpolitik und im globalen Wettbewerb

Herausforderungen – Beispiele

unterschiedliche Interessen	Europaskepsis	Bewältigung der Flüchtlingsproblematik	Integration neuer Mitglieder	Heterogenität und regionale Disparitäten

Entwurf: W. Korby

1

Material
Stumme Karte Europa
aw7n2n

Material
Lösungshinweise
2sm9mz

Kompetenzen überprüfen

Überprüfen Sie Ihre in diesem Kapitel erworbenen Kompetenzen mit den folgenden Aufgaben und Materialien. Gehen Sie bei der Erarbeitung wie folgt vor:

- Erarbeiten Sie für jede Aufgabe schriftlich eine Lösung.
- Vergleichen Sie diese dann mit den Lösungshinweisen (Online-Code 2sm9mz).
- Bewerten Sie Ihre Lösung anhand der Notenskala von 1 bis 6.
- Überlegen Sie, wie Sie eventuell festgestellte Defizite beseitigen können.

Räumliche Orientierung

1 Tragen Sie in eine Europakarte ein
- die Gründungsstaaten der EWG 1957
- drei Staaten der Osterweiterung
- sechs Mitglieder der Eurozone

2 Lokalisieren Sie in dieser Karte drei Regionen mit hoher Förderung aus dem ESIF.

Methoden

1 Analysieren Sie mithilfe einer Internetrecherche die Bedeutung der in Material 4 eingetragenen Symbole.

2 Arbeiten Sie aus Tabelle 4, S. 123 wesentliche Informationen zur Entwicklung der MOE-Länder heraus.

Kommunikation

1 Zu einem aktuellen Thema Stellung nehmen
a) Arbeiten Sie die Hauptaussagen von Text 2 heraus.
b) Verfassen Sie einen Kommentar zu den Aussagen in Text 2.

Beurteilen und bewerten

1 Beurteilen Sie die Zukunftsperspektiven deutscher Milchwirtschaftsbetriebe.

2 Erörtern Sie Chancen und Risiken der EU-Osterweiterung
a) für den Wirtschaftsstandort Deutschland,
b) für die Beitrittsländer.

Fachwissen

1 Etappen der europäischen Einigung
a) Vervollständigen Sie die Tabelle 3.
b) Erläutern Sie die Bedeutung der in Tabelle 3 eingetragenen Etappen der europäischen Einigung.

2 Stellen Sie die heutige Gemeinsame Agrarpolitik in ihren Grundzügen dar.

3 Erklären Sie den Begriff „Transformationsstaaten".

EU-Osterweiterung

„Die Osterweiterung stellte die EU vor eine einmalige historische Chance und politische Herausforderung. Durch die 2004 vollzogene Aufnahme von Ländern, die früher hinter dem Eisernen Vorhang lagen, leistet sie einen Beitrag zur dauerhaften Überwindung der Teilung Europas und dehnt die westeuropäische Zone des Friedens und Wohlstandes nach Osten hin aus.
Der EU-Beitritt von relativ armen Ländern mit erheblichem wirtschaftlich-sozialen Modernisierungsrückstand fordert allerdings den macht- und verteilungspolitischen Status quo heraus und verschärft die Probleme der Handlungsfähigkeit und Regierbarkeit der EU mit 25 und bald schon mehr Mitgliedern. Den Chancen der politischen und wirtschaftlichen Einigung Europas stehen die Risiken einer geographischen, politischen, sozialen und finanziellen Überdehnung und Überforderung der Union gegenüber."

Barbara Lippert: Die EU nach und vor der Erweiterung. In: Bundeszentrale für politische Bildung (Hrsg.): Informationen zur politischen Bildung 279/2005. Europäische Union. S. 47

2

Etappen der europäischen Einigung	
1951	Montanunion (EGKS)
1957	
1973	Beitritt DK, GB, IRL
1993	
2002	
2004	EU-Osterweiterung
2012	

3

4 Symbole europäischer Zusammenarbeit

6 Globale Wirtschaftsverflechtungen der EU und Deutschlands

In den 1990er Jahren hat ein Prozess eingesetzt, den wir mit dem Begriff „Globalisierung" bezeichnen. Zwar hat er verschiedene Dimensionen, z. B. Gesellschaft und Politik, Umwelt oder Kommunikation, in seinem Mittelpunkt steht aber das wirtschaftliche Geschehen.
Es ist schwer, Europa innerhalb dieses Globalisierungsprozesses eine eindeutige Rolle zuzuweisen. Zu groß sind die wirtschaftlichen Unterschiede zwischen den Staaten, wie die vorangegangenen Kapitel gezeigt haben. Leichter fällt das bei einem einzigen Land wie Deutschland und auch noch bei der Europäischen Union, trotz der auch hier vorhandenen Heterogenität ihrer Mitgliedstaaten. In diesem Kapitel soll es daher um die weltwirtschaftlichen Verflechtungen der EU und beispielhaft Deutschlands gehen.

1 Paris – Flughafen Charles de Gaulle (im Bild: Terminal 1)

Wie stark sind die globalen Verflechtungen der EU und Deutschlands?
Wie schneidet die Europäische Union im Vergleich mit anderen Wirtschaftsbündnissen ab?
Gerät die Europäische Union trotz ihrer bedeutenden Schaltstellen der Weltwirtschaft wie London, Paris oder Frankfurt global in Rückstand zu anderen Regionen?
Welche Rolle spielt Deutschland in diesem internationalen Vergleich, aber auch innerhalb der EU?
Welche positiven und negativen Auswirkungen können Wirtschaftsabkommen wie z. B. TTIP zwischen den großen Handelspartnern haben?
Ist eine wirtschaftliche Zusammenarbeit ein Beitrag zur globalen Zukunftssicherung?

2 Frankfurt am Main – bedeutende Schaltstelle der Weltwirtschaft (im Bild: EZB und Bankenviertel)

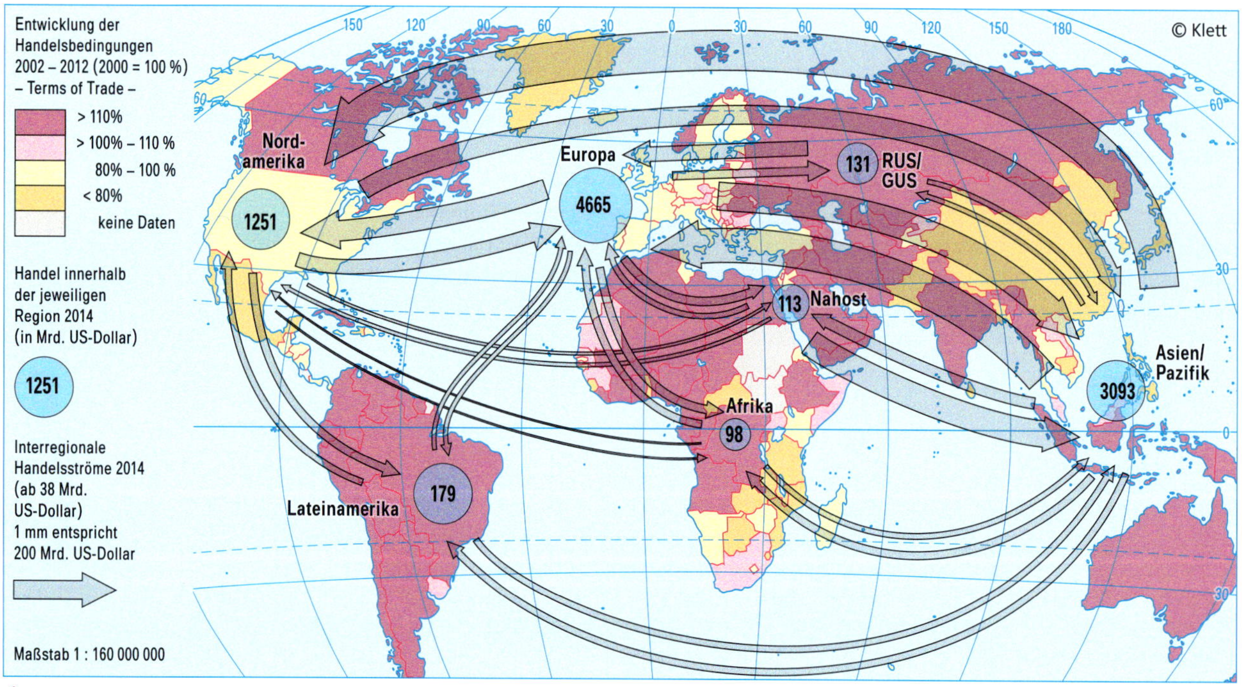

1 **Welthandel – Bedingungen, Volumen und Warenströme**
World Trade Organization (2015): International Trade Statistics 2015, Tab. 1.4, S. 41; Genf, New York

6.1 Die Europäische Union als Teil der Triade

Kompetenzen erwerben

- Welthandelsverflechtungen und -abhängigkeiten charakterisieren;
- die Bedeutung der EU für den Welthandel darstellen;
- Strukturen und Probleme des deutschen Außenhandels beurteilen;
- Stärken und Schwächen des Standorts Deutschland im globalen Zusammenhang analysieren.

Anteil einzelner Regionen am gesamten Welthandel seit 1948

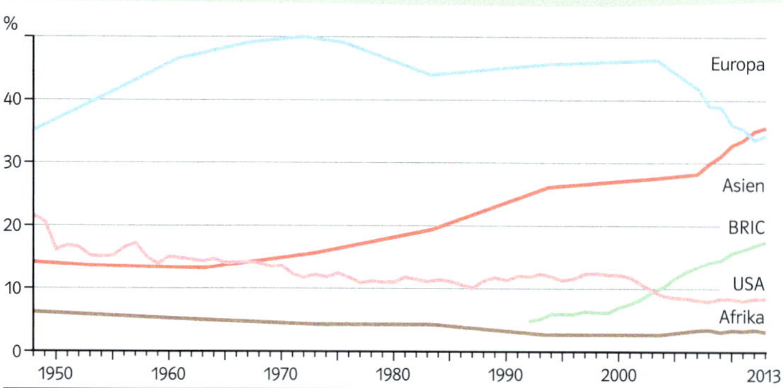

Nach UNCTADstat (2014): Values and shares of merchandise exports and imports, annual, 1948–2013: http://unctadstat.unctad.org/Report-Folders/reportFolders.aspx?sRF_ActivePath=p,15912&sRF_Expanded=,p,15912 (Mai 2014)

2

Welthandel und Triade. Neben den ausländischen Direktinvestitionen gehört der Welthandel zu den herausragenden wirtschaftlichen Bereichen des Globalisierungsprozesses. Die Teilhabe an den weltweiten Strömen von Waren und Dienstleistungen ist sowohl für Wirtschaftsbündnisse als auch für einzelne Länder zu einem Gradmesser ihrer weltwirtschaftlichen Bedeutung geworden.

Für den Welthandel spielen drei Regionen eine herausragende Rolle, die man unter dem Begriff **Triade** zusammenfasst. Das ist zum Ersten Nordamerika mit den USA und Kanada, zum Zweiten die Europäische Union und drittens das östliche Asien. Lange Zeit meinte man hier allein Japan, dann kam der ökonomische Aufstieg der „Tigerstaaten" Südkorea, Taiwan und Singapur, und heute gehört besonders auch China hinzu.

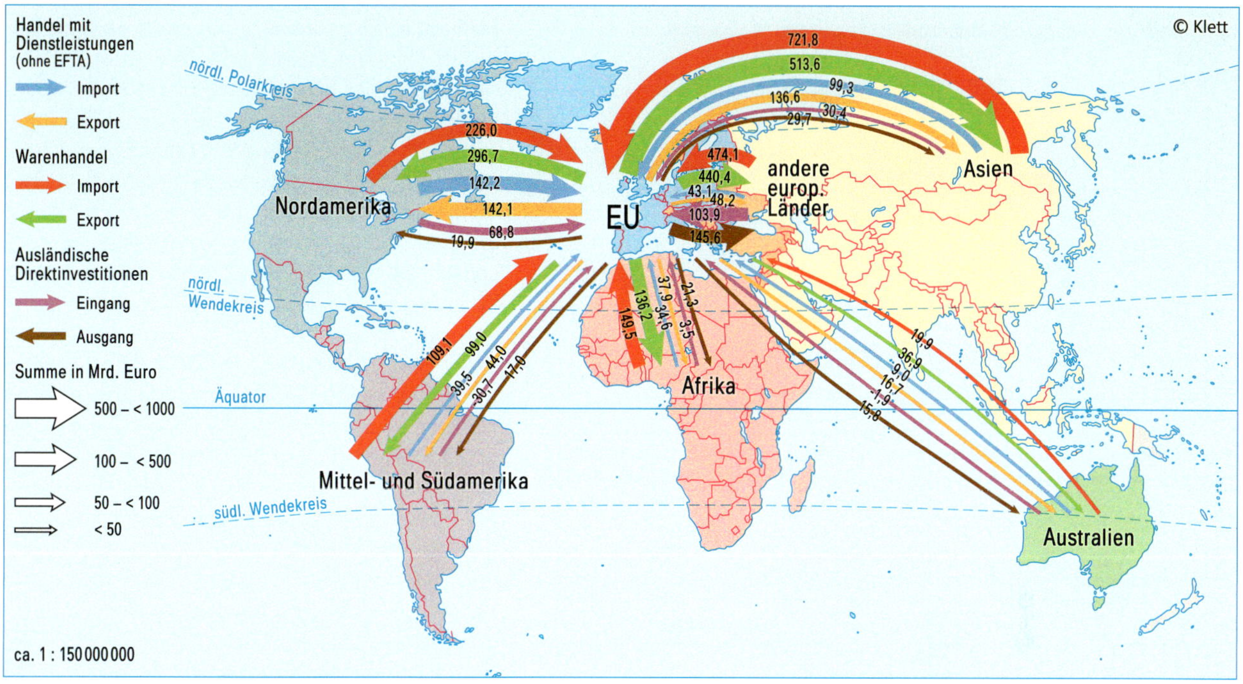

3 **Position der EU in der Weltwirtschaft – Handel mit Waren und Dienstleistungen sowie Investitionen (Stand 2010/11)**

Welthandel – die Rolle der EU und Deutschlands

Die Europäische Union im Welthandel

In den Jahrzehnten seit ihrer Gründung 1957 ist die EU zu einer weltweiten Wirtschafts- und Handelsmacht aufgestiegen. Sie ist stärker als jede andere Region in die Weltökonomie und damit in die Globalisierung eingebunden. Darüber hinaus stellt sie auch die erfolgreichste Integration nationaler Volkswirtschaften dar (siehe Kap. 4.3).

Die Gestaltung der Handelsbeziehungen gehört zu den Kompetenzen der EU. Zwar betreibt jedes Mitgliedsland seinen Handel auf eigene Rechnung und steht damit in erheblicher Konkurrenz zu den anderen. Die Handelsbedingungen sind aber einheitlich festgelegt. Das heißt, dass die Europäische Union die Höhe von Einfuhrzöllen aus Drittländern bestimmt, Handelsabkommen abschließt (siehe Kap. 6.3, TTIP) und über handelspolitische Straf- und Schutzmaßnahmen entscheidet. Eingebettet ist ihr Handeln allerdings in das Regelwerk der Welthandelsorganisation **WTO** (World Trade Organization).

Die EU steht gegenwärtig bei der Sicherung ihrer weltwirtschaftlichen Position vor mehreren Herausforderungen. An erster Stelle ist hier die „Eurokrise" zu nennen, die zwar nur 19 Länder direkt betrifft, aber auch auf die anderen neun Mitgliedstaaten ausstrahlt. Bei ihr geht es nicht nur um Währungsstabilität, sondern auch um den Abbau von Staatsschulden sowie um das grundsätzliche Vertrauen in die Strukturen und in die funktionierende Solidarität zwischen ihren Mitgliedern. Zu beachten ist zweitens, dass die Länder der Union große Unterschiede im Hinblick auf Wirtschaftsstruktur und Wirtschaftskraft aufweisen (siehe Kap. 4 und 5). Diese Ungleichheiten haben sich seit der EU-Osterweiterung noch einmal deutlich verschärft. Es gilt also – auch hinsichtlich der globalen Bedeutung der EU – diese Disparitäten zu überwinden und den Wirtschaftsraum homogener zu gestalten. Diesem inneren Problem steht drittens ein äußeres gegenüber. Die EU muss sich mit der immer stärker werdenden Konkurrenz anderer Länder und Regionen auseinandersetzen. Diese kommt zunehmend aus dem asiatischen Raum, vor allem aus China und Indien sowie aus Lateinamerika mit Brasilien und Mexiko. Allerdings ging das Wirtschaftswachstum in den Schwellenländern seit 2015 deutlich zurück, und Brasilien geriet sogar in eine tiefe Krise. Auch diese Entwicklung ist für exportorientierte EU-Staaten wie Deutschland oder Frankreich problematisch, da beispielsweise der Bedarf an Investitionsgütern abnimmt.

←
Zusammenarbeit in der EU
siehe Kapitel 5

Entwicklung der Anteile führender Länder am Welthandel (in %)

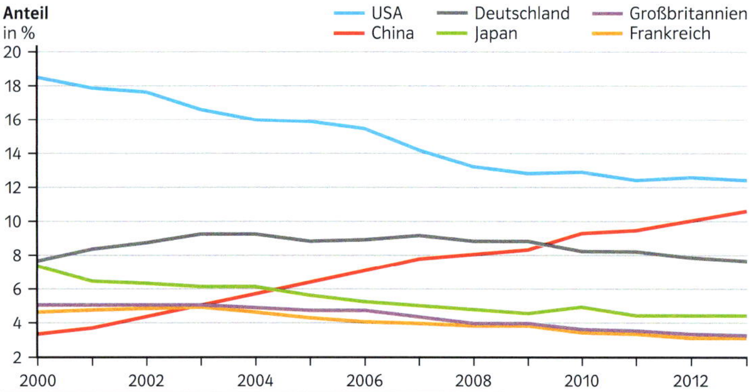

Eigene Darstellung nach Bundesverband der deutschen Industrie e.V.: Außenwirtschaftsreport 1/2013, S. 5: www.bdi.eu/Rd-EXT/AW-Report/BDI-Aussenwirtschafts-Report-12013.htm# (August 2015)

4

Entwicklung des Handels der EU mit China (in Mrd. Euro)

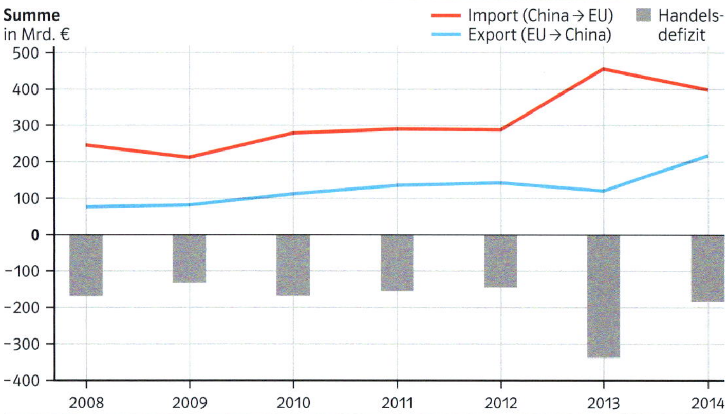

Nach World Trade Organization (2015): International Trade Statistics 2015, Tab. 1.13, S. 50

5

6 **Obama orientiert sich nach oben**

Fallbeispiel EU – China. Schon seit mehreren Jahren ist China neben den USA der wichtigste Handelspartner der Europäischen Union. Noch in den 1990er Jahren waren seine Exporte in die EU geprägt von relativ preiswerten Waren. Als „verlängerte Werkbank" für westliche Unternehmen dominierten Produkte, bei denen geringe Löhne für die Produktionskosten eine besonders große Rolle spielen, wie z. B. Textilien oder Spielwaren. Aus der EU importiert wurden dagegen hochwertige Güter. Besonders Ersteres hat sich bis heute deutlich verändert. Aktuell ist es vor allem Büro- und EDV-Technik einschließlich Computern, Mobilfunkgeräten, Fernsehern und elektronischen Bauelementen, die China in die EU liefert. Gleichzeitig importiert das Land aus der EU in erster Linie Maschinen, Anlagen, Kraftfahrzeuge, Geräte zur Energieerzeugung und chemische Produkte. Die streng wachstumsorientierte Aggressivität des Wirtschaftens lässt China für viele als Bedrohung erscheinen.

Gerät Europa ins Hintertreffen?

„Die Untergangspropheten von heute zeigen nach Asien und glauben, der unaufhaltsame Aufstieg Chinas werde die Europäer irgendwann an den Rand drängen. Sie rechnen vor, wen die Chinesen schon alles überholt haben: beim Bruttoinlandsprodukt, bei den Exporten, bei der Zahl der Ingenieure, Flughäfen, Autobahnen. …

Doch sie unterschlagen dabei gern, dass China zwar seit Jahren kraftvoll wächst, aber dass das Pro-Kopf-Einkommen und Pro-Kopf-Vermögen im Reich der Mitte immer noch weit entfernt ist von dem, was in Europa – und erst recht in Deutschland – üblich ist. Die Europa-Skeptiker … lassen auch außer Acht, dass Chinas Wachstum nicht so ewig weiter gehen kann. … Was, wenn immer mehr Menschen aufbegehren, weil sie keinen Anteil am wachsenden Wohlstand haben? …

Europas ökonomische Stärke … beruht auf seinen gewachsenen Strukturen, auf Unternehmen, die es oft seit vielen Generationen gibt und die vom europäischen Erfindergeist profitieren …"

Nach Ulrich Schäfer: Auf der Suche nach Anschluss. Gerät Europa im globalen Wettlauf ins Hintertreffen? In: Süddeutsche Zeitung vom 04.10.2012, S. 19

7

1 Beschreiben Sie die regionalen Strukturen des Welthandels (Materialien 1 und 2).

2 Erläutern Sie die Bedeutung der EU im Welthandel.

Deutschlands Handelsbeziehungen

Außenhandel und Handelsbilanz. Mit Beginn des Wirtschaftswunders rückte Deutschland im Jahr 1953 erstmals an die dritte Stelle der größten Exportnationen, hinter den USA und dem Vereinigten Königreich. Dieses überholte Deutschland schon 1960 und lieferte sich seit 1985 mit den USA einen „Wettlauf" um den Titel „Exportweltmeister". Er fand erst 2009 ein Ende, als China zur größten Exportnation aufstieg.

Obwohl Deutschland auch zu den weitaus größten Importeuren zählt, sorgen seine andauernden Handelsbilanzüberschüsse bei den Partnern für Kritik. Denn der Überschuss in der Bilanz zwischen Exporten und Importen steht im Gegensatz zu den hohen Defiziten vieler Außenhandelspartner. Das betrifft z. B. die USA mit einem Minus von rund 40 Mrd. Euro pro Jahr, aber auch die beiden anderen größten Volkswirtschaften in der EU, Großbritannien und Frankreich, mit jährlichen Fehlbeträgen zwischen 30 bis 35 Mrd. Euro.

Dennoch relativiert sich diese Situation, wenn man die gesamte EU betrachtet. Von den 195 Mrd. Euro Überschuss in der **Handelsbilanz** des Jahres 2013 resultierten „nur" rund 45 Mrd. Euro aus dem intraregionalen Handel mit anderen EU-Staaten. Der sehr viel größere Anteil wurde also mit Partnern außerhalb des Bündnisses erzielt.

Deutschlands Außenhandel 2014 (in Mrd. Euro)

Exporte	**Wert**
Kraftwagen und Kraftwagenteile	203,2
chemische und pharmazeutische Prod.	167,9
Maschinen	166,2
Elektro- und elektronische Produkte	158,4
Metall und Metallerzeugnisse	89,8
Nahrungs-, Genuss- und Futtermittel	57,4
Importe	**Wert**
Elektro- und elektronische Produkte	137,2
chemische und pharmazeutische Prod.	114,8
Kraftwagen und Kraftwagenteile	87,0
Erdöl und Erdgas	82,6
Metalle und Metallerzeugnisse	75,9
Nahrungs-, Genuss- und Futtermittel	48,0

Nach Statistisches Bundesamt, Destatis (Stand 2015)

8

Entwicklung der deutschen Exporte nach EU und Nicht-EU
Index: 2000 = 100

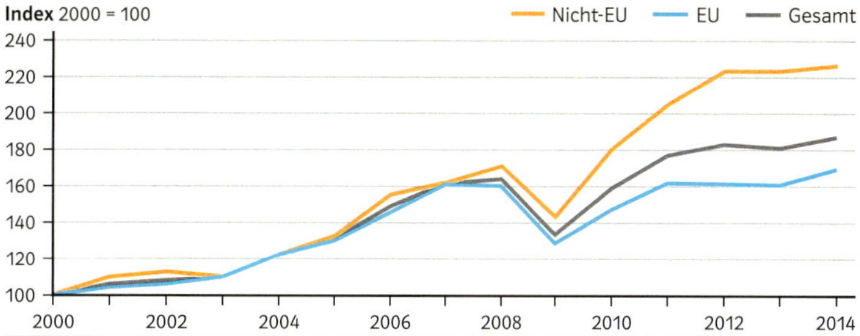

Eigene Darstellung nach Deutsche Bundesbank

9

Entwicklung des deutschen Außenhandels (in Mrd. Euro, gerundet)

Jahr	Exporte	Importe	Handelsbilanz	Jahr	Exporte	Importe	Handelsbilanz
1991	340	329	11	2005	786	628	158
1993	321	290	32	2007	965	770	195
1995	383	340	44	2009	803	665	138
1997	454	395	59	2011	1061	903	158
1999	510	445	65	2013	1093	898	195
2001	638	543	95	2014	1134	917	217
2003	664	535	129	2015*	1104	875	248

Nach BPB: Entwicklung des deutschen Außenhandels, vom 09.09.2013: www.bpb.de/nachschlagen/zahlen-und-fakten/globalisierung/52842/aussenhandel (09.11.2015), aktualisiert, * 01.–11.2015

10

Fragwürdige Handelsbilanz-Kritik?

„Dass Deutschland so viel mehr exportiert als importiert, ist in den vergangenen Monaten immer wieder kritisiert worden – zuletzt von der EU-Kommission, die in dem enormen deutschen Exportüberschuss ein Problem sieht und von Deutschland ein Ankurbeln der Binnennachfrage fordert. Tatsächlich geht auch mehr als die Hälfte der deutschen Ausfuhren weiterhin ins europäische Ausland. …

Die Kritik aus Brüssel kommt … [dennoch] zum falschen Zeitpunkt, denn offensichtlich kauft Deutschland bereits mehr im europäischen Ausland [ein]. Die Daten [siehe Diagramm 9] stützen auch die These des Wirtschaftsweisen Christoph M. Schmidt …: ‚Die Überschüsse erzielt Deutschland zunehmend mit Handelspartnern außerhalb und nicht mehr innerhalb der Euro-Zone. Das Argument, Deutschland bringe seine Euro-Partner mit seinem Exportüberschuss in Bedrängnis, trifft daher nicht zu.'"

Statista: Deutschland kauft verstärkt in Europa. In: Zeit Online, vom 07.03.2014: www.zeit.de/wirtschaft/2014-03/infografik-import (31.07.2015)

11

3 Handelsbeziehungen EU-China:
a) Analysieren Sie die Materialien 4, 5 und 7 im Hinblick auf Außenhandels- und Wirtschaftsbeziehungen.
b) Interpretieren Sie vor diesem Hintergrund die Karikatur 6.

4 Deutschland im Welthandel:
a) Erstellen Sie aus Tabelle 10 ein Diagramm.
b) Charakterisieren Sie wichtige Aspekte des deutschen Außenhandels.
c) Nehmen Sie Stellung zur EU-Kritik an den deutschen Handelsbilanz-Überschüssen.

Deutschland in Europa – von der lahmen Ente zum Zugpferd

Entwicklung des deutschen BNE im Vergleich zum BNE der EU (in % gegenüber dem Vorjahr, bis 2003 EU-15, ab 2004 Vergleich mit EU-28)

	1990	91	92	93	94	95	96	97	98	99	2000	01	02	03	04	05	06	07	08	09	10	11	12	13	14
Deutschland	5,7	5,0	2,2	−1,1	2,3	1,7	0,8	1,4	2,0	1,8	3,0	0,6	0,0	−0,7	1,2	0,7	3,7	3,3	1,1	−5,6	4,1	3,7	0,4	0,3	1,6
EU	2,9	1,7	1,2	−0,3	2,8	2,5	1,7	2,6	2,9	2,6	3,3	1,7	1,5	1,5	2,5	2,0	3,4	3,1	0,5	−4,4	2,1	1,7	−0,5	0,1	1,3

Eigene Zusammenstellung nach Statista: http://de.statista.com/statistik/daten/studie/2112/umfrage/veraenderung-des-bruttoinlandprodukts-im-vergleich-zum-vorjahr/; Eurostat: http://ec.europa.eu/eurostat/tgm/table.do?tab=table&init=1&language=de&pcode=tec00115&plugin=1 (August 2015)

12

13

Lame Duck
Der Begriff kommt aus den USA und meint dort einen Präsidenten, der noch im Amt ist, aber nicht zur Wiederwahl antritt. Deshalb gilt er als weitgehend handlungsunfähig, vor allem innenpolitisch.

Rentseeker
Bezeichnung für Einzelne oder Gruppen, die sich durch politische Einflussnahme ökonomische Vorteile verschaffen; heute als legale Tätigkeit Lobbyismus genannt.

Gesellschaft von Rentseekern

„Die deutsche Gesellschaft ist interessenpolitisch parzelliert. In 50 Jahren Bundesrepublik ist es nahezu jedem Partikularinteresse gelungen, sich zu organisieren, und viele … haben es darüber hinaus geschafft, halbstaatliche Autorität zu erlangen und diese mit einer mehr oder weniger scheindemokratischen Legitimation zu versehen. Ob Handwerkskammer oder Kassenärztliche Vereinigung, ob Bundesverband der Betriebskrankenkassen oder die AOK, ob Gewerkschaft, kommunaler Wohnungsverband oder Arbeitgebervereinigung, sie alle vertreten sehr eigene Interessen und sie alle sind in der Lage, diese Interessen klar zu artikulieren und in den politischen Willensbildungsprozess einzubringen. Deutschland ist eine Gesellschaft von Rentseekern [s. Randspalte], die in einem massiven Wettbewerb darum streiten, vorteilhafte staatliche Regulierungen durchzusetzen, Besitzstände zu wahren, zunftähnliche Strukturen zu konservieren oder neu zu schaffen. Das föderative System und die kommunale Selbstverwaltung sorgen dafür, dass, zusätzlich zu den Interessengruppen, regionale, politisch definierte Einheiten Eigeninteressen entwickeln und in den politischen Willensbildungsprozess einbringen. Das Ergebnis ist eine allgemeine Gemengelage, in der politische Führung nur noch durch das permanente Schmieden immer neuer Koalitionen möglich ist. Die Frage nach der politischen ‚Durchsetzbarkeit' einer Reformidee ist für ihren Erfolg entscheidend, nicht die, ob es sich um eine rationale Lösung des jeweiligen Problems handelt."

Joachim Weiman: Deutschland mangelt es an grundlegenden Reformen! In: Wirtschaftsdienst 2001/IX, Zeitgespräch, S. 496

14

Deutschland als „lahme Ente"

Unmittelbar nach der Wiedervereinigung erlebte Deutschland einen wirtschaftlichen Boom, der jedoch schnell abebbte. Besonders ab dem Jahr 2001 wurde Deutschland zur „Lame Duck", zur „lahmen Ente" der Europäischen Union. Das macht ein Vergleich mit Großbritannien deutlich, damals das EU-Musterland beim Wirtschaftswachstum. 2003 steigerte das Vereinigte Königreich das BNE gegenüber dem Vorjahr um 4,3 %. Zwei entscheidende Gründe sind für die damaligen Probleme Deutschlands zu nennen:
Erstens waren die positiven Effekte durch das Zusammenwachsen der beiden deutschen Volkswirtschaften im Jahr 1990 schnell verbraucht. Die Industrie der ehemaligen DDR wies nämlich viel stärkere strukturelle Schwächen auf, als man vorher vermutet hatte, sodass ihre Transformation massiv ökonomische Kräfte band.
Zweitens machte sich seit Mitte der 1990er Jahre in Deutschland ein „Reformstau" bemerkbar. Bezeichnenderweise wurde dieser Begriff im Jahr 1997 zum Wort des Jahres gewählt, als eine geplante große Steuerreform von CDU/CSU und FDP im von der SPD dominierten Bundesrat scheiterte. Neben dem Steuersektor warteten damals weitere Bereiche auf Reformen, wie das Arbeitsrecht, die Sozialsysteme, das Gesundheitswesen oder auch eine überbordende Bürokratie. Der Abwahl Helmut Kohls folgte Gerhard Schröder, der zur Überwindung des Reformstaus die „Agenda 2010" initiierte.

5 Analysieren Sie die Tabelle 12 zur BNE-Entwicklung.

6 Erarbeiten Sie Informationen (Internetrecherche) zur „Agenda 2010". Stellen Sie diese Ihrem Kurs vor.

7 Beurteilen Sie die Ausführungen in Text 14 aus heutiger Sicht.

Deutschland als Zugpferd der EU im Globalisierungsprozess

Die zehn stärksten Wirtschaftsstandorte 2013/2014 (Länder)

Land	Rang 2013/14 (2012/13)	Punktzahl
Schweiz	1 (1)	5,67
Singapur	2 (2)	5,61
Finnland	3 (3)	5,54
Deutschland	4 (6)	5,51
USA	5 (7)	5,48
Schweden	6 (4)	5,48
Hong Kong	7 (9)	5,47
Niederlande	8 (5)	5,42
Japan	9 (10)	5,40
Ver. Königreich	10 (8)	5,37

Gemessen werden Indikatoren von 142 Ländern in drei Bereichen: a) Basisindikatoren wie Infrastruktur oder Primarschulausbildung (20%); b) wirtschaftliche Effizienzindikatoren wie Ausbildung, Hochschulbildung oder Arbeitsmarkt (50%); c) Innovationsfähigkeit und wirtschaftliche Reife und Erfahrung (30%).

Nach Klaus Schwab: Global Competitiveness Report 2013–2014 des World Economic Forum. Genf: 2014, S. 15

15

Stärken und Schwächen des Standortes Deutschland (Auswahl)

Stärken	2,2* geographische Lage 2,3* Infrastruktur 2,6* Bildungseinrichtungen
Schwächen	4,8* Reformbereitschaft der Politik 4,7* Arbeitskosten 4,6* Flexibilität im Arbeitsrecht

*1 = eher Stärke; 6 = eher Schwäche,
Umfrage des „Bundes der Selbständigen Baden-Württemberg e.V." unter 1270 mittelständischen Firmen: www.bds-gewerbevereine.de/v2/public/land/content.aspx?id=76caf148-2b86-4857-9f28-7d6b5c9f3161 (03.08.2015)

16

Stärken und Schwächen des Standortes Deutschland

„'Made in Germany' steht weltweit hoch im Kurs. … Doch am Horizont ziehen Wolken auf. Die gute Nachricht zuerst: Aktuell gilt Westeuropa unter Investoren als attraktivster Standort weltweit, noch vor China und Nordamerika. In Westeuropa ist es wiederum Deutschland, das von Investoren die meisten Punkte bekommt. In einer Umfrage der Prüfungs- und Beratungsgesellschaft EY [früher: Ernst & Young] sprachen sich 40 Prozent der Manager für Deutschland aus, Großbritannien und Frankreich folgten mit 22 und elf Prozent auf den Plätzen zwei und drei.
Besonders wichtig sei für Investoren, dass sie ihre Geschäfte in einem in jeder Beziehung gesicherten Umfeld machen können, sagt EY-Partner Peter Englisch. Deutschland punkte als ein politisch und rechtlich stabiles Land im Herzen Europas mit einem attraktiven Binnenmarkt. ‚Auch wenn wir immer wieder verstopfte Autobahnen beklagen, ist die Transport- und die Logistik-Infrastruktur in Deutschland insgesamt sehr gut ausgeprägt. Das betrifft Straße, Bahn, Luftverkehrswege.' Das Qualifikationsniveau der Arbeitskräfte werde unverändert hoch geschätzt, aber auch das positive soziale Klima und die Telekommunikationsinfrastruktur.
Deutschland sei heute eindeutig die robusteste und wettbewerbsfähigste unter den großen Volkswirtschaften Europas, urteilt Englisch. …
Gleichzeitig planen weniger ausländische Unternehmen, sich in Deutschland neu anzusiedeln oder zusätzliche Geschäftsbereiche hierher zu verlagern: Ihr Anteil sinkt von 36 auf 27 Prozent. Englisch sieht daran zwar kein Misstrauensvotum gegen Deutschland, aber es sei ein Warnsignal. … Deutschland müsse ein insgesamt positiveres und innovationsfreundlicheres Gesamtumfeld schaffen. ‚Es ist doch eigentlich ein Unding, dass die neuen Weltkonzerne überall anders entstehen. Ob das Google ist oder Facebook, jetzt Alibaba in China. Wo sind da die Deutschen? Wo sind die neuen deutschen Technologien? …'
Deutsche Ingenieurskunst sei zwar nach wie vor in der Welt gefragt, aus dem Ausland werde aber durchaus auch verfolgt, wie viele große Projekte in Deutschland inzwischen scheitern würden …"

Nach Sabine Kinkartz: Standort Deutschland im Aufwind. In: Deutsche Welle, vom 27.05.2014: www.dw.com/de/standort-deutschland-im-aufwind/a-17665428 (09.11.2015)

17

Globaler Standortvergleich – Deutschlands Einzelindikatoren im Vergleich zu den anderen hoch entwickelten Ländern

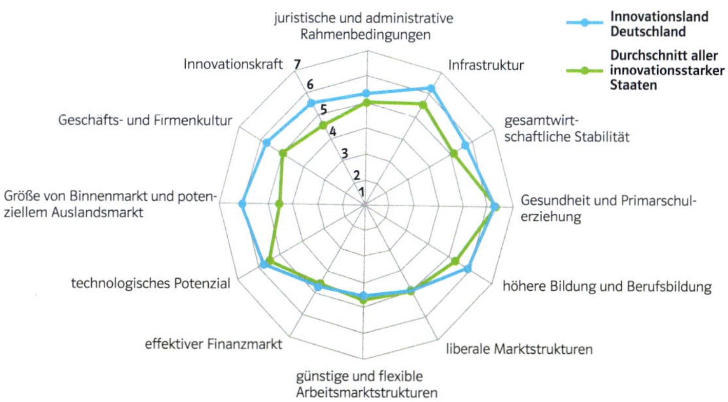

Klaus Schwab: a. a. O., S. 194

18

8 Stellen Sie anhand der Materialien 15 bis 18 Stärken und Schwächen des Standorts Deutschland dar.

9 Nehmen Sie Stellung zu der Überschrift „Deutschland als Zugpferd der EU im Globalisierungsprozess".

10 Erstellen Sie eine Collage zum Thema der Kapitelüberschrift „Deutschland in Europa – von der lahmen Ente zum Zugpferd".

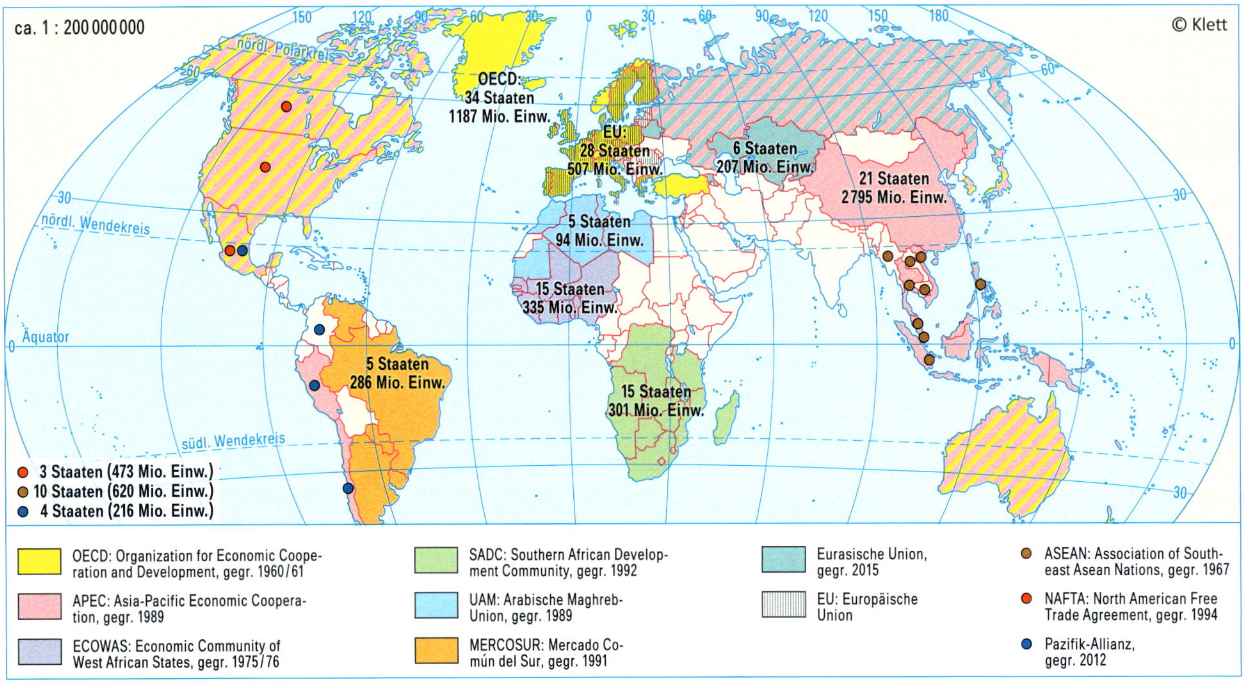

1 Regionale Wirtschaftsbündnisse – Auswahl

6.2 Regionale Bündnisse in globaler Konkurrenz

Kompetenzen erwerben

- Das Verhältnis von Regionalisierung und Globalisierung erläutern;
- außereuropäische regionale Wirtschaftsbündnisse mit der Europäischen Union vergleichen;
- die Wirtschaftsbündnisse Pazifik-Allianz und Eurasische Union in ihren internen Strukturen darstellen;
- das Verhältnis der beiden Bündnisse zur EU unter dem Aspekt „Kooperation oder Konkurrenz" bewerten.

Regionalisierung vs. Globalisierung?

Regionalisierung. Regionale Wirtschaftsbündnisse sind einerseits Teil der **Globalisierung**, andererseits hemmen sie den freien Welthandel. Grundsätzlich fördern sie die Integration der jeweiligen Mitglieder und stärken den Handel innerhalb der Bündnisse und somit ihre **Binnenmärkte**. Global wirken sie sich positiv aus, da sich die internationale Wettbewerbsfähigkeit der Mitgliedstaaten verbessert und damit ihre Möglichkeit, am Welthandel teilzunehmen. Doch wirken diese Zusammenschlüsse zum Teil auch diskriminierend gegenüber Drittländern, denen der ungehinderte Marktzugang erschwert wird. Die drei wichtigsten regionalen Bündnisse Europäische Union, NAFTA und ASEAN+3 (langfristig ist ein Beitritt von China, Japan und Südkorea geplant) beherrschen den Welthandel so stark, dass für die vielen Staaten außerhalb dieser Vereinigungen die Teilhabe am Welthandel umso schwieriger wird. Das betrifft ganz besonders die Entwicklungsländer, die unter anderem deswegen eine stärkere Rolle und ein größeres Mitspracherecht in der WTO einfordern, um ihre Position im Welthandel zu verbessern. Eine Folge dieser Ungleichgewichte ist auch das Entstehen weiterer Bündnisse, wie zum Beispiel die 2012 vereinbarte Gründung der weltweit größten **Freihandelszone** in der Asien-Pazifik-Region, kurz TPP. Allerdings regt sich starker Widerstand gegen dieses Vorhaben, das maßgeblich von den USA initiiert wird.

Protektionismus. Vor allem im Agrarhandel schützen Staaten und Bündnisse ihre Märkte nach wie vor durch Zölle und nichttarifäre Handelshemmnisse. Dadurch behindern beispielsweise die USA als bedeutendstes Mitglied der NAFTA oder die EU die Einfuhr von Agrarprodukten aus Entwicklungsländern. Denen gehen somit wichtige Einnahmen verloren, die sie für die Modernisierung oder für den Aufbau einer konkurrenzfähigen Industrie benötigen. Verschärft wird diese Situation noch dadurch, dass viele Länder versuchen, mit Subventionen und Steuervergünstigungen ihren eigenen Waren im internationalen Wettbewerb Vorteile zu verschaffen. Nach massivem Druck durch die WTO mussten beispielsweise die USA im Jahr 2005 ihre direkten Exportsubventionen für Baumwolle in Höhe von 253 Mio. US-$ streichen, um Ländern wie Indien und Ägypten bei diesem wichtigen Handelsprodukt größere Chancen einzuräumen. Gleichzeitig aber erhielten die US-amerikanischen Baumwollproduzenten von der Regierung rund 3,3 Mrd. US-$ an internen Subventionen. Damit konnten sie preiswerter produzieren und trotz des Wegfalls der Exportunterstützungen ihre Außenhandelsposition stärken. Ähnliche Beispiele gab und gibt es auch für die Europäische Union, z. B. beim Zucker. Hier erreichten Brasilien und Thailand in Zusammenarbeit mit Australien bei der WTO ein Ende der sie benachteiligenden EU-Zucker-Subventionen.

NAFTA, MERCOSUR und ASEAN – die bedeutendsten Wirtschaftsbündnisse neben der EU im Überblick (2014)

NAFTA: Ursprung dieses Wirtschaftsbündnisses war ein Freihandelsabkommen zwischen den USA und Kanada aus dem Jahr 1989. 1994 trat dann unter weiterer Teilnahme von Mexiko das **N**orth **A**merican **F**ree **T**rade **A**greement in Kraft. Zwischen den drei Mitgliedstaaten wurden die Zölle vermindert und Einfuhrhemmnisse abgebaut. Das Bündnis ist heute die zweitgrößte Freihandelszone der Welt hinter der EU.

	Fläche (km²)	Bev. (Mio.)	BIP (Mrd. US-$)	BIP/Kopf (US-$, KKS)	Exp. (Mrd. US-$)	Imp. (Mrd. US-$)
USA	9826675	321,4	17420	54600	1610	2334
Kanada	9984670	35,1	1789	44800	465	482
Mexiko	1964375	121,7	1283	17900	406	407

MERCOSUR: 1991 wurde dieser Gemeinsame Südamerikanische Markt (**Mer**cado **Co**mún del **Co**no **Sur**) gegründet, arbeitet aber erst seit 1995. Seit dem 01.01.2000 bilden die Mitgliedstaaten eine Zollunion mit dem Ziel, Handelshemmnisse und Zölle abzubauen. Er ist auch als Gegengewicht zur NAFTA gedacht. MERCOSUR hat die vier Gründungsmitglieder Argentinien, Brasilien, Paraguay und Uruguay. Hinzu kommt eigentlich seit 2006/2007 Venezuela; der Vollzug der Mitgliedschaft erfolgte aufgrund der politischen Umbrüche jedoch erst 2012.

	Fläche (km²)	Bev. (Mio.)	BIP (Mrd. US-$)	BIP/Kopf (US-$, KKS)	Exp. (Mrd. US-$)	Imp. (Mrd. US-$)
Argentinien	2780400	43,4	540	22600	77	66
Brasilien	8515770	204,3	2353	16100	243	242
Paraguay	406752	6,9	30	8400	15	12
Uruguay	176215	3,3	55	20600	11	12
Venezuela	912050	29,3	205,8	17700	83,2	50,3

ASEAN: Die **A**ssociation of **S**outh **E**ast **A**sian **N**ations wurde 1967 durch Indonesien, Malaysia, Philippinen, Singapur und Thailand gegründet. Hinzu kamen noch Brunei, Vietnam, Laos, Myanmar und Kambodscha. Der Abbau von Zoll- und Handelsbarrieren wurde 1992 beschlossen, und die „Asienkrise" Ende der 1990er Jahre beschleunigte den Prozess, sodass es schon seit 2002 fast keine Zollhemmnisse mehr gibt. Bis 2015 soll eine echte Freihandelszone entstehen. Langfristiges Ziel ist eine gemeinsame Währungsunion. China und Japan sind keine Mitglieder, mit ihnen gibt es aber regelmäßige Treffen.

	Fläche (km²)	Bev. (Mio.)	BIP (Mrd. US-$)	BIP/Kopf (US-$, KKS)	Exp. (Mrd. US-$)	Imp. (Mrd. US-$)
Indonesien	1904569	256,0	889	10600	175	168
Malaysia	329847	30,5	327	24700	231	194
Philippinen	300000	101,0	285	7000	48	64
Singapur	697	5,7	308	82800	410	366
Thailand	513120	68,0	374	14400	225	200
Übrige 5	1431388	173,7	293	3300–73200	179	171

Nach CIA: The World Factbook, Juni 2015

2

1 Beschreiben Sie die Weltkarte der Wirtschaftsbündnisse.

2 Vergleichen Sie die Kennzahlen zu NAFTA, MERCOSUR und ASEAN mit denen der EU (Werte für EU als Gesamtheit).

3 Erstellen Sie in Anlehnung an Tabelle 2 einen Steckbrief eines afrikanischen Wirtschaftsbündnisses (Atlas, Internet).

4 Nehmen Sie Stellung zu der Überschrift „Regionalisierung vs. Globalisierung?".

Neue Wirtschaftsbündnisse und die EU – Kooperation oder Konkurrenz?

Pazifik-Allianz: Kooperation

3 Die Präsidenten von Peru, Chile, Kolumbien und Mexiko (von links) am 14.02.2014 bei der Unterzeichnung des Freihandelsabkommens in Cartagena, Kolumbien

Gründung 2014

„Die Pazifik-Allianz hat die Abschaffung von Zöllen für den Großteil des Handels zwischen Kolumbien, Chile, Mexiko und Peru beschlossen. Das vereinbarten die Staatschefs der vier Mitgliedsstaaten ... im kolumbianischen Cartagena de Indias. Die Zölle sollen für 92 Prozent der ausgetauschten Produkte abgeschafft werden. Die restlichen acht Prozent, hauptsächlich Agrarprodukte, sollen in einer Frist von 17 Jahren stufenweise einbezogen werden, heißt es im Protokoll, das die Präsidenten Juan Manuel Santos (Kolumbien), Sebastián Piñera (Chile), Enrique Peña Nieto (Mexiko) und Ollanta Humala (Peru) unterzeichneten. Nur Zucker soll von dem Freihandelsabkommen ausgeschlossen bleiben. Der genaue Termin der Inkraftsetzung des Abkommens hängt von der Ratifizierung in den Landesparlamenten ab."

chk/sda: Pazifik-Allianz beschließt Freihandelszone. In: Basler Zeitung, vom 11.02.2014: http://bazonline.ch/wirtschaft/konjunktur/PazifikAllianz-beschliesst-Freihandelszone/story/14821866 (10.11.2015)

5

Wirtschaftsdaten der Allianz-Mitgliedstaaten 2012/2014 (gerundet)

Land	BNE (Mrd. US-$, KKS)	BNE/Kopf (US-$, KKS)	Export (Mrd. US-$)	Import (Mrd. US-$)
Chile	385/409	21 600/23 000	78,3/77,0	74,9/70,7
Kolumbien	583/640	12 200/13 400	59,9/55,0	54,6/56,8
Mexiko	2 067/2 141	17 300/17 900	371,4/406,4	371,2/407,1
Peru	343/371	10 900/11 800	45,6/36,4	41,1/40,3

Nach CIA: The World Factbook, Februar 2015

4

Pazifik-Allianz regional und global. In einem Artikel von August 2014 bezeichnete der „ExportManager" die Pazifik-Allianz als „Glanzstreifen in Lateinamerika" und hob das Bündnis ausdrücklich vom „vor sich hin dümpelnden Wirtschaftsblock MERCOSUR" ab. Der Allianz gehören vom Wirtschaftswachstum her die zurzeit dynamischsten Volkswirtschaften Lateinamerikas an. Hinzu kommen 42 Länder mit Beobachterstatus.

In den vier Gründungsstaaten leben zusammen ca. 214 Millionen Menschen, die rund 37% der wirtschaftlichen Wertschöpfung ganz Lateinamerikas schaffen. Eine besondere Stärke der Allianz liegt in der ökonomischen und weitgehend auch politischen Stabilität. Sie kommt vor allem den ausländischen Direktinvestitionen (ADI) zugute – in die vier Gründungsstaaten der Allianz flossen 2013 rund 42% aller in Lateinamerika getätigten ADI. Überhaupt gehören seine weit gestreuten internationalen Verflechtungen zu den bemerkenswerten Erfolgen dieses jungen Wirtschaftsbündnisses.
Drei zentralen Herausforderungen sieht sich das Bündnis zurzeit gegenüber: die Wirtschaft zu diversifizieren und damit auch die Abhängigkeit von Rohstoffexporten zu verringern, trotz geographisch problematischer Situation die länderverbindende Infrastruktur zu verbessern sowie schließlich den bisher sehr bescheidenen Warenaustausch untereinander zu verstärken.

5 Charakterisieren Sie die Pazifik-Allianz und ihre Mitgliedstaaten.

6 Erläutern Sie die globalen Verflechtungen dieses Wirtschaftsbündnisses.

7 Begründen Sie, warum einerseits die Pazifik-Allianz, andererseits aber auch die Europäische Union Interesse an einer Kooperation haben.

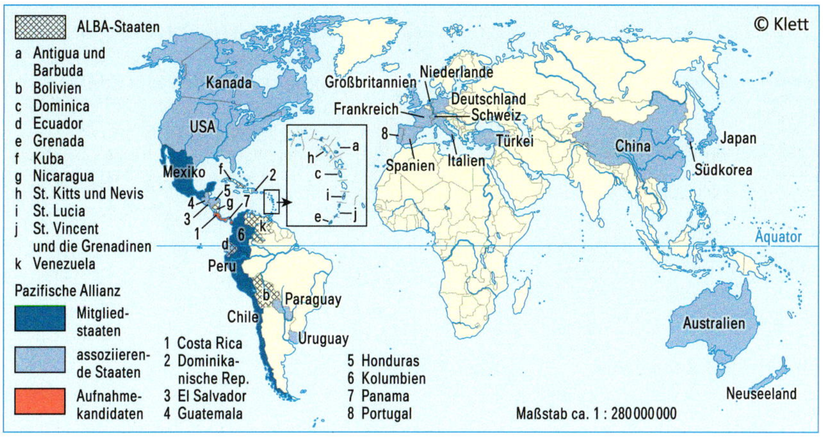

6 Die Pazifik-Allianz und ihre globalen Assoziierten

Strategien und globale Effekte

„Die Pazifik-Allianz … ist neoliberal orientiert und über Freihandelsabkommen eng mit EU und USA verbunden. Sie erstarkt zur Zeit recht rasch und bedroht auf lange Sicht unter anderem die Stellung Brasiliens, der bislang stärksten Wirtschaftsmacht des Subkontinents. Vor allem aber richtet sie sich gegen das lateinamerikanische ALBA-Bündnis um Venezuela, das sich um eine eigenständige Entwicklung inklusive einer stark sozial orientierten Politik bemüht. … Die Bundesrepublik hat zu Monatsbeginn [Februar 2014] Beobachterstatus bei der Pazifik-Allianz erhalten, die deutsche Wirtschaft baut die Geschäfte mit ihr aus. … Bereits heute erwirtschaftet die Pazifik-Allianz [Alianza del Pacífico] gut ein Drittel des gesamten lateinamerikanischen Bruttoinlandsprodukts. Sie setzt auf aggressiven Freihandel und hat … beschlossen, sämtliche Handelsschranken zwischen ihren Mitgliedern zu beseitigen; damit könne sie zur achtgrößten Volkswirtschaft weltweit werden, heißt es in einer aktuellen Analyse des German Institute of Global and Area Studies (GIGA). Letztes Jahr konnten ihre Mitglieder 41 Prozent der Auslandsinvestitionen in der Region an sich ziehen und wickelten die Hälfte des gesamten lateinamerikanischen Außenhandels ab; dabei liegt ihr Handelsschwerpunkt eindeutig in der Pazifik-Region, insbesondere in Ostasien. Wirtschaftskreise sind an ihr ungemein interessiert. … Aber insbesondere auch aus wirtschaftlichen Gründen nähern sich zahlreiche Staaten der Pazifik-Allianz an und haben inzwischen Beobachterstatus bei ihr erhalten …“

Nach GFP/amerika21: Die Strategie der Pazifik-Allianz. In: amerika21, vom 25.11.2013: https://amerika21.de/analyse/93657/strategie-der-pazifik-allianz (10.11.2015)

7

Staat	Fläche in km²	Bevölkerung in Mio.
Mexiko	1 964 375	121,7
Kolumbien	1 138 910	46,7
Peru	1 285 216	30,4
Chile	756 102	17,5

9 Die Staaten der Pazifik-Allianz

Wichtigste Export- und Importgüter der Allianz-Mitgliedstaaten 2013/2014 (Anteil an den Gesamtaus- bzw. -einfuhren)

Land	Exportgüter	Importgüter
Chile	Rohstoffe (Kupfer, Phosphat, Salpeter …) 34 %, Nichteisenmetalle 29 %, Nahrungsmittel 19 %, chem. Erzeugnisse 5 %	Erdöl 17 %, Maschinen 11 %, Kfz und Kfz-Teile 11 %, chemische Erzeugnisse 11 %, Elektronik 8 %
Kolumbien	Erdöl 55 %, Nahrungsmittel 8 %, chemische Erzeugnisse 6 %	chemische Erzeugnisse 17 %, Erdöl 11 %, Maschinen 11 %, Elektronik 10 %, Kfz und Kfz-Teile 9 %
Mexiko	Kfz und Kfz-Teile 22 %, Elektronik 16 %, Erdöl 11 %, Maschinen 10 %, Elektrotechnik 10 %	Elektronik 16 %, Maschinen 13 %, chemische Erzeugnisse 11 %, Kfz und Kfz-Teile 9 %, Elektrotechnik 8 %
Peru	Rohstoffe 30 %, Nahrungsmittel 15 %, Nichteisenmetalle 10 %, Erdöl 9 %,	Erdöl 15 %, chemische Erzeugnisse 14 %, Maschinen 13 %, Kfz und Kfz-Teile 11 %, Elektronik 8 %

Nach Der neue Fischer Weltalmanach 2016, Frankfurt a. M.: Fischer 2015

8

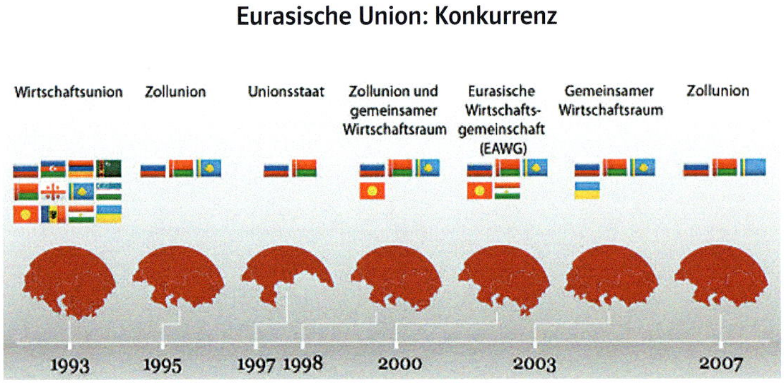

10 Versuche zur wirtschaftlichen Integration unter Beteiligung Russlands

12 Karikatur

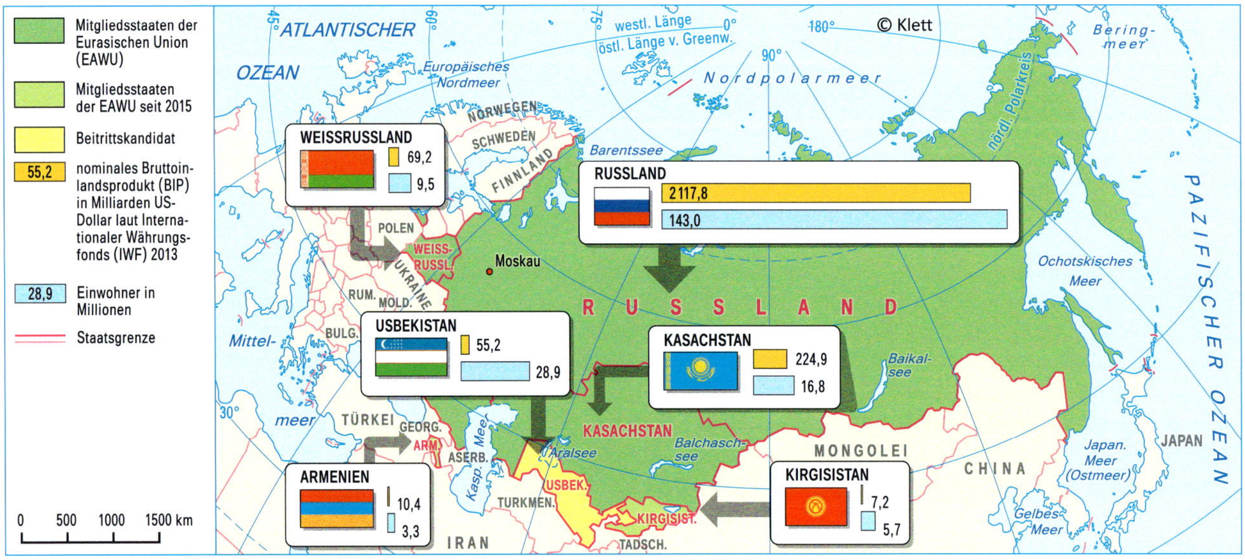

11 Eurasische Union – aktuelle und potenzielle Mitgliedstaaten
Nach Internationaler Währungsfonds 2015

Entstehung und Ziele der Eurasischen Union. Im Jahr 2006 erreichte man erstmals eine grundsätzliche Übereinkunft zur Gründung einer Zollunion zwischen den drei Staaten Russland, Kasachstan und Weißrussland. Bereits im Oktober des darauffolgenden Jahres hatte die ersten Konkretisierungsverträge fertig, und kündigte die formale Entstehung der „Eurasischen Zollunion" für Anfang 2010 an. Da Russland in dieser Zeit auch Mitglied in der Welthandelsorganisation WTO wurde, übernahm man die russischen Außenzolltarife auch für die neue Union. Die weiteren konkreten Maßnahmen zur Schaffung der Eurasischen Union erfolgten anschließend sehr zügig, wohl auch unter dem Druck der Auswirkungen der Weltwirtschaftskrise 2009/10. So fielen bereits zum 1. Juli 2011 alle Grenzkontrollen zwischen den drei Staaten weg. Neben der Stärkung der wirtschaftlichen Aktivitäten zwischen den Mitgliedern hatte die Union ein weiteres wesentliches Ziel: Man wollte die eigene Position und Verhandlungsmacht stärken, sowohl gegenüber der Europäischen Union im Westen als auch den aufstrebenden asiatischen Wirtschaftsmächten im Osten.

8 Stellen Sie die Intentionen dar, die Russland mit der Eurasischen Union verbindet.

9 Interpretieren Sie in diesem Zusammenhang die Karikatur 12.

10 Vergleichen Sie die demografischen und wirtschaftlichen Daten der Mitgliedstaaten.

Schlagzeilen 2013/2014

„Putin: Indien will Freihandelszone mit Ländern der Zollunion“

„Nasarbajew [Präsident Kasachstan] schlägt Aufnahme der Türkei in die Zollunion vor“

„Armenien vollzieht Kehrtwendung: statt Vertrag mit der EU Mitgliedschaft in der Eurasischen Union“

„Kirgisistan wird möglicherweise 2015 der Zollunion beitreten“

„Vietnam geht Freihandelszone mit Zollunion Russland-Kasachstan-Weißrussland ein“

13

Fallbeispiel Armenien. Die Schlagzeilen oben machen deutlich, dass zumindest die Wunschvorstellungen dahin gehen, dass die Eurasische Union weitere Kreise zieht. Unter anderem ist von Armenien die Rede, das 2015 ebenfalls dem Bündnis beigetreten ist. Dieser Schritt ist bezeichnend für die Situation in der Eurasischen Union:
Armenien hat keine gemeinsame Grenze mit einem der anderen Bündnispartner, besitzt allerdings noch aus sowjetischen Zeiten eine relativ enge Bindung an Russland. Von seinen wirtschaftlichen Möglichkeiten her ist es ein eher schwaches Unionsmitglied, das durch den Beitritt auch noch einen gravierenden Nachteil erhält: Armenien erhob bis 2014 Zölle in Höhe von nur 3,1 %, was den Handel mit dem Ausland förderte. Der Beitrittsvertrag sieht aber eine Angleichung auf den Unionsdurchschnitt von 9,2 % vor – die wirtschaftliche Nähe zu Russland wird mit einer wachsenden Distanz zur übrigen Welt erkauft.

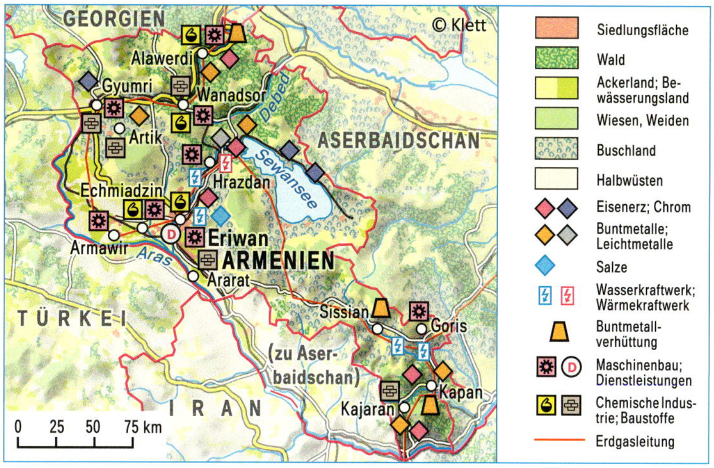

15 **Armenien – Wirtschaft**

Russisches Gas als Druckmittel

„Auf das Ende von Befehlen und Planwirtschaft folgte der Zusammenbruch, danach eine Erholung. Armenien verbuchte über viele Jahre ein hohes Wirtschaftswachstum, doch der Einbruch in der globalen Krise 2009 war umso tiefer: Das Bruttoinlandprodukt (BIP) schrumpfte um über 14 % …
Moskau hat Argumente, Armenien von einem Beitritt zu seinem Prestigeprojekt zu überzeugen: Das Land ist abhängig von russischem Erdgas. Anfang Juli 2013 erhöhte der russische Exportmonopolist Gazprom den Preis von 180 $ auf 270 $ je 1 000 m³. Im September erklärte dann Armeniens Präsident Sargsjan die Kehrtwende und nahm von der lange Zeit vorbereiteten. … EU-Assoziierung Abstand. Im Dezember gewährte Gazprom für fünf Jahre wieder einen Preis von 189 US-$.“

Benjamin Triebe: Gefangen in der eigenen Machtlosigkeit. In: Neue Zürcher Zeitung, vom 15.07.2014: www.nzz.ch/wirtschaft/gefangen-in-der-eigenen-machtlosigkeit-1.18343522 (10.11.2015)

16

Wirtschaftliche Kenndaten der aktuellen und potenziellen Mitgliedsstaaten 2014

	BIP/Kopf* (US-$, KKS)	Exporte (Mrd. US-$)	Importe (Mrd. US-$)	Auslandsschulden (Mrd. US-$)	Arbeitslosigkeit** (% der Beschäft.)
Russland	24 800	520,3	323,9	683,6	5,1
Kasachstan	24 000	87,3	47,6	163,2	5,2
Armenien	7 400	1,5	4,4	8,5	17,6
Kirgisistan	3 400	2,0	5,5	6,8	7,6
Usbekistan	5 600	13,3	12,5	8,8	4,9

* in Dollarwerten von 2013; ** staatliche Angaben, z. T. zweifelhaft
Nach CIA: The World Factbook, Juni 2015

14

11 Armenien:
a) Beschreiben Sie die Wirtschaft des Landes.
b) Erläutern Sie am Beispiel Armeniens die Konkurrenz der Eurasischen Union zur EU.

12 Gestalten Sie eine Präsentation zu einem ausgewählten Mitgliedsland dieses Wirtschaftsbündnisses (Lage, demografische, soziale und wirtschaftliche Aspekte, politische Situation etc.).

1 TTIP: Brückenbau zwischen den Kontinenten?

3 TTIP: Demonstration gegen das Abkommen

6.3 Wirtschaftliche Zusammenarbeit als globale Zukunftssicherung?

Kompetenzen erwerben

- Die Kernpunkte des Transatlantischen Freihandelsabkommens darstellen;
- die wirtschaftlichen Erwartungen an das Abkommen charakterisieren;
- die Kritik am TTIP erläutern;
- Stellung nehmen zu der Frage, wem das Abkommen dient und ob es wünschenswert ist;
- den Sinn von Wirtschaftssanktionen gegen Staaten erörtern.

TTIP – zukunftsweisender Baustein für eine globale Ökonomie?

Neben den regionalen Wirtschaftsbündnissen gibt es Verhandlungen über **Freihandelszonen**, die die bisherigen Dimensionen übersteigen. Für uns in Europa steht das **Transatlantische Freihandelsabkommen** (Transatlantic Trade and Investment Partnership, TTIP) im Mittelpunkt.

Im TTIP stellen die USA den einen Verhandlungspartner, der andere ist die Europäische Union. Als EU-Bürger sind wir also unmittelbar betroffen. Dienen solche Abkommen einem echten Brückenschlag mit wirtschaftlicher und sozialer Zukunftssicherung?

Eurobarometer 83 (2015): Meinung der Bevölkerung der einzelnen EU-Staaten zum TTIP

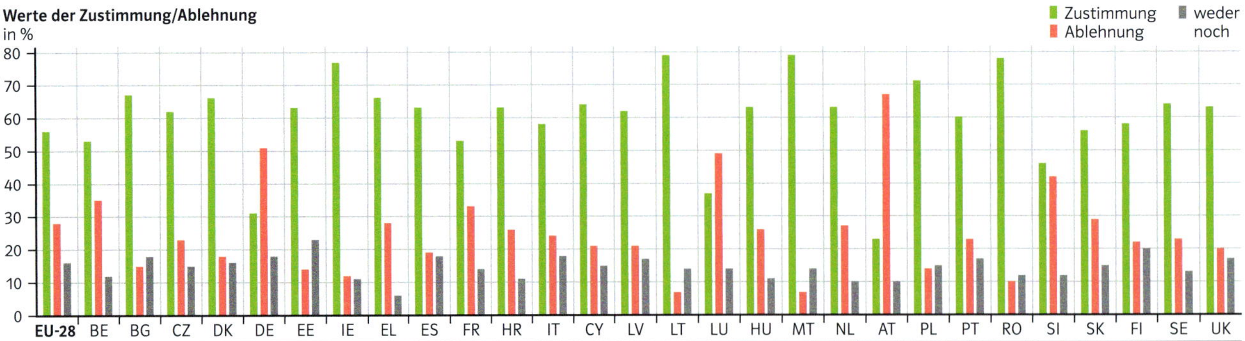

Eig. Darst. nach Europäische Kommission (Hrsg.): Standard-Eurobarometer 83 Frühjahr 2015. Die öffentliche Meinung in der Europäischen Union. Tables of Results, T74, Frage QA18.5 deutsche Version: http://ec.europa.eu/public_opinion/archives/eb/eb83/eb83_anx_en.pdf (10.11.2015)

2

Fakten zum TTIP

Seit Beginn der 1990er Jahre wird ein Freihandelsabkommen zwischen den USA und der EU diskutiert. Nach verschiedenen Verhandlungsstationen kam es 2011 zur Vereinbarung zwischen US-Präsident Barack Obama und dem EU-Ratspräsidenten Herman van Rompuy, eine sogenannte „High-Level Working Group on Jobs and Growth“ einzusetzen, um konkrete Aspekte des Abkommens zu erarbeiten. Unter anderem entzündete sich die Kritik an der Zusammensetzung dieser Gruppe, die erst nach massiven Forderungen von NGOs überhaupt bekannt gegeben wurde.
Im Juni 2013 wurde schließlich am Rande eines G8-Gipfels der Beginn der Verhandlungen verkündet. Nach offiziellen Angaben der EU-Kommission und des US-Handelsministeriums geht es um Fragen des Marktzugangs, der „regulatorischen Zusammenarbeit“ sowie der Entwicklung globaler Regelungen. Tarifäre Hemmnisse wie vor allem Zölle spielen dabei nur eine untergeordnete Rolle, da weniger als sieben Prozent des Warenaustauschs zwischen den beiden Regionen überhaupt mit Zöllen belegt sind. Im Mittelpunkt steht also der Abbau nichttarifärer Hemmnisse.

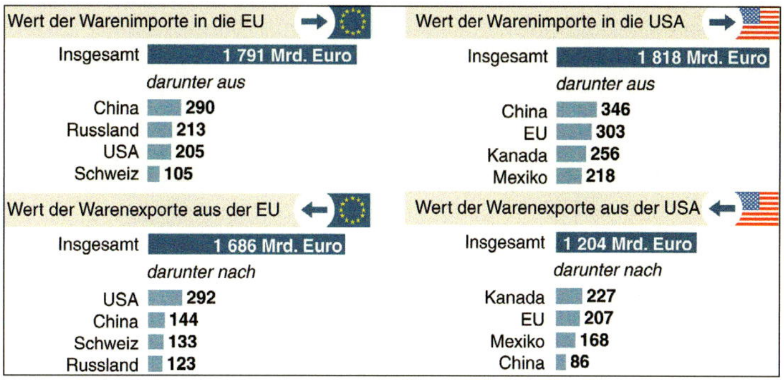

5 **Wichtige Handelspartner der EU (links) und der USA (rechts)**

Wer verhandelt?
„Die Verhandlungen werden auf europäischer Seite von der EU-Kommission geführt, genauer: von der Generaldirektion Handel. ... Der EU-Ministerrat hat der EU-Kommission ein Mandat erteilt. ... Die europäischen Mitgliedstaaten werden in einem Sonderausschuss an den Verhandlungen beteiligt. Einmal wöchentlich stimmen sich Mitgliedstaaten und Kommission hier ab – auf diese Weise sind auch die Staats- und Regierungschefs in die Verhandlungen eingebunden. Und auch das EU-Parlament wird in allen Phasen der Verhandlungen unterrichtet. Am Ende muss das EU-Parlament TTIP zustimmen.“
Sandra Stalinski: Der Streit um TTIP – darum geht es, vom 10.10.2015: www.tagesschau.de/wirtschaft/faq-freihandelszone-eu-usa-101.html (21.01.2016)

6

TTIP: Kernaspekte und Beispiele für deren Umsetzung

Kernpunkte	Beispiele für die Konkretisierung der Kernpunkte
Gleichstellung der Unternehmen in beiden Räumen bei der Vergabe öffentlicher Aufträge	Ein amerikanisches Unternehmen der Baubranche könnte sich für Aufträge in jedem EU-Land bewerben. Es unterliegt bei Auftragserteilung aber auch den dort geltenden gesetzlichen Regelungen und Verpflichtungen; umgekehrt würde für europäische Firmen das Gleiche in den USA gelten.
Harmonisierung der Industriestandards	Durch eine Harmonisierung könnten kleinere oder mittlere Unternehmen des Maschinenbaus Geld einsparen, das sie ansonsten für die Zertifizierung der jeweils anderen Standards zahlen müssten. Denn die industriellen Normen weichen in beiden Räumen derzeit zum Teil stark voneinander ab.
gegenseitige Öffnung in den Bereichen Bildung, Film und Internet	US-amerikanischen Investoren würde es ermöglicht, private Universitäten in EU-Staaten zu eröffnen und für diese staatliche Fördermittel einzufordern. Oder: Das Internet könnte weitgehend liberalisiert und dereguliert werden, wie es in den USA üblich ist.
Deregulierung des Finanzsektors	Sowohl in den USA als auch in der EU würden Regulierungsinstrumente, die im Zuge der Finanzkrise 2008/2009 geschaffen wurden, wieder abgeschafft und so der Bankensektor wieder liberalisiert werden.
Angleichung der Lebensmittelgesetze und Gesundheitsstandards	Lebensmittel aus den USA, deren Verkauf in Europa verboten ist (wie beispielsweise Fleisch von Rindern, bei denen das Wachstumshormon Ractopamin eingesetzt wurde), bekämen Zugang zum europäischen Markt. Umgekehrt träfe das auch auf Lebensmittel aus Europa zu, die in den USA nicht verkauft werden dürfen (wie z. B. verschiedene Käsesorten).
gegenseitige Akzeptanz bzw. Angleichung von Umweltstandards	Die Technologie des Fracking, die in den USA eingesetzt wird, könnte auch in Staaten der EU leichter zum Einsatz kommen – auch durch amerikanische Firmen, die über praktisches Know-how in der Anwendung verfügen.
Investitionsschutzabkommen (ISDS)	Ein US-Unternehmen wird mit seinen Interessen in einem europäischen Land juristisch geschützt, z. B. vor Ungleichbehandlungen oder Enteignungen. Es hat das Recht, wenn es seine Interessen oder Investitionen bedroht sieht, Klage gegen die „Willkür von Staaten“ zu erheben. Darüber entscheiden dann aber nicht die „normalen“ Gerichte des Landes, sondern extra installierte private Schiedsgerichte. Bilateral, also zwischen zwei einzelnen Staaten, gibt es bereits solche Abkommen.

4

Erwartungen von Unternehmen an das Freihandelsabkommen nach Umfragen der Deutschen Industrie- und Handelskammer (DIHK)

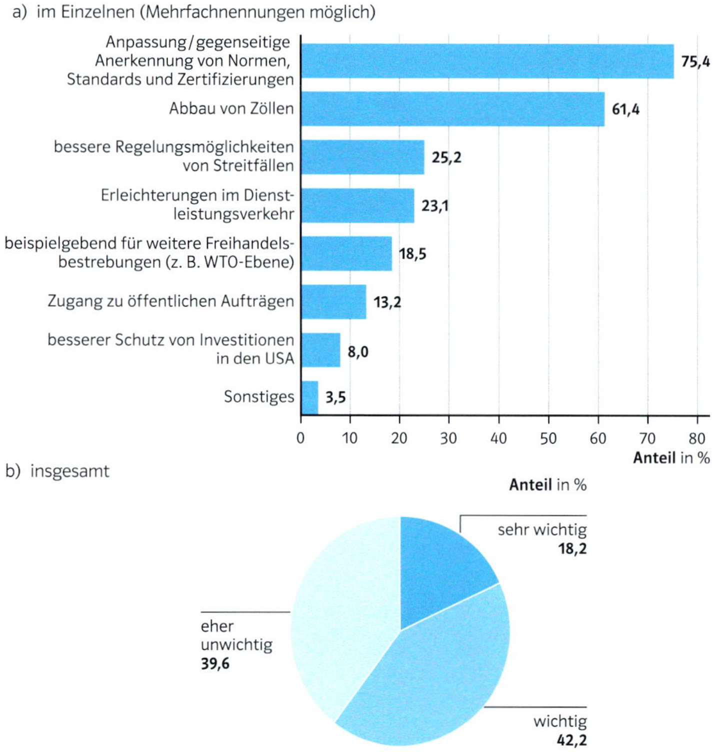

Eigene Darstellung nach Daten der IHK

7

Erwartungen an das TTIP

Studien des Londoner Centre of Economic Policy Research, des Münchener Ifo-Instituts sowie der Bertelsmann-Stiftung zum TTIP errechneten ökonomische Vorteile. So erwartet man in der Studie der Bertelsmann-Stiftung für einen Zeitraum von zehn bis 15 Jahren ein zusätzliches BIP-Wachstum von insgesamt 3,3 Prozent. Prognostiziert wird darüber hinaus das Entstehen von zwei Millionen neuen Arbeitsplätzen in den Staaten der OECD (34 entwickelte, der Marktwirtschaft verpflichtete Länder). 1,1 Millionen davon erwartet man für die USA, 181 000 für Deutschland als größte EU-Volkswirtschaft.
Von den Unternehmen sollen neben den global agierenden vor allem auch kleinere und mittlere Unternehmen profitieren. Hierzu meinte z. B. Charles Ries, Architekt des NAFTA-Bündnisses, dass es zwar grundsätzlich hypothetisch und spekulativ sei, die Auswirkungen des TTIP vorhersagen zu wollen. Andererseits könne man aber mit Sicherheit davon ausgehen, dass der Wegfall von unterschiedlichen Vorschriften und Standards gerade kleineren Unternehmen zugutekommen würde. Für sie entstünden deutliche Kostenvorteile, da sie jetzt nicht mehr für die jeweiligen Räume auch jeweils modifizierte Produkte herstellen müssten.

Prognostizierte Effekte beim Bruttoinlandsprodukt (BIP) im Laufe von ca. 10–15 Jahren nach Inkrafttreten des Freihandelsabkommens

	Einwohner 2014 (Mio., gerundet)	BIP 2013 (Mrd. US-$)	BIP/Kopf 2013 (US-$, PPP*)	Gesamtwachstum des BIP/Kopf (%) innerhalb von 10–15 Jahren nach Inkrafttreten des TTIP
USA	319	16 720	52 800	+13,4
EU	503	18 298	36 380	+5,0
z. B. GB	64	2 490	37 300	+9,7
D	81	3 593	39 500	+4,7
F	66	2 276	35 700	+2,6
nicht beteiligte Staaten				
z. B. Japan	127	5 007	37 100	−5,9
Mexiko	120	1 327	15 600	−7,2
Welt				+3,3

* Purchasing Power Parity, deutsch: Kaufkraftparität. Um unterschiedliche Währungen (hier: US-Dollar, Euro, Engl. Pfund) vergleichbar zu machen, wird berechnet, wie viel man für Waren im jeweiligen Raum/Land (hier also in Euro und in Pfund) bezahlt, für das man in den USA einen US-Dollar zahlen muss.
Eigene Zusammenstellung u. a. nach Bertelsmann-Stiftung

8

1 Beschreiben Sie Intentionen und wesentliche Inhalte des TTIP.

2 Vergleichen Sie die Struktur der Handelsbeziehungen der USA und der EU (Diagramm 5).

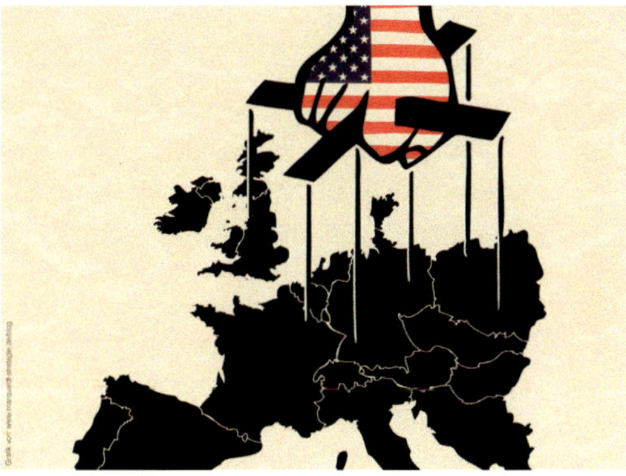

9 „Puppet on a string"

Kritik am TTIP

Die Kritiker haben eine ganz andere Sicht auf das Abkommen. Es handelt sich bei ihnen um NGOs (Nichtregierungsorganisationen) wie Attac, Greenpeace oder BUND, um Wirtschafts- und Handelsexperten von Instituten und Zeitungen oder auch um Parteien. Ein zentraler Kritikpunkt ist die Verhandlungsführung. Erst auf Druck von NGOs hin legte man 2013 die Verhandlungsrunden offen. In ihnen sind mehrere hundert Personen in verschiedenen Gruppen tätig, und zwar Delegierte der USA und der EU-Kommission. Genau das erscheint den Kritikern problematisch, da die EU-Kommission kein demokratisches Mandat besitze. Vielmehr fürchtet man, dass sie unter dem Druck der rund 15 000 Wirtschaftslobbyisten stehe, die es allein in der „EU-Hauptstadt" Brüssel gibt. Weitere kritische Punkte sieht man in der geplanten Deregulierung, z. B. des Finanzwesens, in der Aufgabe hoher europäischer Verbraucherstandards sowie darin, dass die USA zu stark profitieren. Eine neue Studie des Global Development and Environment Institute der amerikanischen Tufts-Universität (2014) kommt allerdings zu dem Ergebnis, dass die BIP-Zunahme bis 2025 bei den USA nur bei 0,4 % liegt, bei Deutschland, Großbritannien und Frankreich sogar zwischen −1,0 bis −1,9 %.

Besonderer Kritik unterliegt das geplante Investitionsschutzabkommen. Die privaten Schiedsgerichte ICSID (Investor-State dispute settlement) schalten den öffentlichen rechtsstaatlichen Weg aus. Sie treffen Entscheidungen, die wie innerstaatliche Urteile vollstreckbar sind und gegen die der betroffene Staat keinen Einspruch einlegen kann. Hierbei entsteht eine weitere Problematik dadurch, dass die bisher existierenden Schiedsgerichte eine Nähe zur Weltbank aufweisen. Es entsteht der Vorwurf, dass es sich nicht um eine neutrale, sondern eher wirtschaftsnahe Rechtsprechung handelt. Im Kern hat dieser Teil des Abkommens mit dem Freihandel, der im Mittelpunkt des TTIP stehen soll, nichts zu tun. Und die Kritiker sehen darüber hinaus in ihm einen massiven Eingriff in die staatliche Souveränität.

Was handeln wir uns da ein?

„Es sind Gesetze, die bestimmte Produkte und Technologien verbieten oder Unternehmen verpflichten, Auflagen einzuhalten. Zum Beispiel ist es in der EU nicht nur verboten, Rindern oder Schweinen Wachstumshormone zu verabreichen [wie in den USA möglich], sondern auch, das Fleisch geschlachteter Hühner oder Puten mit Chlordioxid zu waschen und dadurch zu desinfizieren. In den USA ist auch das übliche Praxis. In der EU ist der Anbau von genverändertem Getreide weitgehend untersagt. In den USA wächst es auf fast jedem Acker. Diese Gesetze wurden nicht erlassen, um amerikanischen Waren den Weg nach Europa zu versperren, sondern um die Gesundheit europäischer Bürger zu schützen. Das unterscheidet diese Gesetze von Zöllen oder Quoten. Trotzdem haben sie eine ähnliche Wirkung: Amerikanisches Chlorfleisch darf die EU-Außengrenzen nicht überqueren. Bis jetzt. Denn in Europa gilt das sogenannte Vorsorgeprinzip. Hormonfleisch dürfe nur produziert werden, wenn zweifelsfrei feststünde, dass es nicht gesundheitsschädlich ist. In Amerika ist es umgekehrt: Solange nicht eindeutig erwiesen ist, das bestimmte Pestizide, Chemikalien und Produktionsverfahren schädlich sind, bleiben sie erlaubt. ‚Es gibt keinen Beweis dafür, dass die Hormonbehandlung schädlich für den Konsumenten ist', sagt Don Shawcroft [ein in dem Artikel beschriebener Farmer aus Colorado, der seinen Rindern das Hormon Ractopamin verabreicht].

Es sind nicht nur ein paar amerikanische Viehzüchter, denen die europäischen Gesetze das Geschäft verderben, sondern auch große Konzerne. Der Saatguthersteller Monsanto etwa will seine genmodifizierten Getreidesorten in Europa absetzen. Das Fast-Food-Unternehmen Yum! Brands, Muttergesellschaft von Kentucky Fried Chicken und Pizza Hut, könnte seinen Gewinn steigern, wenn es preisgünstiges, industriell hergestelltes amerikanisches Fleisch in Europa verkaufen dürfte.

… Der amerikanische Landwirtschaftsminister Tom Vilsack … sagte, ohne wirklich überzeugende Zugeständnisse der Europäer im Bereich Landwirtschaft, werde es ‚sehr schwierig', sich auf ein Abkommen zu einigen. Aus Sicht der Amerikaner soll TTIP die Planierraupe sein, die die verbliebenen Hügel am Rande Europas platt walzt. Die Frage ist: Warum sollten die Europäer auf diese Forderungen eingehen? Die Antwort: Weil auch ihre Unternehmen sich eine Menge von TTIP erhoffen …"

Nach H. Butcher, P. Pinzler und W. Uchatius: Was handeln wir uns da ein? In: DIE ZEIT Nr. 27 vom 26. Juni 2014, DOSSIER, S. 13/14

10

3 Charakterisieren Sie
a) die Erwartungen deutscher Unternehmen an das Freihandelsabkommen,
b) die prognostizierten Wachstumseffekte für die Volkswirtschaften.

4 Analysieren Sie den Text 10.

5 Interpretieren Sie die Karikatur 9 zum TTIP.

6 Erörtern Sie die in der Überschrift gestellte Frage „TTIP – zukunftsweisender Baustein für eine globale Ökonomie?".

Wirtschaftssanktionen – sinnvoll oder zerstörerisch?

12 **EU-Sanktionen aus russischer Sicht**

Wirtschaftliche Kenndaten des Iran der Jahre 2000–2015

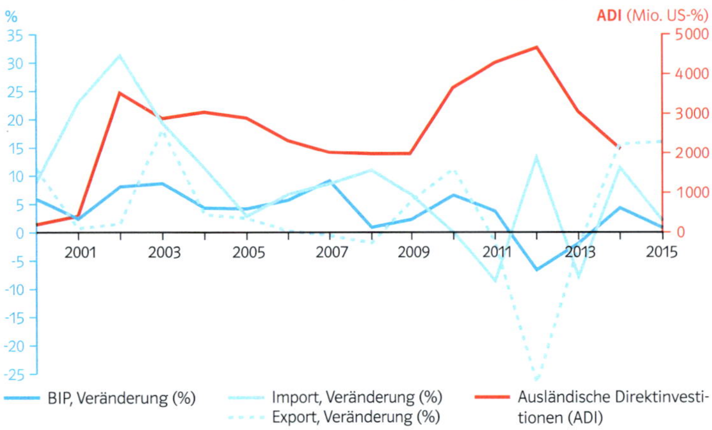

Eigene Zusammenstellung, u.a. nach UNCTAD, World Bank, COMTRADE; mit freundlicher Unterstützung von GTAI

11

Embargo
Das Verbot von Ex- und Importen von Waren oder Rohstoffen aus einem bzw. in ein Land

Veto-Mächte im UN-Sicherheitsrat
USA, Russland, China, Großbritannien, Frankreich

Wie die bisherigen Ausführungen gezeigt haben, können wirtschaftliche Verflechtungen und Kooperationen Instrumente darstellen, die die internationale Zusammenarbeit stärken und die eine Win-win-Situation für die Beteiligten darstellen. Wie sieht es dagegen aus, wenn die Ökonomie als eine Art politischer Waffe eingesetzt wird? Wie weit reichen die Schäden, die durch Sanktionen entstehen? Und wen betreffen sie – nur den Sanktionierten oder auch diejenigen, die die Sanktionen verhängen?

Sanktionen. In den letzten Jahrzehnten gab es mehrere Fälle **wirtschaftlicher Sanktionen** gegenüber Staaten. 1961 verhängten beispielsweise die USA nach dem Sieg des kommunistischen Revolutionsführers Fidel Castro ein umfassendes Wirtschaftsembargo gegen Kuba. Das heißt, dass alle ökonomischen Beziehungen zwischen Kuba und seinem bis dahin wichtigsten Partner USA verboten wurden. Der Inselstaat verarmte in der Folge massiv. 2015 initiierte jedoch Präsident Obama Verhandlungen, um diese Poltik zu beenden. Dem Austausch von Botschaftern sollen die Wiederbelebung von Handel und Investitionen folgen.
An zwei weiteren Sanktionen war bzw. ist auch die Europäische Union beteiligt, und zwar gegen den Iran sowie gegen Russland.

Iran. Im Jahr 2002 kamen durch die Internationale Atomenergie-Organisation (IAEO) Zweifel auf, ob das Atomprogramm des Iran friedlich sei. In der Folge wuchsen die Spannungen zwischen den USA und der EU auf der einen Seite und dem Iran auf der anderen. Der Hintergrund war, dass man befürchtete, der Iran könne in den Besitz von Atombomben gelangen und somit Israels Existenz gefährden. In den 2010er Jahren wurden verschiedene UN-Resolutionen verabschiedet, die immer umfangreichere Wirtschaftssanktionen umfassten, wie z.B. die stark eingeschränkte Abnahme iranischen Erdöls oder ein US/EU-Exportverbot für bestimmte Maschinen, Fahrzeuge, Konsumgüter usw. Diese Sanktionen hatten für das Land und seine Menschen gravierende Auswirkungen. Das jährliche Wachstum des BNE ging zurück und schrumpfte in den Jahren 2012 und 2013 sogar um 1,88 % bzw. 1,25 %. Dem Staat fehlten besonders die Öl-Einnahmen, um z.B. die Industrie zu modernisieren. Die Einkünfte und Kaufkraft vieler Menschen sanken, sodass zunehmend Armut entstand.
Die Verhandlungen zwischen den fünf Veto-Mächten des UN-Sicherheitsrats plus Deutschland (das ein traditionell gutes Verhältnis zum Iran hat) führten 2015 zu einem Abkommen, welches den stufenweisen Abbau der Sanktionen in den nächsten zehn Jahren vorsieht, und zwar im gleichen Maße, wie die Kontrollen seines Atomprogramms erfolgreich sind.

7 Erläutern Sie am Beispiel des Iran, inwiefern Sanktionen Wirtschaft und Politik verknüpfen.

8 Beschreiben Sie anhand der Karikatur 12, wie Russland die Sanktionen gegen sein Land selbst einschätzt.

Russland. Die Embargomaßnahmen gegen Russland, die vor allem von den USA und der EU vorangetrieben wurden, haben eine andere politische Dimension. Verhängt wurden sie 2014 als Reaktion auf einen vollzogenen klaren Völkerrechtsbruch, indem Russland 2013 die Krim annektierte.
Die Sanktionen richten sich gegen Personen, Banken und Unternehmen. Auch dürfen z.B. europäische Kreuzfahrtschiffe den Krimhafen Sewastopol nicht mehr anlaufen, der bisher zum Standardprogramm von Schwarzmeer-Kreuzfahrten gehörte. Erst wenn das Friedensabkommen von Minsk vom Februar 2015 umgesetzt wird, sollen sie aufgehoben werden. Den Maßnahmen, zu denen auch das Ruhen von Russlands prestigeträchtiger Mitgliedschaft in der G8 gehört, haben sich mittlerweile weitere Länder angeschlossen.
Als Folge dessen hat Russland mit Gegensanktionen reagiert, beispielsweise mit einem umfassenden Importverbot für westliche Nahrungsmittel. Und das Land bemüht sich verstärkt um wirtschaftliche Kooperationen außerhalb der EU.
Obwohl das Handelsvolumen nur zwischen drei und vier Prozent unseres gesamten Außenhandels beträgt, sind vor allem in Deutschland Vorbehalte der Wirtschaft gegen die Sanktionen vorhanden:
- Russland ist unser wichtigster Öl- und Gaslieferant.
- Deutsche Unternehmen sind im Vergleich zu anderen europäischen Ländern besonders stark in Russland engagiert.
- Russland gehört zu den wichtigen Märkten für deutsche Agrarexporte.

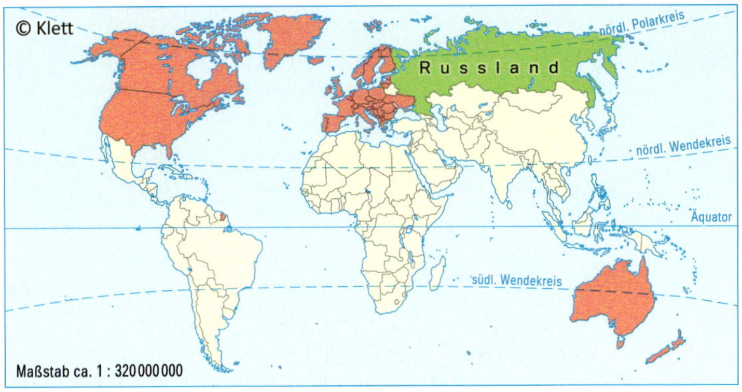

14 **Staaten, die sich an den Sanktionen gegen Russland beteiligen**

Anteil der EU-Agrarexporte nach Russland bei ausgewählten landwirtschaftlichen Produkten 2013*

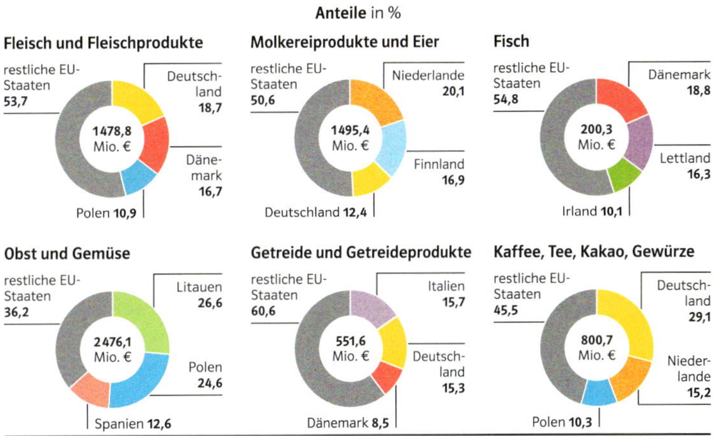

Nach Eurostat; unter http://de.statista.com/infografik/2550/anteil-der-eu-exporte-nach-russland-ausgewaehlter-gueter/
*jeweils führende drei Länder sowie restliche EU, gemessen am Warenwert

15

Sanktionswirkungen
„Nach mehr als einem Jahr westlicher Sanktionen gegen Russland ist die Stimmung der deutschen Unternehmer im Riesenreich schlecht. ‚85 Prozent der Firmen beurteilen die Wirtschaftsentwicklung in Russland negativ oder leicht negativ', ergab eine Umfrage der Auslandshandelskammer (AHK) in Moskau. Schuld daran sind aber nicht nur die Strafmaßnahmen wegen der Ukraine-Krise. Vielmehr sei die schwache Gesamtsituation dem niedrigen Ölpreis und versäumten Strukturreformen geschuldet, teilte die AHK am Freitag mit. ‚Die Sanktionen verstärken diesen Trend nur, sie sind nicht der Auslöser'. … Dennoch sei das Investitionsinteresse der rund 6 000 deutschen Unternehmen in Russland ungebrochen. Für knapp drei Viertel sei das rohstoffreiche Land unter den Top Ten der Zielmärkte, für ein Viertel sogar auf Platz eins, geht aus der Umfrage hervor. An einen politischen Erfolg der Sanktionen glauben drei Viertel der Unternehmen demnach nicht. Stattdessen fürchtet die deutsche Wirtschaft wachsende Konkurrenz aus China. Seit Beginn der Sanktionen 2014 hofiert die russische Führung verstärkt das Reich der Mitte und zielt auf chinesische Investitionen und engere Wirtschaftsverbindungen mit Peking ab …"
dpa: Russland – Sanktionen setzen auch deutsche Wirtschaft unter Druck. In: RP Online, vom 31.07.2015: www.rp-online.de/wirtschaft/sanktionen-gegen-russland-haben-auch-auswirkungen-auf-deutsche-wirtschaft-aid-1.5278132 (11.11.2015)

13

9 Russland-Sanktionen:
a) Erläutern Sie, auch mithilfe einer Internetrecherche, Auswirkungen der westlichen Sanktionen auf Russland.
b) Stellen Sie demgegenüber mögliche Auswirkungen auf die Bundesrepublik Deutschland dar.

10 Gestalten Sie eine Podiumsdiskussion zum Thema „Sind Wirtschaftssanktionen gegen Russland sinnvoll oder zerstörerisch?".

TERRA **KOMPETENZ**

Freihandelszone
Globalisierung
Handelsbilanz
Protektionismus
Regionalisierung
Standort Deutschland
Triade
Transatlantisches Freihandelsabkommen (TTIP)
Wirtschaftssanktionen
Welthandelsorganisation (WTO)

Wissen vernetzen

Die Europäische Union ist ein Teil der sogenannten Triade, also der drei bedeutendsten Wirtschaftsräume der Erde - zusammen mit Nordamerika und dem östlichen Asien. Darüber hinaus stellt sie auch den weltweit größten Binnenmarkt dar. Eng eingebunden in diese globale Rolle ist Deutschland als größte Volkswirtschaft der EU, für die der Außenhandel eine herausragende Bedeutung hat. Die seit Jahrzehnten positive Außenhandelsbilanz unseres Landes wird allerdings im Ausland oft kritisch gesehen. Andererseits können die deutschen Handelsbilanzüberschüsse als ein Zeichen für Innovationskraft und Qualität gewertet werden.

Der Standort Deutschland ist zwar auch heute nicht frei von Schwächen im internationalen Wettbewerb. Er ist jedoch zum „Zugpferd" der EU geworden. Weil der zur Jahrtausendwende zu verzeichnende Reformstau in verschiedenen ökonomischen und sozialen Bereichen überwunden wurde, konnte die Wirtschaft unseres Landes u.a. die Folgen der Finanzkrise von 2008/2009 gut überstehen.

Es ist ein Prozess der Regionalisierung der Weltökonomie zu beobachten. Trotz der Gefahr, dass Bündnisse protektionistische Maßnahmen ergreifen, um ihren Wirtschaftsraum zu schützen, kann Regionalisierung auch als Teil des Globalisierungsprozesses gesehen werden. Denn somit können sich Regionen bzw. Länder gestärkt positionieren, z.B. gegenüber den USA oder der EU. Beispiele für neue regionale Wirtschaftsbündnisse sind die Pazifik-Allianz sowie die Eurasische Union, mit einem grundlegend unterschiedlichen Verhältnis zur EU. Erstere sucht bewusst die Kooperation, um von gegenseitigen Beziehungen zu profitieren. Dagegen steht die Eurasische Union eher in Konkurrenz zur EU, was entscheidend politisch motiviert ist. Den Versuch, noch globalere Freihandelszonen zu schaffen, stellt für Europa das umstrittene Freihandelsabkommen TTIP dar. Während einige in diesem Freihandelsabkommen zwischen den USA und der EU große wirtschaftliche Chancen sehen, befürchten andere die Aufgabe europäischer Werte und Standards.

Fast genauso umstritten ist auch das Gegenteil eines freien Wirtschaftens, nämlich Wirtschaftssanktionen gegenüber einzelnen Staaten. Die einen halten sie für ein wirksames politisches Druckmittel, die anderen befürchten, dass gewachsene Beziehungen dauerhaft gestört werden.

Die EU und Deutschland in der Weltwirtschaft

Globale Wirtschaftsverflechtungen
Triade/regionale Wirtschaftsbündnisse/benachteiligte Räume/Global Player

EU mit Deutschland als Teil der Triade	↔	**Regionalisierung**	↔	**Globale Zusammenarbeit**
herausragende Position, nicht unumstrittene Rolle Deutschlands		Wirtschaftsbündnisse zwischen Kooperation und Konkurrenz		Freihandel zwischen Ausbau und Beschränkungen
Problemfelder z.B. Handelsbilanzüberschüsse, globale Standortkonkurrenz		**Problemfelder** z.B. Protektionismus, Vormachtstreben		**Problemfelder** z.B. Wirtschaftsliberalisierung, Wirtschaftssanktionen
↓		↓		↓

Pflege globaler Verflechtungen als dauerhafte Zukunftsaufgabe
formell (Staaten, Bündnisse, internationale Handelsorganisationen …)/informell (Fair Trade, NGOs, Think Tanks …)

1

Material
Stumme Weltkarte
im77fc

Material
Lösungshinweise
4gk2ep

Kompetenzen überprüfen

Überprüfen Sie Ihre in diesem Kapitel erworbenen Kompetenzen mit den folgenden Aufgaben und Materialien. Gehen Sie bei der Bearbeitung wie folgt vor:
- Erarbeiten Sie für jede Aufgabe schriftlich eine Lösung.
- Vergleichen Sie diese dann mit den Lösungshinweisen (Online-Code 4gk2ep).
- Bewerten Sie nun Ihre Lösung anhand der Notenskala 1 bis 6.
- Überlegen Sie, wie Sie eventuell festgestellte Defizite beseitigen können.

Räumliche Orientierung

1 Lokalisieren Sie in einer Weltkarte (abrufbar unter dem Online-Code im77fc) die Räume der Triade sowie die Pazifik-Allianz und die Eurasische Union.

Methoden

1 Werten Sie Karte 2 aus. Gehen Sie dabei nach folgenden Schritten vor:
a) Ordnen Sie das Kartenthema in einen übergeordneten inhaltlichen Zusammenhang ein.
b) Charakterisieren Sie die hier dargestellte Güterstruktur des Welthandels.
c) Analysieren Sie Folgen der Handelsgüterstruktur für die Regionen „RUS/GUS" und „Nahost".

Kommunikation

1 Quellentext 3 „Russland kritisiert die EU als Handlanger der USA":
a) Fassen Sie den Textinhalt in drei bis vier Thesen zusammen.
b) Diskutieren Sie vor dem Hintergrund der in Kapitel 6.3 erworbenen Kenntnisse Ihre Thesen.
c) Verfassen Sie, z. B. für Ihre Schülerzeitung, einen Zeitungsartikel oder Leserbrief zum Thema des Quellentextes.

Beurteilen und bewerten

1 Beurteilen Sie die Chancen und Risiken des TTIP.

2 Überprüfen Sie die Aussagekraft des Diagramms „Asien/Pazifik" in Karte 2.

Fachwissen

1 Charakterisieren Sie die Rolle der EU im Welthandel.

2 Erläutern Sie Stärken und Schwächen des „Standorts Deutschland".

3 Stellen Sie Zusammenhänge zwischen Regionalisierung und Globalisierung dar.

4 Erklären Sie, warum man bei der Eurasischen Union von einer Konkurrenz zur EU sprechen kann.

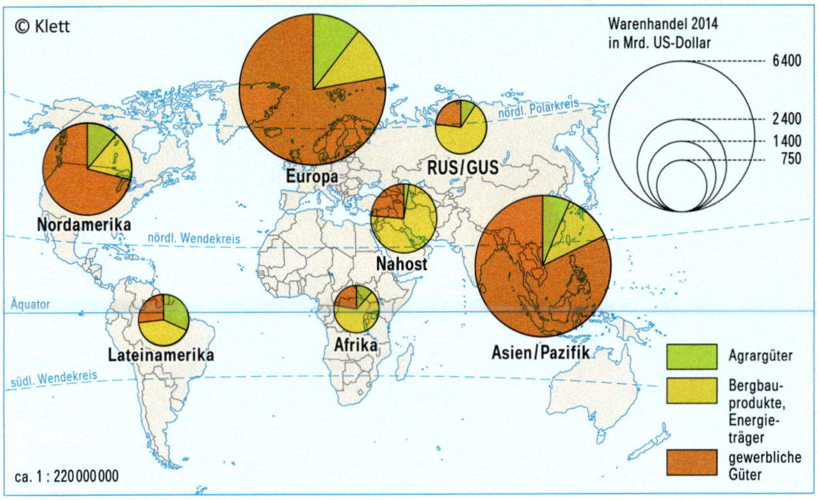

2 **Schwerpunkte des Warenexports nach Regionen 2014**
WTO (2015): INTERNATIONAL TRADE STATISTICS 2015, Merchandise trade; www.wto.org/english/res_e/statis_e/its2015_e/its15_merch_trade_product_e.htm (06.12.2015)

Russland kritisiert die EU als Handlanger der USA

„Nach der Verlängerung der EU-Sanktionen gegen Russland will die Regierung in Moskau ihre Strafmaßnahmen gegen die Europäische Union ebenfalls aufrechterhalten. Die Strafen seien weder im Interesse der russischen Wirtschaft noch im Interesse der Steuerzahler in den EU-Ländern, sagte der Sprecher des Präsidenten Wladimir Putin, Dmitri Peskow. ‚Aber in diesem Fall werden wir ausgehend vom Prinzip der Gegenseitigkeit handeln.' Russland kritisierte die EU-Sanktionen als Folge eines amerikanischen Drucks auf Europa. ‚Die Europäer sind willenlos (…) und die USA wollen in der Welt dominieren. Dieses Ziel ist in ihren Doktrinen festgehalten', sagte der Sekretär des Sicherheitsrats, Nikolai Patruschew…"

dpa u.a.: Russland kritisiert EU als Handlanger der USA. In: Zeit Online, vom 22.06.2015: www.zeit.de/politik/deutschland/2015-06/russland-sanktionen-carter-ukraine (12.11.2015)

3

7 Arbeitsanhang

Als Vorbereitung auf Ihren weiteren Bildungsweg und auf Ihren beruflichen Werdegang müssen Sie als Schülerinnen und Schüler der gymnasialen Oberstufe einerseits in der Lage sein, den eigenen Lernprozess zu strukturieren, zu verbessern und zu reflektieren. Andererseits wird von Ihnen die Fähigkeit verlangt, das im Unterricht erworbene fachliche Wissen und methodische Können auch nachzuweisen und angemessen darzustellen, z. B. in Klausuren und letztendlich auch in der Abiturklausur.

Dieser Arbeitsanhang gibt Ihnen Tipps zur erfolgreichen Bewältigung einer Klausur und die Möglichkeit, mithilfe einer Musterklausur zu trainieren. Nützlich dafür ist auch die Übersicht im hinteren Buchdeckel, in der Anforderungsbereiche und Operatoren für Prüfungsaufgaben zusammengestellt sind, die Ihnen auch bei der Lösung der Arbeitsaufträge in diesem Schülerbuch helfen.

Die Literaturhinweise ermöglichen Ihnen einen Einstieg in vertiefende Studien und Arbeiten zum Thema.
Die wichtigen Fachbegriffe des Buches, auf den Inhaltsseiten durch Fettdruck hervorgehoben und auf den Kompetenzseiten der Kapitel zusammengestellt, werden im Glossar definiert. Festigen Sie hier Ihr Begriffswissen.

Über die Seitenangaben im Sachregister können Sie sich bestimmte Begriffe und Inhalte des Buches im Kurzzugriff erschließen.
Wichtige Strukturdaten Europas sind im Anhang tabellarisch zusammengestellt, beim Verorten hilft Ihnen eine Physische Übersichtskarte.

TERRA
KLAUSURTRAINING

Klausuren zählen zu den wichtigsten Leistungsnachweisen der gymnasialen Oberstufe. Auch wenn ihr stofflicher Umfang geringer ist, so unterscheiden sie sich doch weder in ihrem Aufbau noch in ihrem Anforderungsniveau von den Abiturprüfungsaufgaben.

Es ist daher wichtig, das Schreiben von Klausuren zu trainieren. Für die Bearbeitung dieses Klausurbeispiels ist es hilfreich, sich einen Überblick über die Anforderungsbereiche und Operatoren (hinterer Buchumschlag) zu verschaffen.

Zehn Tipps zum Bearbeiten einer Klausur

1. Die Struktur der Antwort steckt meistens schon in der Aufgabenstellung.
- Lesen Sie die Aufgabenstellung gründlich durch und überlegen Sie: Was wird gefordert? Welches Material kann welchen Aufgaben zugeordnet werden?
- Markieren Sie Schlüsselbegriffe, die Ihnen die gestellten Anforderungen erschließen.

2. Beachten Sie die Operatoren.
- Bei den Operatoren handelt es sich um Verben, die genau angeben, was von Ihnen verlangt wird.
- Sie können den Anforderungsbereichen zugeordnet werden, die durch einen ansteigenden Schwierigkeitsgrad gekennzeichnet sind.

3. Klären Sie die Lage des Untersuchungsraums.
- Gliedern Sie soweit möglich den Untersuchungsraum in Teilräume.

4. Strukturieren Sie die Ihnen zur Verfügung stehende Zeit.
- Nehmen Sie sich ausreichend Zeit zum strukturierten Lesen der Aufgaben und Materialien.
- Legen Sie einen groben Zeitplan fest und bedenken Sie, dass ausreichend Zeit für das abschließende Lesen zur Verfügung stehen muss.

5. Bearbeiten Sie sorgfältig die vorliegenden Materialien.
- Sichten Sie das Material und ordnen Sie es den Teilaufgaben und -aspekten zu.
- Markieren Sie dabei wichtige Inhalte, Fach- und Schlüsselbegriffe auf den Materialseiten.
- Analysieren Sie die Materialien und fertigen Sie eine erste Lösungsskizze an.

6. Formulieren Sie einen griffigen Einstieg.
- Es ist häufig sinnvoll, mit einer geographischen Lageeinordnung zu beginnen.
- Der weitere Einstieg sollte noch einmal kurz den thematischen Schwerpunkt aufgreifen.

7. Gliedern Sie Ihre Ausführungen und setzen Sie Akzente.
- Achten Sie darauf, inhaltliche Schwerpunkte zu setzen.
- Gliedern Sie Ihre Ausführungen nicht nur inhaltlich, sondern auch formal.

8. Formulieren Sie ansprechend.
- Formulieren Sie in Sätzen und beachten Sie die Fachsprache.
- Verknüpfen Sie die einzelnen Inhaltsaspekte auch sprachlich.

9. Ziehen Sie am Ende der Klausur ein abschließendes Fazit.
- Fassen Sie noch einmal kurz die wesentlichen Aussagen zusammen und formulieren Sie, wenn notwendig, Ihre eigene Meinung.

10. Schauen Sie Ihre Klausur noch einmal im Gesamten durch.
- Achten Sie hierbei vor allem auf die Lesbarkeit Ihres Textes, Rechtschreibung und Grammatik, sprachliche Exaktheit, Logik in Ihren Ausführungen und Vollständigkeit.

1

Material
Lösungshinweise
t82qz4

Klausurbeispiel

Grenzübergreifende Raumplanung in Europa – Eine feste Fehmarnbelt-Querung als regionaler und überregionaler Wachstumsmotor?

1 Einordnung der Region
a) Lokalisieren Sie die Fehmarnbelt-Region mithilfe geeigneter Atlaskarten sowie Karte 3.
b) Kennzeichnen Sie deren sozioökonomische Struktur sowie infrastrukturelle Ausstattung (Materialien 1–3).

2 Erläutern Sie das Verkehrsprojekt „feste Fehmarnbelt-Querung" und damit verbundene Zielsetzungen in regionaler und überregionaler Hinsicht (Materialien 2, 4, 5, 7).

3 Nehmen Sie kritisch Stellung zu möglichen Auswirkungen des Projektes „feste Fehmarnbelt-Querung" (Materialien 4–7).

Sozioökonomische Daten (2013)

	Ost-holstein	Storstrøms Amt	Metropolregion Hamburg	Öresundregion
Einwohner	205 688	262 781	ca. 5 076 000	3 785 429
Arbeitslosenquote	6,1 %	5,7 %	8,5 %	6,2 %
Bruttowertschöpfung/Erwerbstätigen	45 413 €	55 878 €	60 897 €	68 638 €
Beschäftigung nach Sektoren				
Primärer Sektor	4,3 %	4,9 %	2,4 %	6,6 %
Sekundärer Sektor	17,4 %	22,8 %	18,4 %	15,7 %
Tertiärer Sektor	78,3 %	72,3 %	79,2 %	77,7 %

Eigene Darstellung u. a. nach Statistisches Amt Hamburg: Metropolregion Hamburg, 2015: www.statistik-nord.de/fileadmin/Dokumente/Faltbl%C3%A4tter/Faltblatt_Metropolregion_2015_d.pdf (26.01.2016). Tendensoresund: øresund Trends 2012: www.orestat.se/sites/all/files/tendensoresund_english.pdf (26.01.2016)

1

3 Fehmarnbelt-Region

Verkehrsentwicklung und -prognose Fehmarnbelt

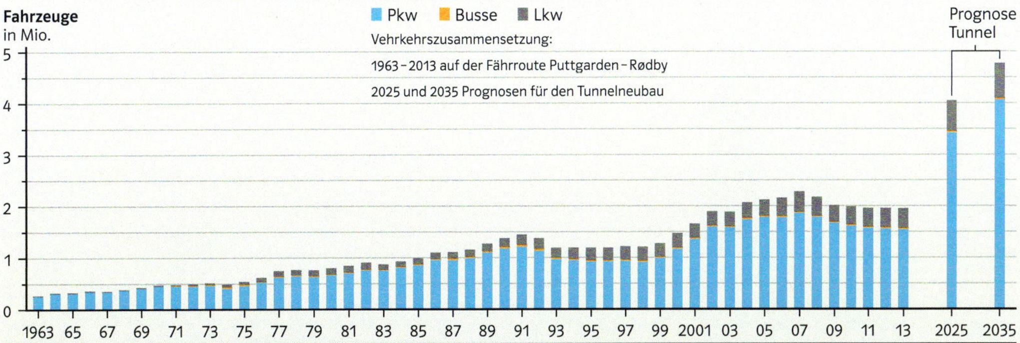

Nach Femern A/S (Hrsg.): Verkehrsprognose 2014, vom 01.11.2014, S.19: femern.com/de/Documentation?pn=2 (01.02.2016)

2

TERRA
KLAUSURTRAINING

Informationen zur „festen Fehmarnbelt-Querung“
Unterzeichnung eines Staatsvertrages zum Bau einer festen Fehmarnbeltquerung am 3. September 2008 zwischen Dänemark und Deutschland.

Bauvorhaben

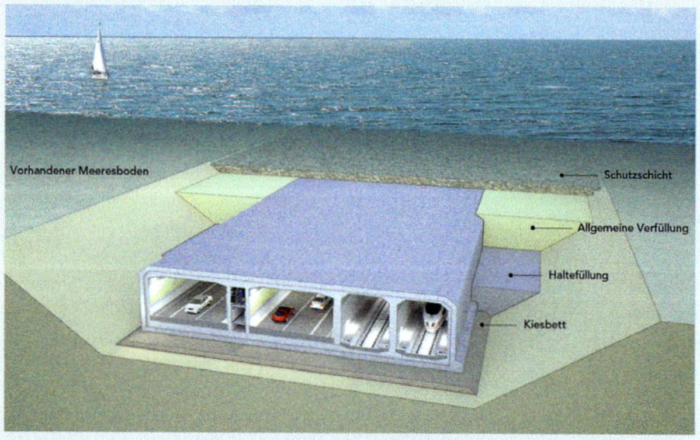

Absenktunnel

Zunächst wird ein Graben in den Meeresboden gebaggert, in den fertige ca. 200 m lange Tunnelelemente aus Beton nacheinander herabgelassen und dort miteinander verbunden werden.

Die Tunnelelemente werden in großen Produktionsstätten an Land gefertigt, wiegen jeweils etwa 70 000 Tonnen und sind damit gerade noch schwimmfähig. Danach wird der Tunnel mit einer Steinschicht abgedeckt.

Fahrzeit Hamburg – Kopenhagen (320 km)
Pkw heute 4:05 h, mit Absenktunnel 3:00 h
Eisenbahn heute 4:45 h, mit Absenktunnel 3:00 h

Länge: 17,6 Kilometer
Baubeginn: 2015
Fertigstellung: 2020 geplant
Arbeitsplätze: in der Bauphase 6 000–7 000, Betrieb und Unterhalt ca. 1 300
Kosten:
Dänemark (4,8 Mrd.) für Errichtung, Betrieb und Hinterlandanbindungen der festen Fehmarnbeltquerung, Refinanzierung über Brückenmaut
Deutschland (1,35 Mrd.) für Hinterlandanbindungen wie Ausbau der Bundesstraße B 207 (E 47) zwischen Heiligenhafen und Puttgarden zu einer vierspurigen Bundesstraße und die Elektrifizierung der Schienenstrecke zwischen Lübeck und Puttgarden.

4

Prognose für die Entwicklung der Handelsstruktur der Tunnelanrainer

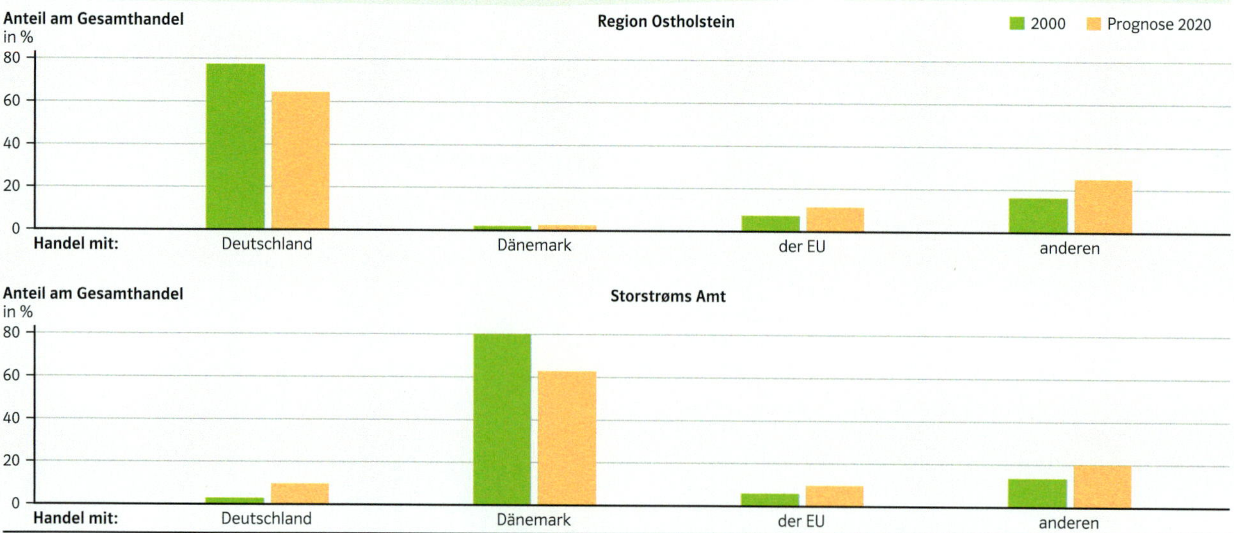

Eigene Berechnung und Darstellung nach Institut for Graenseregionsforskning; Institut für Regionalforschung Christian-Albrechts-Universität Kiel (Hrsg.): Barrieren und Potentiale der grenzüberschreitenden Zusammenarbeit in der Fehmarnbelt Region Zusammenfassung: www.ifr.uni-kiel.de/de/forschung/barrieren-und-potentiale-der-grenzueberschreitenden-zusammenarbeit-in-der-fehmarnbelt-region-zusammenfassung.pdf (20.09.2015)

5

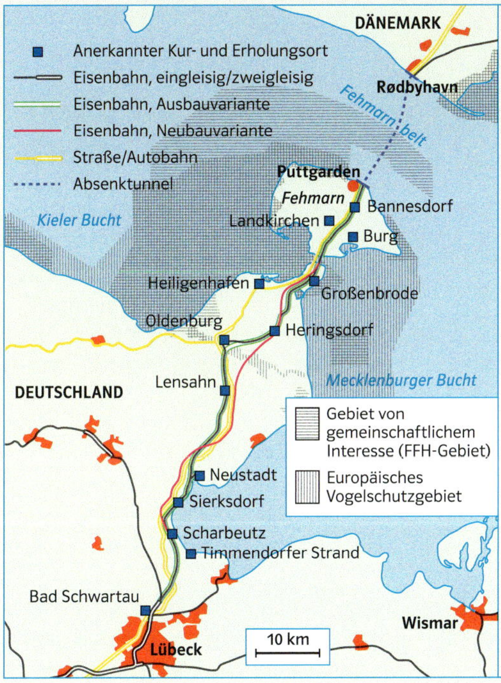

Fakten zum Tourismus in der Fehmarnbeltregion

	Deutsche Seite	Dänische Seite
Größe in km²	2700	7200
Einwohner	550000	820000
Umsatz	3 Mrd. Euro	1,1 Mrd. Euro
Herkunft der Touristen	91 % Deutschland 3 % Dänemark 2 % Schweden	66 % Dänemark 10 % Deutschland 7 % Schweden
Übernachtungen	28,9 Mio.	20,7 Mio.
Tagestouristen	55,5 Mio.	4,5 Mio.

Nach østdansk Turisme (Hrsg.): Tourismus Innovation Management Fehmarnbelt, vom 01.01.2015, S. 16: http://femern.com/de/Documentation?pn=2 (01.02.2016)

6 Tourismus in Ostholstein
Bundesministerium für Verkehr, Bau und Stadtentwicklung (Hrsg.): Eine feste Fehmarnbeltquerung und die Umwelt, Berlin 2006, S. 78

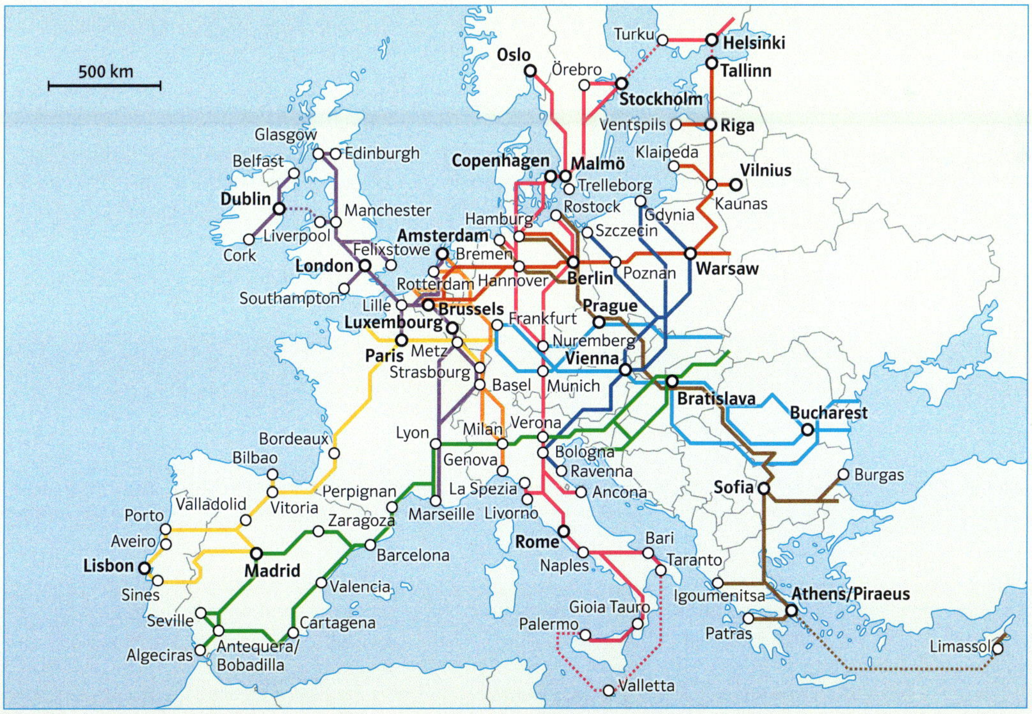

7 Feste Fehmarnbelt-Querung als Missing Link im transeuropäischen Verkehrsnetz?
Nach Christian Wichmann Matthiessen: Der Fehmarnbelt-Tunnel wird zum Wachstumsmotor in der Ostsee-Region, vom 01.01.2015, S. 3: http://femern.com/de/Documentation?pn=2 (01.02.2016)

Literatur für die Schülerhand

Aufgeführt sind nur grundlegende Werke. Über spezielle Literatur und Zeitschriftenaufsätze geben die Quellenangaben zu den Materialien im Buch Auskunft.

Ganzschriften

Adam, Hans und Peter Mayer: Europäische Integration. München: UVK/Lucius 2016

Bowle, John: Geschichte Europas. Von der Vorgeschichte bis ins 20. Jahrhundert. München: Piper 1993

Braun, Boris und Christian Schulz: Wirtschaftsgeographie. UTB basics. Stuttgart: Ulmer 2012

Breuer, Toni: Iberische Halbinsel. Darmstadt: Wissenschaftliche Buchgesellschaft 2008

Dow, Kristin und Thomas E. Downing: Weltatlas des Klimawandels: Karten und Fakten zur globalen Erwärmung. Hamburg: CEP Europäische Verlagsanstalt 2014

Europäische Kommission: In Europas Zukunft investieren. Fünfter Bericht über den wirtschaftlichen, sozialen und territorialen Zusammenhalt. Luxemburg: Amt für Veröffentlichungen der Europäischen Union 2010

Europäische Kommission: Investitionen in Beschäftigung und Wachstum. Sechster Bericht über den wirtschaftlichen, sozialen und territorialen Zusammenhalt. Luxemburg: Amt für Veröffentlichungen der Europäischen Union 2014

Europäische Kommission/Eurostat: Regionen. Statistisches Jahrbuch, erscheint jährlich

Frisch, Wolfgang und Martin Meschede: Plattentektonik. Darmstadt: Primus 2013

Gebhardt, Hans, Glaser, Rüdiger und Sebastian Lentz (Hrsg.): Europa – eine Geographie. Heidelberg: Springer Spektrum 2013

Geiger, Helmut; u. a. (Hrsg.): Deutschland in Europa. Themenband Oberstufe. Stuttgart u. Leipzig: Klett 2013

Glaser, Rüdiger: Klimageschichte Mitteleuropas. Darmstadt: Primus 2008

Gruss, Peter und Jochem Marotzke (Hrsg.): Die Zukunft des Klimas: Neue Erkenntnisse, neue Herausforderungen. München: C.H.Beck 2014

Herz, Dietmar und Christian Jetzlsperger: Die Europäische Union. München: C.H. Beck 2016

Hoffmann, Thomas: Weltproblem Wasser. TERRAglobal. Gotha: Klett-Perthes 2003

Klohn, Werner und Hans-Wilhelm Windhorst: Die Landwirtschaft in der Europäischen Union. Vechtaer Materialien zum Geographieunterricht, Heft 12. Vechta: 2006

Kreus, Arno und Norbert von der Ruhren (Hrsg.): Europa. TERRA Themenband Oberstufe. Stuttgart u. Leipzig: Klett 2010

Lichtenberger, Elisabeth: Europa. Darmstadt: Wissenschaftliche Buchgesellschaft 2005

Rother, Klaus und Franz Tichy: Italien. Darmstadt: Wissenschaftliche Buchgesellschaft 2008

Schmidt, Siegmar und Wolf J. Schünemann: Die Europäische Union. Eine Einführung. Baden-Baden: Nomos (UTB) 2013

Schulz, Martin: Der gefesselte Riese. Europas letzte Chance. Berlin: Rowohlt 2013.

Steinbrecher, Markus u. a. (Hrsg.): Europa, europäische Integration und Eurokrise. Wiesbaden: Springer VS 2015

Varwick, Johannes (Hrsg.): Die Europäische Union : Krise, Neuorientierung, Zukunftsperspektiven; eine Einführung. Schwalbach/TS: Wochenschau-Verlag 2011

Stratenschulte, Eckart D.: Europa. Fakten und Zusammenhänge. Bonn: Bundeszentrale für politische Bildung 2014

Wagner, Horst-Günter: Mittelmeerraum. Darmstadt: Wissenschaftliche Buchgesellschaft 2001

Wehrhahn, Rainer und Sandner Le Gall, Verena: Bevölkerungsgeographie. Darmstadt: Wissenschaftliche Buchgesellschaft 2015

Weidenfeld, Werner: Die Europäische Union: Akteure – Prozesse – Herausforderungen. UTB basics. Paderborn: Fink (UTB) 2013

Weidenfeld, Werner und Wolfgang Wessels (Hrsg.): Jahrbuch der Europäischen Integration. Bonn: Bundeszentrale für politische Bildung, seit 1980 fortlaufend

Zeitschriften (Einzelaufsätze sind nicht aufgeführt)

Deutschland & Europa. Reihe für Gemeinschaftskunde, Geschichte, Deutsch, Geographie, Kunst u. Wirtschaft: Stuttgart: Landeszentrale für politische Bildung Baden-Württemberg , erscheint zweimal jährlich

Europäische Kommission u. a. (Hrsg.): Europa. Das Wissensmagazin für Jugendliche 2014.

Informationen zur politischen Bildung Nr. 279 (2015): Europäische Union. Bonn: Bundeszentrale für politische Bildung

Informationen zur politischen Bildung - Nr. 311 (2011): Polen. Bonn: Bundeszentrale für politische Bildung

Geographie heute, Heft 243/2006: System Erde-Mensch. Seelze-Velber: Friedrich

Geographie heute, Heft 247/2007: Vulkanismus. Seelze-Velber: Friedrich

Geographie heute, Heft 288/2011: Endogene und exogene Prozesse. Seelze-Velber: Friedrich

Geographie und Schule, Heft 144 (Apr. 2003): Europa der Regionen. Köln: Aulis

Geographie und Schule, Heft 151 (Apr. 2004): Erdbeben. Köln: Aulis

Geographie und Schule, Heft 153 (Febr. 2005): Die erweiterte Europäische Union. Köln: Aulis

Geographie und Schule, Heft 175 (Apr. 2008): Bodendegradation. Köln: Aulis

Geographie und Schule, Heft 202 (Apr. 2013): EU aktuell. Köln: Aulis

Geographische Rundschau, Heft 5/2004: Regionen der EU. Braunschweig: Westermann

Geographische Rundschau, Heft 2/2006: Wasserpolitik. Braunschweig: Westermann

Geographische Rundschau, Heft 3/2007: Europäische Union. Braunschweig: Westermann

Geographische Rundschau, Heft 9/2011: Landschafts- und Ökozonen. Braunschweig: Westermann

Geographische Rundschau, Heft 4/2011: Südosteuropa. Braunschweig: Westermann

Geographische Rundschau, Heft 4/2013: Bodendegradation und Bodenschutz. Braunschweig: Westermann

Praxis Geographie, Heft 5/2008: Endogene und exogene Kräfte. Braunschweig: Westermann.

Praxis Geographie, Heft 10/2009: Ökosysteme im Unterricht. Braunschweig: Westermann.

Praxis Geographie, Heft 6/2012: Migration in Europa. Probleme und Chancen. Braunschweig: Westermann.

Praxis Geographie, Heft 1/2014: Mensch und Boden – Eine begrenzte Ressource entdecken und bewahren.. Braunschweig: Westermann.

Spektrum der Wissenschaft: Die unruhige Erde. Dossier 2/2001. Heidelberg: Springer

Internetadressen (Stand: Januar 2016)

www.aid.de
Agrarinformationsdienst

www.cor.europa.eu
Mitteilungen des Ausschusses der Regionen

www.destatis.de/Europa/DE
Europäischer Datenservice des Statistischen Bundesamtes Deutschland

www.eea.europa.eu/de/
Europäische Umweltagentur

http://europa.eu/index_de.htm
Offizielle Webseite der Europäischen Union

http://ec.europa.eu/eurostat/de
Datenbank der Europäischen Union

http://ec.europa.eu/eurostat/statistics-explained/index.php/Main_Page/de
EU-Statistiken mit Erläuterungen

www.scinexx.de
Wissensmagazin zu Geographie und Naturwissenschaften

http://ec.europa.eu/regional_policy/de/
Regionalpolitik InfoRegio)

www.bgr.bund.de
Bundesanstalt für Geowissenschaften und Rohstoffe, differenzierte Informationsplattform

www.dkrz.de
Deutsches Klimarechenzentrum

www.dwd.de
Deutscher Wetterdienst

http://bildungsserver.hamburg.de/wetter-klima-klimawandel/
Umfangreiches Angebot zum Thema Atmosphäre, Klima und Klimawandel unter: Themen/Klimawandel

www.ipcc.ch
Digitale Zusammenfassung von drei Büchern über den Zustand der Atmosphäre

www.umweltbundesamt.de/klimaschutz/klimaaenderungen/index.htm
Materialien zu Klima, Klimawandel und Klimaschutz

Glossar

A

Agrobusiness (Agribusiness, Agroindustrie): Bezeichnung für eine industriemäßig betriebene landwirtschaftliche Produktionsform, die neben der Agrarproduktion alle mit ihr verbundenen Wirtschaftsbereiche zusammenfasst; z. B. die Zulieferindustrien (Düngemittel, Landmaschinen usw.), die Absatzwirtschaft für landwirtschaftliche Produkte (Genossenschaften usw.) sowie viele Be- und Verarbeitungsbetriebe (z. B. Nahrungsmittelindustrie); häufig gebraucht im Sinne von „industrialisierter Landwirtschaft".
Albedo: Reflexionsvermögen des Sonnenlichts durch die Erdoberfläche oder die Wolken in Abhängigkeit von der Helligkeit der Oberfläche; dunkles Gestein reflektiert z. B. weniger als 10 %, Neuschnee über 80 % des Sonnenlichts; bereits geringe Änderungen können spürbare Veränderungen der globalen Mitteltemperatur bewirken.
altindustrialisierte Räume (altindustrielle Räume, Altindustriegebiete): Räume früher Industrialisierung, die meist auf der Montanindustrie (Bergbau, eisenschaffende Industrie) basierten; wesentliche Merkmale sind die industrielle Monostruktur, Betriebsstilllegungen, hohe strukturelle Arbeitslosigkeit und Abwanderungstendenzen.

B

Binnenmarkt: Gesamtheit des nicht grenzüberschreitenden, also innerhalb eines Staates/einer Staatengemeinschaft ablaufenden Güter- und Dienstleistungsverkehrs.
Binnenmigration (Binnenwanderung): → Migration innerhalb eines festgelegten Raumes; meist für Wanderungen innerhalb eines Staates verwendet, inzwischen aber auch für den Wohnsitzwechsel über Staatsgrenzen hinweg innerhalb der → EU, da diese einen Raum ohne Binnengrenzen mit dem Recht der → Freizügigkeit für alle EU-Bürger bildet.
Biolandbau (alternativer/ökologischer Landbau): Landwirtschaftliche Anbauform, bei der naturnah und umweltschonend hochwertige Nahrungsmittel in einem möglichst geschlossenen natürlichen Stoffkreislauf erzeugt werden; Verzicht auf Kunstdünger, chemische Pflanzenschutzmittel, Masthilfsmittel usw.; vielseitiger Anbau statt Spezialisierung, Kombination von Pflanzenbau und Tierhaltung.
Blaue Banane: 1989 von der französischen Raumordnungsbehörde DATAR entwickeltes Bild zur Darstellung der Aktivräume in Europa.
Bodenerosion: Abtragung des Bodens durch Wasser und Wind (Bodenabtragung); i. w. S. alle über den natürlichen Abtragungsprozess hinausgehenden Bodenverluste, die durch den Menschen begünstigt oder ausgelöst werden, z. B. durch Abholzung oder Überweidung.

C

Cluster: Räumliche Konzentration von miteinander in Verbindung stehenden Unternehmen und Institutionen in einem bestimmten Wirtschaftszweig oder Technologiebereich; diese bilden vernetzte Strukturen, u. a. mit Universitäten und Großunternehmen.

D

Desertifikation: Prozess der fortschreitenden Degradation der symbiotischen Natur-Mensch-Produktionssysteme in ariden Gebieten; Schaffung wüstenähnlicher Bedingungen infolge der Übernutzung des Ökosystems.

E

EFRE: → Europäischer Fonds für Regionale Entwicklung
EFTA (European Free Trade Association, Europäische Freihandelsassoziation): 1960 in Europa als Gegengewicht zur → EWG gegründete → Freihandelszone; ihre Mitglieder sind heute weitgehend der → EU beigetreten (Dänemark, Großbritannien, Portugal, Österreich, Schweden, Finnland) oder mit dieser im EWR (Europäischer Wirtschaftsraum) verbunden (Norwegen, Island, Liechtenstein).
EGKS: → Europäische Gemeinschaft für Kohle und Stahl
Embargo: Verbot von Ex- und Importen von Waren oder Rohstoffen aus einem bzw. in ein Land; vgl. → Wirtschaftssanktionen.
Emigration: Freiwillige oder erzwungene Auswanderung aus dem Heimatland; vgl. → Immigration.
Emissionshandel: Ökonomisches Instrument des Umweltschutzes zur Verringerung des Ausstoßes von klimaschädlichen Treibhausgasen; dieser wird bei den Emittenten an den kostenpflichtigen Besitz von Emissions(mengen)rechten geknüpft; nicht ausgeschöpfte Emissionsrechte können auf dem Markt veräußert werden, zusätzliche müssen erworben werden; für die Unternehmen entsteht also über die Betriebskosten ein Anreiz zur Einschränkung ihrer Emissionen.
Erdbeben: Erschütterungen an der Erdoberfläche, die durch Bewegungen von Gesteinsschichten im Erdinneren hervorgerufen werden; Erdbeben, die durch ruckartige Plattenbewegungen zustande kommen, werden tektonische Beben genannt; etwa 90 % aller Beben sind tektonisch; am häufigsten treten Erdbeben an Plattengrenzen auf; daneben gibt es noch „vulkanische Beben" und „Einsturzbeben" (beim Einsturz unterirdischer Hohlräume); liegt der Erdbebenherd (Hypozentrum) unter dem Meeresboden, spricht man von Seebeben; die dabei ausgelösten Flutwellen werden Tsunami genannt.
erneuerbare Energien: → regenerative Energien
ESF: → Europäischer Sozialfonds

ESIF: → Europäischer Struktur- und Investitionsfonds
EU: → Europäische Union
EU-Erweiterungen: Aufnahme eines oder mehrerer neuer Mitgliedsstaaten in die → Europäische Union aufgrund dessen Antrags, Voraussetzung sind die Erfüllung der Kopenhagener Kriterien und die Zustimmung des → Europäischen Parlaments sowie der bisherigen Mitgliedsstaaten, erforderlich ist u.a. die Umsetzung des EU-Rechts; die erste Erweiterung erfolgte 1973, die siebente und bisher letzte 2013; die Mitgliederzahl wuchs von ursprünglich sechs auf heute 28.
EU-Kommission: → Europäische Kommission
Euregio (Europaregion, Euroregion): Abkürzung für „Europäische Grenzregion"; Grenzgebiet, in dem grenzüberschreitend gearbeitet wird, z.B. in der Wirtschaft, Raumplanung oder im Umweltbereich.
Europäische Freihandelsassoziation: → EFTA
Europäische Gemeinschaft für Kohle und Stahl (EGKS, Montanunion): Älteste der drei Europäischen Gemeinschaften, gegründet 1951 durch Belgien, die Bundesrepublik Deutschland, Frankreich, Italien, Luxemburg und die Niederlande mit dem Ziel des zollfreien Zugangs aller Mitgliedstaaten zu Kohle und Stahl und der gemeinsamen Regelung der Montanindustrie; Vorläufer der späteren → Europäischen Wirtschaftsgemeinschaft und damit auch der → Europäischen Union.
Europäische Kommission (EU-Kommission): Politisch unabhängiges Exekutivorgan der → Europäischen Union, das die Interessen der gesamten EU vertritt; besteht aus 28 Kommissaren, davon einem Präsidenten und sieben Vizepräsidenten; Hauptsitz ist Brüssel; zu den Aufgaben zählen die Vorlage von Gesetzesvorschlägen, die Durchsetzung des EU-Rechts, die Verwaltung des EU-Haushalts, die Vertretung außerhalb Europas.
Europäische Union (EU): Der mit dem 1992 unterzeichneten und 1993 in Kraft getretenen Vertrag von Maastricht 1993 geschaffene und aus den Europäischen Gemeinschaften hervorgegangene Staatenverbund aus inzwischen 28 europäischen Mitgliedstaaten mit einem gemeinsamen → Binnenmarkt.
Europäische Wirtschaftsgemeinschaft (EWG): Eine der drei europäischen Gemeinschaften (EG), durch die → Römischen Verträge 1957 gegründet mit dem Ziel der Errichtung einer Wirtschafts- und Währungsunion durch die sechs Montanunion-Staaten (D, F, I, B, NL, L)
Europäischer Fonds für Regionale Entwicklung (EFRE): Neben dem → ESF bedeutender Strukturfonds der → EU, der dem Ziel der wirtschaftlichen Entwicklung von Regionen mit Entwicklungsrückstand und Strukturproblemen dient; unterstützt vor allem mittelständische Unternehmen mit dem Ziel der Schaffung von Arbeitsplätzen und der Erhöhung ihrer Wettbewerbsfähigkeit; finanziert vor allem Maßnahmen zur Erhöhung der Energieeffizienz, der Forschung und technologischen Entwicklung sowie des Umweltschutzes; funktioniert nach dem Prinzip der Kofinanzierung.
Europäischer Sozialfonds (ESF): Bereits 1958 eingerichteter wichtigster Strukturfonds der → EU zur Unterstützung von Beschäftigungsmaßnahmen und zur Förderung der wirtschaftlichen und sozialen → Kohäsion, zur Verbesserung des sozialen Zusammenhalts und der wirtschaftlichen Entwicklung in den Regionen; umfasst ca. 10% des Gesamthaushalts der EU, funktioniert nach dem Prinzip der Kofinanzierung.
Europäischer Struktur- und Investitionsfonds (ESIF): Zusammenfassung der Förderinstrumente der → EU zur wirtschaftlichen Entwicklung (→ EFRE, → ESF, → Kohäsionsfonds, Landwirtschaftsfonds, Meeres- und Fischereifonds) im Zeitraum 2014–2020 nach gemeinsamen Regeln.
Europäisches Parlament (Europaparlament): Das seit 1979 alle fünf Jahre von den Bürgern der → Europäischen Union nach einem demokratischen Wahlrecht gewählte europäische Parlament.
Europarat: 1949 mit Sitz in Straßburg von zunächst zehn westeuropäischen Staaten geschaffenes und heute 47 Mitglieder umfassendes Organ zur Wahrung des gemeinsamen europäischen Kulturerbes, zur Förderung des sozialen und wirtschaftlichen Fortschritts und zum Schutz der Menschenrechte.
EWG: → Europäische Wirtschaftsgemeinschaft

F

Flüchtling: I.e.S. nach der Genfer Flüchtlingskonvention Person, die in ihrem Herkunftsland aufgrund von Hautfarbe, Religion, Nationalität, Zugehörigkeit zu einer bestimmten sozialen Gruppe oder politischer Überzeugung verfolgt wird und deshalb ihr Land verlassen muss, besitzt im Gegensatz zum → Migranten das Recht auf Asyl.
fossile Energieträger: Energieträger, die die Sonnenenergie vergangener Epochen speichern; die gebräuchlichsten sind Kohle, Erdöl, Erdgas oder Torf; sie sind im Gegensatz zu → erneuerbaren Energien endliche, also in absehbarer Zeit erschöpfte Energieressourcen.
fossiles Grundwasser: In früheren, feuchteren Klimaperioden in Gesteinsklüften eingesickertes und gespeichertes Wasser, das seit seiner Entstehung nicht in den derzeitigen atmosphärischen Kreislauf einbezogen wurde; nicht erneuerbares Wasser, das heute mithilfe moderner Techniken genutzt wird.
Flussbegradigung (Flussregulierung): Maßnahme, um einen mäandrierenden Fluss auf ein begradigtes Flussbett festzulegen; Ziele sind Hochwasserschutz, problemlosere Schifffahrt, Landgewinnung.

Glossar

Fracking: Eine technische Methode, mit deren Hilfe Kohlenwasserstoffe als Schiefergas oder Schieferöl aus Tongesteinen gelöst werden; wobei eine mit Chemikalien angereicherte Flüssigkeit unter hohem Druck in diese Tongesteine gepresst wird, was zu Rissen (Fracks) führt, durch die Gas oder Öl das Gestein verlassen können.
Freihandelszone: Ein durch Zusammenschluss mehrerer Länder geschaffener Wirtschaftsraum, in dem der Außenhandel der Länder untereinander nicht eingeschränkt ist; i.e.S. eine Zone, in der der Export durch besondere Vorschriften und Gesetze erleichtert wird.
Freizügigkeit: Juristischer Begriff, der das Recht auf freie Wahl des Wohn- und Arbeitsortes kennzeichnet; er spielt eine wichtige Rolle in der → EU seit 1992.

G

Gemeinsame Agrarpolitik (GAP): Agrarpolitik der → EU; der einzige Politikbereich, der ausschließlich in die Zuständigkeit der EU fällt und vollständig von der EU finanziert wird; sie zielt darauf ab, den Verbrauchern angemessene Preise und den Landwirten ein gerechtes Einkommen zu garantieren.
Geofaktoren: Natürliche Gegebenheiten, die das Aussehen einer Landschaft bestimmen (Relief, Klima, Gesteine, Böden, Wasser, Vegetation, Tierwelt); i.w.S. auch Gegebenheiten, die vom Menschen geschaffen wurden (z.B. Siedlungen, Verkehrswege); unterschieden werden: endogene Geofaktoren, d.h. Kräfte, die im Innern der Erde ihren Ursprung haben (z.B. Gebirgsbildung, → Vulkanismus), und exogene Geofaktoren, d.h. Kräfte, die von außen gestaltend auf die Erdoberfläche einwirken (z.B. Niederschläge, Wind).
Geothermie: Energie, die durch radioaktive Zerfallsprozesse im Erdinneren entsteht und unter bestimmten Umständen zur Energiegewinnung genutzt werden kann.
geothermischer Gradient: Maß für den Temperaturanstieg mit zunehmender Tiefe; wird meist in K/m angegeben; der mittlere geothermische Gradient liegt in Deutschland bei 3 K/100 m.
Gesamtfruchtbarkeitsrate (Total Fertility Rate): Durchschnittliche Anzahl von Kindern, die eine Frau in ihrem Leben gebärt, wenn die heutige altersspezifische Geburtenrate während ihrer fruchtbaren Jahre (zwischen dem 15. und 49. Lebensjahr) konstant bleibt.
Globalisierung: Seit Ende des 20. Jh. besonders dynamisch ablaufender Prozess, in dem Rohstoffbeschaffung, Produktion, Handel mit Gütern und Dienstleistungen, Kapital, Kommunikation und Technologie über nationale Grenzen hinweg zu einem Weltbinnenmarkt zusammenwachsen bei abnehmenden nationalen Kontroll- und Steuerungsmöglichkeiten; Kennzeichen ist eine zunehmende transnationale Vernetzung der Systeme, Gesellschaften und Märkte.
Gondwana: Urkontinent auf der Südhalbkugel, der vermutlich während des Erdmittelalters zerfiel; → Laurasia.
Greenport: In → Clustern organisierte, wirtschaftlich bedeutende Gartenbauregionen mit hoher Konzentration an Unternehmen der Gartenbaubranche, wie z.B. Zuchtbetrieben, Auktionen, Handelsfirmen, Zulieferern, Veredlungs- und Vermehrungsbetrieben und Forschungseinrichtungen.

H

Handelsbilanz: Aufrechnung des Exports gegen den Import eines Landes in einem Jahr; aktive (positive) Handelsbilanz: Wert der Exporte übersteigt den der Importe, passive (negative) Handelsbilanz: Wert der Importe übersteigt den der Exporte.
Human Development Index (HDI, Index der menschlichen Entwicklung): Seit 1990 von den Vereinten Nationen benutzter Index zur Angabe des Entwicklungsstandes eines Landes nach wirtschaftlichen und sozialen Kriterien; der HDI setzt sich zusammen aus der Lebenserwartung, dem Alphabetisierungsgrad und der realen Kaufkraft pro Kopf; nach dem HDI werden alle Mitgliedsstaaten der UN in eine Rangfolge gebracht; der höchste Rang liegt bei 1, der niedrigste bei 0, Deutschland lag 2013 mit 0,911 auf Rang 6 auf der Welt; der HDI wird seit 1990 im jährlich erscheinenden Human Development Report des United Nations Development Programme (UNDP) veröffentlicht.

I

Immigration: Zuzug von Menschen aus einem fremden Staatsgebiet, um sich in dem neuen Land niederzulassen; vgl. → Emigration.
Infrastruktur: Gesamtheit der Einrichtungen eines Raumes, die die Grundlage für die wirtschaftlichen Tätigkeiten in diesem Raum darstellen, z.B. Einrichtungen für Verkehr, Bildung, Ver- und Entsorgung.
Integration: Vielfältig genutzter Begriff für Prozesse der Einbeziehung, Eingliederung, Herstellung einer Einheit; europäische Integration umfasst die Prozesse des immer engeren Zusammenschlusses der europäischen Staaten; im Rahmen der Außenwanderung (→ Migration) versteht man darunter die wechselseitigen Prozesse zur Einbeziehung und Anpassung der Zuwanderer in das soziale und wirtschaftliche Leben eines Einwanderungslandes.
INTERREG: Ein aus dem → Europäischen Fonds für Regionale Entwicklung (EFRE) finanziertes Programm mit dem Ziel, grenzüberschreitende Zusammenarbeit zu fördern; seit der Programmperiode 2007–2013 trägt es die Bezeichnung „Europäische Territoriale Zusammenarbeit".

J

Just-in-time-Produktion: Industrielle Produktion, bei der die Zulieferung von Waren und Halbfertigprodukten erst exakt zum Zeitpunkt des Bedarfs erfolgt, sodass Lagerkosten wegfallen.

K

Klimaerwärmung (globale Erwärmung): Eine Folge des anthropogenen Treibhauseffekts, der durch klimawirksame Gase (CO_2, CH_4 u.a.) ausgelöst wird und gravierende Folgen (z.B. Meeresspiegelanstieg) haben kann.
Klimaschutz: Begriff für Maßnahmen, die der vom Menschen verursachten globalen → Klimaerwärmung entgegenwirken bzw. ihre Folgen verringern bzw. verhindern sollen; umfasst z.B. langfristig den Ausstieg aus der Nutzung → fossiler Energieträger, Deichbau, Verhaltensänderung beim Energieverbrauch.
Klimawandel: Sammelbegriff für die Veränderungen des Klimas auf der Erde bzw. in einem größeren Teilraum; i.e.S. versteht man darunter den anthropogen bedingten Klimawandel, d.h. den vom Menschen verursachten Anteil am globalen Klimawandel, z.B. durch Freisetzung von Stoffen und Gasen durch die Nutzung fossiler Energie (Öl, Gas und Kohle) in Form der CO_2-Anreicherung, durch die FCKW-Produktion, durch die Tierhaltung in Form von CH_4-Anreicherungen und durch das Einbringen von Partikeln und Stäuben im Zusammenhang mit industriellen Aktivitäten oder dem Verkehr.
Klimazonen: Großräumige Gebiete annähernd gleichartiger klimatischer Bedingungen (z.B. Niederschlagsverteilung, Jahresmitteltemperaturen); die Klimazonen ordnen sich als Folge der unterschiedlichen Sonneneinstrahlung gürtelartig um die Erde an; man spricht deshalb auch von Klimagürteln; die unterschiedliche Land-Meer-Verteilung und die großen Gebirgszüge bewirken teilweise starke Abweichungen in der zonalen Anordnung; vom Äquator zum Pol unterscheidet man die Tropen, die Subtropen, die Gemäßigte Zone und die Kalte Zone; die Klimazonen sind zugleich auch Vegetationszonen.
Kohäsion: (von lat. cohaerere = „zusammenhängen"); ein in der → Europäischen Union gebräuchlicher politischer Begriff, der den Zusammenhalt zwischen den einzelnen Staaten und Regionen beschreibt.
Kohäsionsbericht: von der → Europäischen Kommission in Abstand von drei Jahren erstellter Bericht zum Entwicklungsstand des wirtschaftlichen, sozialen und territorialen Zusammenhalts innerhalb der → EU, informiert über die Ergebnisse der Strukturförderung und der EU-Regionalpolitik und enthält Vorschläge zu ihrer Verbesserung; wird jährlich durch einen Fortschrittsbericht ergänzt.
Kohäsionsfonds: Fonds der → EU zur Finanzierung von Vorhaben in den Bereichen Umwelt und → transeuropäische Netze in Mitgliedsstaaten, deren Pro-Kopf-Einkommen unter 90% des EU-Durchschnitts liegt; dient dem Ziel des Ausgleichs der wirtschaftlichen und sozialen Ungleichheit und der Förderung einer nachhaltigen Entwicklung.
Kulturlandschaft: Die durch menschliche Aktivitäten (agrarische Landnutzung, Rohstoffgewinnung, Siedlungsbau, Industrie und Gewerbe) in ihrem Erscheinungsbild wesentlich geprägte Landschaft (z.B. Industrielandschaft); → Naturlandschaft.

L

Lame Duck: Aus den USA kommender Begriff für einen Präsidenten, der noch im Amt ist, aber nicht zur Wiederwahl antritt; deshalb gilt er als weitgehend handlungsunfähig, vor allem innenpolitisch.
Laurasia: Urkontinent auf der Nordhalbkugel während der gleichen Zeit wie → Gondwana.

M

Migrant: Eine Person, die ihren Wohnsitz innerhalb eines Landes oder über Staatsgrenzen hinweg wechselt, um ihre persönlichen Lebensbedingungen zu verbessern, um zu arbeiten, aus familiären Gründen, aufgrund extremer Armut und Not, Krieg oder infolge von Naturkatastrophen; im Gegensatz zum → Flüchtling hat sie kein Recht auf Asyl.
Migration (Wanderung): Teilprozess der Mobilität, nach der amtlichen deutschen Statistik jeder Wechsel des Wohnsitzes, bei dem die Gemeindegrenze überschritten wird; zu unterscheiden sind Binnenwanderung (Wohnsitzwechsel innerhalb eines Landes) und Außenwanderung (Wohnsitzwechsel über die Staatsgrenze hinweg); i.w.S. Wanderbewegungen größerer Bevölkerungsgruppen, ausgelöst z.B. durch Krieg und existenzielle Not.
Montanrevier: Gebiet, in dem sich auf der Basis des Steinkohlebergbaus eine Hüttenindustrie (Eisen erzeugende und eisenverarbeitende Industrie) entwickelt hat.
Montanunion: → Europäische Gemeinschaft für Kohle und Stahl

N

nachhaltiger Tourismus: → sanfter Tourismus
Naturlandschaft: Eine ausschließlich durch natürliche → Geofaktoren bestimmte Landschaft; → Kulturlandschaft.
NUTS (Nomenclature des unités territoriales statistiques): Räumliche Gliederung Europas durch das Statistische Amt der Europäischen Union (EUROSTAT); neben der Ebene der Mitgliedstaaten werden drei weitere Gebietseinheiten unterschieden; NUTS-1-Ebene: entspricht in Deutschland etwa den größeren

Glossar

Bundesländern, NUTS-2-Ebene: umfasst in Deutschland die Regierungsbezirke und kleinere Bundesländer, NUTS-3-Ebene: bezieht sich in Deutschland auf Landkreise und kreisfreie Städte.

O

ökologischer Landbau: → Biolandbau

P

Pangäa: (griech. pan sind die das Aussehen einer Landschaft bestimmenden natürlichen Gegebenheiten = allumfassend, gaia = Erde) Vereinigung aller Landmassen der Erde zu einem Superkontinent vom Karbon bis Jura.
Plattentektonik: Geowissenschaftliche Theorie über den Krustenbau der Erde sowie die Entwicklung der Kontinente und Ozeane; der Plattentektonik zufolge besteht die Erdkruste aus Platten, die sich auf dem oberen zähflüssigen Teil des Erdmantels verschieben.
Polder: Bezeichnung für Überlaufflächen an Flüssen, die bei Hochwasser vor Überschwemmungsschäden schützen bzw. für eingedeichtes, dem Meer abgerungenes Neuland.
Protektionismus: Staatliche Außenwirtschaftspolitik, die durch Schutzsysteme (Zölle, Devisenkontrollen und andere Handelshemmnisse) die heimische Wirtschaft vor ausländischer Konkurrenz schützen möchte; Gegenteil: Freihandel.
Pull-Faktoren: Gründe, die für die Bevölkerung oder Wirtschaft anziehend wirken und damit eine Wanderbewegung auslösen; i. e. S. die Anziehungskraft der großen Städte in den Entwicklungsländern auf die Bevölkerung in den ländlichen Räumen; Gegenteil: → Push-Faktoren.
Push-Faktoren: Gründe, die die Bevölkerung oder die Wirtschaft zum Abwandern bewegen, vor allem die unzureichenden Lebensumstände und Einkommensmöglichkeiten in ländlichen Räumen; Gegenteil: → Pull-Faktoren.

R

regenerative Energien (erneuerbare Energien: Energien, die sich nicht wie die → fossilen Energieträger erschöpfen, sondern aus erneuerbaren Energiequellen stammen, z. B. Energie aus Wasserkraft, Wind, Sonne und Biomasse.
Regionalisierung: Untergliederung eines Raumes in kleinere Teilgebiete (Regionen) nach bestimmten Kriterien (z. B. dem Entwicklungsstand); Regionen werden oft als territoriale Raumeinheiten mit einer planungs- und entscheidungsorientierten Zielsetzung definiert (Raumordnungs-, Regionalplanungs- oder Arbeitsmarktregion). Regionalisierung bezeichnet auch als Gegengewicht zur Globalisierung den Prozess, bei dem Akteure miteinander kooperieren und Netzwerke bilden, die regionale Strukturen verstärken oder neu schaffen.
Rentseeker: Bezeichnung für Einzelne oder Gruppen, die sich durch politische Einflussnahme ökonomische Vorteile verschaffen; heute als legale Tätigkeit Lobbyismus genannt.
Römische Verträge: Kurzbezeichnung für die 1957 von Belgien, der Bundesrepublik Deutschland, Frankreich, Italien, Luxemburg und den Niederlanden in Rom unterzeichneten Verträge sowie deren Zusatzprotokolle; zu ihnen gehören der EWG-Vertrag, der Euratom-Vertrag und das „Abkommen über gemeinsame Organe für die Europäischen Gemeinschaften“; sie legen fest, dass → EWG, Euratom und → EGKS eine gemeinsame parlamentarische Versammlung (jetzt → Europaparlament), einen gemeinsamen Gerichtshof und einen gemeinsamen Wirtschafts- und Sozialausschuss haben.

S

sanfter Tourismus (nachhaltiger Tourismus, Ökotourismus: Nachhaltige Form des Reisens und des Tourismus vor Ort, die sowohl auf ökologische als auch auf soziale und wirtschaftliche Folgen Rücksicht nimmt und damit die negativen Formen und Folgen des Massentourismus zu korrigieren versucht.
Schengener Abkommen: Abkommen zwischen den Benelux-Staaten, Frankreich und Deutschland vom 14. Juni 1985 über den Wegfall von Binnengrenzen und Personenkontrollen; schrittweise wurden viele weitere europäische Staaten einbezogen; heute ist das Schengener Abkommen fast vollständig durch andere Rechtsakte (z. B. Schengen II vom 19. Juni 1990) ersetzt oder überlagert.
Segregation: Prozess der räumlichen Trennung und Abgrenzung unterschiedlicher gesellschaftlicher Gruppen, Ethnien, Religionsgemeinschaften usw.; innerhalb einer Stadt kann dies zu einer Fragmentierung führen, d. h. zu deren Auflösen in sozial stark abgegrenzten Vierteln.
Standort Deutschland: Politisches Schlagwort für Deutschland als Wirtschaftsstandort, meist verwendet beim Vergleich mit anderen Ländern und der Wertung ihrer Standortfaktoren; vor allem aufgrund hochqualifizierter Arbeitskräfte und einer gut ausgebauten Infrastruktur wird Deutschland derzeit als drittbester Wirtschaftsstandort hinter den USA und China eingeschätzt.
SWOT-Analyse (auch Stärken-Schwächen-Analyse): (von engl. S – Strengths = Stärken, W – Weaknesses = Schwächen, O – Opportunities = Chancen, T – Threats = Risiken) Hilft Wirtschaftsunternehmen und anderen Organisationen bei der Entwicklung von Strategien zur weiteren Ausrichtung von Produktion, Marketing und Unternehmens-

strukturen; analysiert Stärken und Schwächen sowie Chancen und Risiken in einem Investitionsraum.

T

TEN: → Transeuropäische Netze
TEU (Twenty-foot Equivalent Unit): Maßeinheit zur Zählung von Containern und des Containerumschlags im Hafen; 1 TEU entspricht einem 20-Fuß-Standardcontainer, der größere 40-Fuß-Container zählt entsprechend 2 TEU.
Tonnen-Meilen: Transport einer Tonne Ladung über eine Seemeile (1,852 km).
Total Fertility Rate: → Gesamtfruchtbarkeitsrate
Transatlantisches Freihandelsabkommen (Transatlantic Trade and Investment Partnership, TTIP): Ein seit 2013 zwischen der → EU und den USA verhandeltes Freihandels- und Investitionsschutzabkommen mit dem Ziel des Abbaus tarifärer und nichttarifärer Handelshemmnisse; geplanter Abschuss 2016; z. T. kritisch bewertet wegen Intransparenz der Verhandlungen und Gefahren z. B. für die parlamentarische Kontrolle, Arbeitnehmerrechte, Umwelt- und Gesundheitsstandards, Datenschutz.
Transeuropäische Netze (Trans European Networks, TEN): Länderübergreifende Fernnetze in Europa in den Bereichen Verkehr (TEN-T: Straße, Bahn, Schifffahrt, Luftverkehr), Telekommunikation und Energieversorgung, die zur Verbesserung des wirtschaftlichen und sozialen Zusammenhalts der → EU beitragen sollen.
Transformationsprozesse (Transformation): Gezielte Umwandlung eines wirtschaftlichen, politischen und sozialen Systems; in den ehemals sozialistischen Staaten Mittel- und Osteuropas der Übergang von der Zentralverwaltungs- (Plan-) zur Marktwirtschaft, die Abkehr von den kommunistisch-sozialistischen Gesellschaftsidealen und die Hinwendung zu mehr Demokratie.
Triade (Welthandelstriade): Bezeichnung für die drei Kernräume der Weltwirtschaft USA/Nordamerika, → EU, Japan/Ostasien.
TTIP: → Transatlantisches Freihandelsabkommen

V

Veto-Mächte im UN-Sicherheitsrat: Mitgliedstaaten der UNO, die das Zustandekommen von Beschlüssen des UN-Sicherheitsrates durch ihr Veto verhindern können: USA, Russland, China, Großbritannien, Frankreich.
Vulkanismus: Zusammenfassende Bezeichnung für alle geologischen Vorgänge, die mit dem Aufstieg und dem Austritt fester, flüssiger oder gasförmiger Stoffe aus dem Erdinneren an die Erdoberfläche zusammenhängen; die Förderung der Stoffe hat ihren Ausgangspunkt in Magmaansammlungen der Erdkruste (Magmaherde); Auswurf- bzw. Ausflussmaterialien sind Lava, Lockermaterial (Asche, Lapilli, Bomben) und Gase; an der Erdoberfläche entstehende Formen sind z. B. Kegel- und Schildvulkan, Maar, Caldera, Quellkuppe, Härtling aus Ergussgestein.

W

Wirtschaftssanktionen: Wirtschaftliche Maßnahmen eines Staates oder einer Staatengruppe (z. B. der UNO) mit dem Ziel der Beeinflussung des Verhaltens eines anderen Staates; sie reichen von Ein- und Ausfuhrverboten für bestimmte Güter (z. B. Waffen, Rohstoffe), der Einfrierung von Privat- oder Staatskonten über Einreiseverbote bis zur vollständigen Unterbrechung der Handelsbeziehungen (→ Embargo).
World Trade Organization (WTO, Welthandelsorganisation): Welthandelsorganisation, in der Uruguay-Runde des GATT beschlossen und zum 01.01.1995, mit dem Ziel, die wirtschaftlichen Lage der beteiligten Länder durch Schaffung der Rahmenbedingungen für einen fairen, liberalen Welthandel zu verbessern, errichtet.

Sachregister

Alle **fett** gedruckten Begriffe sind als „Wichtige Begriffe" hier im Arbeitsanhang erläutert.

ADI
→ Ausländische Direktinvestitionen
Agrobusiness **93 ff.**
Aktivraum 82
Albedo **48**
Altenquotient 31
alternativer Landbau → Biolandbau
altindustrialisierte Räume (altindustrielle Räume, Altindustriegebiete, Altindustrieräume) **70 ff., 74, 108 f.**
Ausländische Direktinvestitionen (ADI) 123, 133, 144 f., 152 f., 161 f.
Außenhandel 66, 93, 99, 105, 119, 125, 127, 147, 151

Bestandserhaltungsniveau
→ Ersatzniveau
Binnenmarkt **6, 105, 114 f., 119, 140, 149 f., 162**
Binnenmigration (Binnenwanderung) **26, 34**
Biolandbau (alternativer/ökologischer Landbau) **95 f., 115**
Blaue Banane **67**
Bodenerosion **54**
Bruttonationaleinkommen (BNE) 66, 74, 86, 93, 99, 120, 123 f., 127, 148, 152, 160

Charta der Grundrechte der EU 25
Cluster **73, 85, 93 f., 136**

demografische Alterung 21, 30 f.
Demokratie 11 f., 16, 34, 122, 124, 140
Desertifikation **55**
Diversifizierung 72 f., 97, 130, 133

EFRE → Europäischer Fonds für Regionale Entwicklung
EFTA (European Free Trade Association, Europäische Freihandelsassoziation) **33, 64, 66, 108, 113, 145**
EGKS → Europäische Gemeinschaft für Kohle und Stahl
Embargo **160 f.**
Emigration **22 f., 126**
Emissionshandel **50**
Erdbeben **41 f., 60**
erneuerbare Energien
→ regenerative Energien
Ersatzniveau (Bestandserhaltungsniveau) 30
ESF → Europäischer Sozialfonds
ESIF → Europäischer Struktur- und Investitionsfonds
EU → Europäische Union
EU-Erweiterungen **16, 18 f., 111, 113, 120, 122, 140 f., 145**
EU-Kommission
→ Europäische Kommission
Eurasische Union 64, 139, 154 f., 162
Euregio (Europaregion, Euroregion) **76, 78, 130, 136 f.**
Europäische Freihandelsassoziation
→ EFTA
Europäische Gemeinschaft für Kohle und Stahl (EGKS, Montanunion) **112 f., 141**
Europäische Kommission (EU-Kommission) **8 f., 12, 27, 116, 129, 131, 135, 139, 147, 157, 159**
Europäische Territoriale Zusammenarbeit
→ Territoriale Zusammenarbeit
Europäischer Fonds für Regionale Entwicklung (EFRE) **130 ff., 134 ff., 140**
Europäischer Sozialfonds (ESF) **130 ff., 140**
Europäischer Struktur- und Investitionsfonds (ESIF) **81, 130 ff., 140**
Europäischer Wirtschaftsraum → EWR
Europäisches Parlament (Europaparlament) **8 f., 115, 129, 139, 157**
Europäische Union (EU) **6 ff., 11 ff., 15 ff., 25 ff., 30 ff., 44, 49 f., 54 f., 62, 64 ff., 75 f., 83 f., 89, 92 f., 95, 97 ff., 100, 102, 108 ff., 120 ff, 122 ff.**
Europäische Wirtschaftsgemeinschaft (EWG) **66, 110, 112 f., 118, 140**
Europarat **16**
Europaregion → Euregio
European Free Trade Association
→ EFTA
Euroregion → Euregio
EWG → Europäische Wirtschaftsgemeinschaft
EWR (Europäischer Wirtschaftsraum, European Economic Area, EEA) 27, 66

Finanzkrise 7, 66, 87, 106 f., 125, 132, 157, 162
Flüchtling **7, 20, 24 ff., 109, 111, 139 f.**
Flussbegradigung **52, 57 f.**
fossile Energieträger **42, 45, 48, 50, 60**
fossiles Grundwasser **54**
Fracking **42 f., 157**
Freihandelszone **66, 139, 150 ff., 155 f., 162**
Freizügigkeit **26 f., 114**

Gemeinsame Agrarpolitik (GAP) **92, 110 f., 118 ff., 140**
Genfer Flüchtlingskonvention 25
Geofaktoren **39, 52, 60**
Geothermie **44 f., 50**
geothermischer Gradient **44**
Gesamtfruchtbarkeitsrate (Total Fertility Rate) **17, 30**
globale Erwärmung
→ Klimaerwärmung
Global Player 85, 93 f., 107, 162
Globalisierung **104 f., 112, 142, 145, 150**
Globalisierungsprozesse 74, 104 f., 107, 142, 144, 149, 160, 162
Gondwana **40**
Greenport **93 f.**

Handelsbilanz **99, 108, 147, 162**
HDI → Human Development Index
Hochwasserschutz
Human Development Index (HDI, Index der menschlichen Entwicklung) **25, 124, 127**
Humanismus 11

IKT → Informations- und Kommunikationstechnologie
Immigration **8, 26**
Index der menschlichen Entwicklung
→ Human Development Index
Industrielle Revolution 11, 22, 39, 52, 70
Informations- und Kommunikationstechnologie (IKT) 85
Infrastruktur **29, 78, 86, 88 ff., 102 ff., 124 f., 137, 149, 152**
Integration **6 f., 12, 18, 28 f., 34, 65 f., 84, 101, 110 ff., 118, 122, 140, 145, 150, 154**
Intensivlandwirtschaft 52, 54
INTERREG **130, 137**

Jugendquotient 31
Just-in-time-Produktion 102

Klimaerwärmung (globale Erwärmung) 48, 50
Klimaschutz 50, 96, 112, 114
Klimavielfalt 46
Klimawandel 48 ff., 60, 112
Klimazonen 52
Kohäsion 130 ff., 134, 136
Kohäsionsbericht 129
Kohäsionsfonds 130 ff., 135, 140
Kohle- und Stahlkrise 70 f.
Kommunismus 11
Kulturlandschaft 36, 38 f., 52 f., 60, 77, 92, 96 f., 118

Lame Duck 148
Landschaft 36, 38 f., 46, 52 ff., 56 ff., 60, 76 f., 86, 88, 90, 92, 95 ff., 118
Laurasia 40
Liberalismus 11

Migrant 20 f., 23 ff., 34
Migration (Wanderung) 8 f., 20 ff., 31, 34, 65, 112, 126, 139
Migrationsbericht der Bundesregierung 26 ff.
mittel- und osteuropäische Länder (MOE-Länder) 64, 111, 122 f., 140
Montanrevier 70 ff., 74
Montanunion → Europäische Gemeinschaft für Kohle und Stahl

nachhaltiger Tourismus → sanfter Tourismus
Nachhaltigkeit 91, 120
Naturlandschaft 39, 52 f., 60, 77, 97
Nichtregierungsorganisation (NGO) 9, 157, 159, 162
nichttarifäre (Handels)Hemmnisse 150, 157
Nordrange 105
NUTS (Nomenclature des unités territoriales statistiques) 32 f., 65, 74, 80, 83, 129
Nutzungskonflikte 59, 88

OECD (Organisation für wirtschaftliche Zusammenarbeit und Entwicklung) 150, 158
ökologischer Landbau → Biolandbau
Ökotourismus → sanfter Tourismus
Osterweiterung → EU-Erweiterungen

Pangäa 40
Pazifik-Allianz 152 f., 162
Plattentektonik 40 f.
Polder 58 f.
Protektionismus 119, 150, 162
Pull-Faktoren 24, 34
Push-Faktoren 24, 34

regenerative Energien (erneuerbare Energien) 50 f., 60, 77, 114, 125, 130
regionale Disparitäten 63, 128 ff., 134, 136, 140, 145
Regionalisierung 150, 162
Rentseeker 148
Revitalisierung 71
Römische Verträge 6, 112, 118

sanfter Tourismus (nachhaltiger Tourismus, Ökotourismus) 91
Sanktionen → Wirtschaftssanktionen
Schengener Abkommen 8, 27, 114
Schengen-Raum 25, 27
Segregation 28 f.
Sozialstaat 11, 140
Standort Deutschland 103, 149, 162
Subventionen 119 f., 151
SWOT-Analyse 125 ff.

tarifäre (Handels)Hemmnisse 157
TEN-T (Trans European Network-Transport) → Transeuropäische Netze
Terms of Trade 66, 142
Territoriale Zusammenarbeit, Europäische 130 ff., 136 f.
TEU 105
Tiefwasserhafen 81, 105
Tonnen-Meilen 105
Total Fertility Rate → Gesamtfruchtbarkeitsrate
Transatlantisches Freihandelsabkommen (Transatlantic Trade and Investment Partnership, TTIP) 143, 145, 156 ff., 162
Transeuropäische Netze (Trans European Networks, TEN) 101 ff., 108, 130, 169
Transformationsländer 62, 64
Transformationsprozesse (Transformation) 64, 111, 122 f., 140, 148
Triade (Welthandelstriade) 144 ff., 162
TTIP → Transatlantisches Freihandelsabkommen

Vertrag von Maastricht 112, 114, 116
Veto-Mächte im UN-Sicherheitsrat 160
Vulkanismus 41, 45

Wanderung → Migration
Welthandelsorganisation → World Trade Organization
Welthandelstriade → Triade
Weltwirtschaftskrise 116, 154 f.
Wirtschafts- und Währungsunion 116, 128, 140
Wirtschaftssanktionen 126, 160 ff.
World Trade Organization (Welthandelsorganisation, WTO) 119 f., 145, 150 f., 154

Zentralverwaltungswirtschaft 64, 122

Strukturdaten Europa

Land	Fläche in 1000 km²	Einwohner 2014 in Millionen	Natürliches Bevölkerungswachstum 2014 in %	Geburtenrate 2014 in %	Sterberate 2014 in %	Lebenserwartung 2013 in Jahren	Anteil der Bevölkerung jünger als 15 Jahre 2014 in %	Anteil der Bevölkerung älter als 64 Jahre 2014 in %	Städtische Bevölkerung 2014 in %	Wirtschaftsleistung je Einwohner 2013 in US-$	Erwerbstätige in der Industrie 2012 in % der Erwerbstätigen insgesamt	Erwerbstätige in Dienstleistungen 2012 in % der Erwerbstätigen insgesamt	Anteil der Industrie am BIP 2012 in %	Anteil der Dienstleistungen am BIP 2012 in %	Arbeitslose 2012 in %	Energieverbrauch je Einwohner 2012 in kg Öleinheiten	Analphabeten 2012 in %	Nahrungsversorgung 2014 in Kilokalorien je Einwohner und Tag	Einwohner je Arzt 2012	Internet-Nutzer 2013 je 1000 Einwohner
Europa																				
Albanien	27	3,0	0,5	1,2	0,7	77	19	12	54	10520	21	38	14	64	15	768	3	2996	812	601
Belgien	30	11,2	0,2	1,1	1,0	81	17	18	99	40280	22	77	22	77	8	5148	1	3810	348	822
Bosnien-Herzegowina	51	3,8	−0,1	0,8	0,9	76	16	16	46	9820	30	49	25	67	28	1848	2	3113	570	679
Bulgarien	109	7,2	−0,5	0,9	1,4	74	14	20	73	15200	31	62	30	63	12	2615	2	2888	254	531
Dänemark	42	5,6	0,1	1,0	0,9	80	17	18	87	44440	20	78	22	77	8	3048	1	3362	298	946
Deutschland	349	80,9	−0,2	0,8	1,1	80	13	21	73	44540	28	70	31	69	5	3822	1	3543	259	940
Estland	42	1,3	−0,1	1,1	1,2	76	16	18	68	24230	31	64	29	67	10	4317	0	3257	297	800
Finnland	304	5,5	0,1	1,1	0,9	81	16	19	85	38480	23	73	26	71	8	6183	0	3311	358	915
Frankreich	548	64,1	0,3	1,2	0,9	82	18	18	78	37580	22	75	19	79	10	3832	0	3517	318	819
Griechenland	129	11,0	−0,1	0,9	1,1	81	15	20	73	25630	17	70	16	80	24	2343	1	3409	229	599
Großbritannien	242	64,5	0,3	1,2	0,9	81	18	17	80	35760	19	79	21	79	8	3220	1	3415	368	898
Irland	69	4,6	0,9	1,5	0,7	81	22	12	60	35090	18	77	28	71	15	2910	1	3599	369	782
Italien	294	61,3	−0,1	0,9	1,0	82	14	21	68	34100	28	69	24	74	11	2664	1	3529	246	585
Kroatien	56	4,2	−0,3	1,0	1,3	77	15	19	56	20370	27	59	26	69	16	1971	1	3075	336	667
Lettland	62	2,0	−0,4	1,0	1,4	74	14	19	68	21390	24	68	22	74	15	2122	0	3299	310	752
Litauen	63	2,9	−0,4	1,0	1,4	74	15	18	67	23080	25	66	28	69	13	2406	0	3507	214	685
Luxemburg	3	0,6	0,4	1,1	0,7	82	17	14	83	59750	12	84	13	87	5	7684	0	3575	406	938
Montenegro	14	0,6	0,3	1,2	1,0	74	19	13	64	14600	18	76	18	73	20	1900	2	3635	480	568
Niederlande	34	16,9	0,2	1,0	0,8	81	17	17	67	43210	15	72	24	74	5	4668	1	3169	332	940
Norwegen	365	5,1	0,4	1,2	0,8	82	18	16	80	66520	20	77	42	57	3	5942	0	3503	277	951
Österreich	82	8,5	0,0	0,9	0,9	81	14	18	67	43810	26	69	29	70	4	3902	2	3805	209	806
Polen	306	38,5	−0,1	1,0	1,0	77	15	14	61	22300	30	57	32	65	10	2505	0	3491	457	628
Portugal	92	10,4	−0,2	0,8	1,0	80	15	19	61	25350	26	64	24	74	16	2087	6	3398	302	621
Rumänien	230	20,0	−0,3	1,0	1,2	74	16	16	54	18060	29	42	42	52	7	1778	1	3385	391	498
Russland	16377	143,7	0,0	1,3	1,3	71	16	13	74	23200	28	63	37	59	6	5113	0	3385	234	614
Schweden	407	9,7	0,2	1,2	0,9	82	17	19	84	44660	20	78	25	73	8	5134	1	3172	327	948
Schweiz	40	8,2	0,2	1,0	0,8	83	15	18	74	53920	20	73	27	73	4	3189	1	3505	270	867
Serbien	87	7,1	−0,5	0,9	1,4	75	14	18	59	12020	27	53	29	62	20	2237	2	2717	341	515
Slowakei	48	5,4	0,1	1,0	1,0	76	15	14	54	24930	38	59	35	61	14	3084	0	2913	333	779
Slowenien	20	2,1	0,1	1,0	0,9	80	15	17	50	27680	31	60	31	66	9	3472	0	3154	410	727
Spanien	499	46,5	0,1	0,9	0,8	82	15	18	77	31850	23	75	26	72	25	2666	2	3155	269	716
Tschechische Republik	77	10,5	0,0	1,0	1,0	78	15	17	74	25530	38	59	37	60	7	4074	1	3298	275	741
Ukraine	579	42,9	−0,4	1,1	1,5	71	15	15	69	8960	21	62	29	62	8	2450	0	3206	270	418
Ungarn	91	9,9	−0,4	0,9	1,3	75	14	17	69	20930	30	65	31	65	11	2369	1	2866	336	654
Weißrussland	203	9,5	−0,1	1,3	1,3	72	15	14	76	16940	34	50	43	44	10	3114	0	3214	265	542

7.6 Bildquellennachweis

Umschlag Picture-Alliance (Jens Noergaard Larsen/Scanpix), Frankfurt; **4.1** Picture-Alliance (Anto Magzan/PIXSELL), Frankfurt; **4.2** Thinkstock (Digital Vision), München; **4.3** ddp images GmbH (Guido Alberto Rossi), Hamburg; **4.4** Fotolia.com (Valerie Potapova), New York; **5.5** Picture-Alliance (Benjamin Nolte/dpa), Frankfurt; **5.6** CC-BY-SA-4.0 (Dmitry Avdeev), Mountain View; **5.7** Klett-Archiv (Reiner Enkelmann, Filderstadt), Stuttgart; **6.1** Picture-Alliance (Anto Magzan/PIXSELL), Frankfurt; **7.2** Caro Fotoagentur (Trappe), Berlin; **8.1** Haus der Geschichte (Walter Hanel), Bonn; **9.4** CC-BY-SA-4.0 (EuropeDirect), Mountain View; **10.1** Bergmoser + Höller Verlag, Aachen; **11.3/Erasmus v Rotterdam** gemeinfrei; **11.3/ Perikles/John Locke/Karl Marx** akg-images, Berlin; **11.3/Jesus v. Nazareth** Thinkstock (Juan Moyano), München; **13.6** Nach Europäische Kommission (Hrsg.): Standard-Eurobarometer 83 Frühjahr 2015. Die öffentliche Meinung in der Europäischen Union. Erste Ergebnisse, Juli 2015, S. 28, Frage QD1.1, deutsche Version: http://ec.europa.eu/COMMFrontOffice/PublicOpinion/index.cfm/Survey/getSurveyDetail/instruments/STANDARD/surveyKy/2099; **15.9** Stuttmann, Klaus, Berlin; **16.1** Corbis (Kaehler), Berlin; **18.1** Klett-Archiv, Stuttgart; **19.2** new creations ApS, Copenhagen; **20.1** Thinkstock (Digital Vision), München; **22.1** akg-images (Waldemar Abegg), Berlin; **24.7** Picture-Alliance (EPA/VALENTINO CILMI), Frankfurt; **28.1** Picture-Alliance (Ralph Goldmann), Frankfurt; **30.1** Hüter, Michael, Bochum; **32.8** NASA, Washington, D.C.; **32.9** Eurostat (Eurostat), Luxemburg; **33.10** MEV Verlag GmbH, Augsburg; **33.12** Corbis (Jeremy Woodhouse/Masterfile), Berlin; **36.1** ddp images GmbH (Guido Alberto Rossi), Hamburg; **39.3.o.** Fotolia.com (Incredible Arctic), New York; **39.3.u.** Fotolia.com (science photo), New York; **41.5** Getty Images (Giuseppe Bellini), München; **42.6** Picture-Alliance (dpa/Infografik), Frankfurt; **42.7** Corbis (Ted Wood/Aurora Photos), Berlin; **43.13** Corbis (Atlantide Phototravel), Berlin; **44.11** Bertermann, D., Klug, H., Morper-Busch, L., 2015. A pan-European planning basis for estimating the very shallow geothermal energy potentials. Renewable Energy 75, 335–347, Bertermann, D., Klug, H., Morper-Busch, L., Bialas, C., 2014. Modelling vSGPs (very shallow geothermal potentials) in selected CSAs (case study areas). Energy 71, 226–244; **45.14 + 15** nach Orkustofnun (National Energy Authority, Hrsg.): Energy statistics in Iceland 2014. Reykjavik 2015, S. 3; **45.17** akg-images (Jürgen Sorges), Berlin; **46.1** Fotolia.com (sodar99), New York; **46.2** Boeti, Pasquale, Pulheim; **48.4** Quelle: Munich Re, NatCatSERVICE, 2016; **49.9** Picture-Alliance (Blickwinkel/Luftbild Bertram), Frankfurt; **51.13** CC-BY-SA-4.0 (Martin NH), Mountain View; **53.3** Landesmedienzentrum Baden-Württemberg (Brugger), Stuttgart; **54.5** Boeti, Pasquale, Pulheim; **54.4.li.** UNEP/DEWA/GRID-Geneva; **54.4.re.**; **55.9** Boeti, Pasquale, Pulheim; **55.10** nach Ministerio de Agricultura, Alimentación y Medio Ambiente, 2015; **56.11, 14** nach Norbert Wein: Die Austrocknung der südlichen Oberrhein-Niederung. In: Geographische Rundschau, 29. Jg., H. 1. Braunschweig: Westermann 1977, S. 17, 21; **56.12** Imago (Hans Blossey), Berlin; **58.17** Regierungspräsidium Freiburg, Landesbetrieb Gewässer, Integriertes Rheinprogramm; **59.19** www.iksr.org, Koblenz; **61.1** Mette, Til, Hamburg; **62.1** Fotolia.com (Valerie Potapova), New York; **63.2** Mauritius Images (Alamy), Mittenwald; **66.3** CC-BY-SA-4.0 (Júlio Reis/Kolja21), Mountain View; **68.7** iStockphoto (Tuomas Kujansuu), Calgary, Alberta; **70.1** Kocerka, Björn, Bochum; **72.5** akg-images (arkivi UG), Berlin; **73.11** Ullstein Bild GmbH (Becker & Bredel), Berlin; **74.14** Eurostat, Luxemburg; **74.15** BIOIron, Bilbao; **75.18** Ziller, Friedrich, Leipzig; **77.25** f1 online digitale Bildagentur, Frankfurt; **79.31** Stadtwerke Schwedt GmbH, Schwedt/Oder; **79.32** Stadt Schwedt, Schwedt/Oder; **80.34,35** nach EUROSTAT, unter: http://epp.eurostat.ec.europa.eu; **81.36** Fotolia.com (inacio pires), New York; **81.37** Google Earth; **82.40** Fotolia.com (Leonid Andronov), New York; **84.44** Corbis (Johannes Heuckeroth/NA/Novarc), Berlin; **87.57** nach: CC-BY-SA-4.0 (BGabel/Own work shapes basing on OSM), Mountain View; **85.49** CPH City & Port Development/Ole Malling; **86.51** Fotolia.com (Patryk Kosmider), New York; **87.59** Picture-Alliance (Marco Simoni), Frankfurt; **89.63** Imago (Westend61), Berlin; **91.70** Nationalpark Hohe Tauern (Gruber), Matrei in Osttirol; **92.71** akg-images (Bildarchiv Monheim), Berlin; **95** Bundesanstalt für Landwirtschaft und Ernährung; **95.77 li.** Eisele Photos (Reinhard Eisele), Walchensee; **95.77. re.** Okapia (Katja Kreder/imageBROKER), Frankfurt; **96.80** Stögerhof, Rieden am Forggensee; **97.84.1** Pingold, Dr. Markus, Langensendelbach; **97.84.2** Ammergauer Alpen GmbH, Oberammergau; **97.84.3** Klett-Archiv (Gerhard Junghanns, Schöneiche), Stuttgart; **97.84.4** Klett-Archiv (Frithjof Altemüller), Stuttgart; **97.84.5** Landpixel, Rosdorf; **100.7** Reuters (Pascal Rossignol), Frankfurt; **103.13** Imago (Jochen Tack), Berlin; **104.14** Getty Images (Planet Observer), München; **106.19.A** shutterstock.com (Milan Gonda), New York; **106.19.B** Alamy Images (Milan Gonda), Abingdon, Oxon; **110.1** Reuters (Fabian Bimmer), Frankfurt; **111.2** Picture-Alliance (Benjamin Nolte/dpa), Frankfurt; **112.1** Plaßmann, Thomas, Essen; **114.3** Thinkstock (Ingram Publishing), München; **115.5 li.**; **115.5 re.** Bundesanstalt für Landwirtschaft und Ernährung; **116.8** Picture-Alliance (dpa-infografik), Frankfurt; **117.12** European Communities, 2006; **121.8** SÜDWEST PRESSE Ulm (Lars Schwerdtfeger), Ulm; **123.5** © 2014, IW Medien, 15. Ausgabe, S. 7; **124.6** Nationales Statistikamt (KSH), Budapest; **126.12** www.faz.net/aktuell/wirtschaft/beitritt-2014-deutsche-firmen-in-lettland-freuen-sich-auf-den-euro-12211072.html; **128.1.A** Thinkstock (Starcevic), München; **128.1.B** 123rf (photosebia), Nidderau; **132.9** Getty Images (Konstantinos Tsakalidis/Bloomberg), München; **133.13** Thyratron SA, Erymanthos; **134.14** Department of Communications, Energy and Natural Resources, Dublin; **135.16** dreamstime.com (Donvictorio), Brentwood, TN; **135.19** Süddeutsche Zeitung Photo (euroluftbild.de), München; **141.4.li.** Bundesanstalt für Landwirtschaft und Ernährung; **141.4.re.** www.ce-zeichen.de; **142.1** CC-BY-SA-4.0 (Dmitry Avdeev), Mountain View; **143.2** Picture-Alliance (Boris Roessler), Frankfurt; **146.6** Sakurai, Heiko, Köln; **148.13** Thinkstock (Kenn Wislander), München; **152.3** Picture-Alliance (EPA/MAURICIO DUENAS CASTANEDA), Frankfurt; **154.10** Rossija Sewodnja, Moskau; **154.12** toonpool.com (Andreas Prüstel), Berlin; **156.1** shutterstock.com (knikola), New York, NY; **156.3** Picture-Alliance (dpa/Axel Heimken), Frankfurt; **157.5** Picture-Alliance (dpa-infografik), Frankfurt; **159.8** Marquardt+Compagnie (www.marquardt-strategie.de), Marburg an der Lahn; **160.11** toonpool.com, Berlin; **164** Klett-Archiv (Reiner Enkelmann, Filderstadt), Stuttgart; **167.3** Femern A/S (ICONO A/S), Kopenhagen; **168.4** Femern A/S (ICONO A/S), Kopenhagen

Sollte es in einem Einzelfall nicht gelungen sein, den korrekten Rechteinhaber ausfindig zu machen, so werden berechtigte Ansprüche selbstverständlich im Rahmen der üblichen Regelungen abgegolten.

Landhöhen
über 5000 m
2000 – 5000 m
1000 – 2000 m
500 – 1000 m
200 – 500 m
100 – 200 m
0 – 100 m
unter 0 m
Gletscher
4807 Höhe über dem Meeresspiegel (in m)
ABKÜRZUNGEN:
BOS. U. HERZ. BOSNIEN UND HERZEGOWINA
KOS. KOSOVO
LIE. LIECHTENSTEIN
LUX. LUXEMBURG
MAZED. MAZEDONIEN
SLOW. SLOWENIEN
SLOWAK. REP. SLOWAKISCHE REPUBLIK
S.M. SAN MARINO
1:20000000
0 100 200 500 km
Reykjavík
ISLAND
Hvannadalshnúkur 2119
Europäisches Nordmeer
nördlicher Polarkreis
Färöer (dän.)
NORWEGEN
Shetlandinseln
Galdhøpiggen 2469
Oslo
Hebriden
Orkney-Inseln
1343
Glasgow
Nordsee
Belfast
IRLAND
Dublin
GROSS-BRITANNIEN
Manchester
DÄNEMARK
Kopenhagen
Göteborg
ATLANTISCHER OZEAN
Birmingham
NIEDER-LANDE
Hamburg
Bristol
London
Amsterdam
Rotterdam
Berlin
Kanal-inseln (brit.)
Der Kanal
Brüssel
Köln
BELGIEN
DEUTSCHLAND
Paris
LUX.
Luxemburg
Frankfurt
Loire
Seine
Rhein
Donau
München
Golf von Biscaya
FRANKREICH
Bern
SCHWEIZ
LIE.
Kap Finisterre
Azoren (port.)
Bordeaux
Zentral-massiv
Lyon
4810 Mont Blanc
Alpen
Mailand
Bilbao
Pyrenäen
Rhône
Turin
Ljubljana
Porto
Duero
Ebro
3404
Marseille
Genua
PORTUGAL
ANDORRA
MONACO
Po
Apennin
Lissabon
Madrid
Tejo
S.M.
SPANIEN
Barcelona
Korsika
VATIKAN-STADT
Rom
Valencia
Balearen
Sevilla
Alicante
Mallorca
Sardinien
Neapel
ITALIEN
3478
Straße von Gibraltar
Gibraltar (brit.)
Ceuta (span.)
Melilla (span.)
Oran
Algier
Mittelmeer
Madeira (port.)
Rabat
Casablanca
Fes
Sizilien
Palermo
MAROKKO
Maghreb
Marrakech
4165
Tunis
2328
TUNESIEN
Valletta
MALTA
Agadir
Atlasgebirge
Kanarische Inseln (span.)
3718
Kleine Syrte
Tripolis
El Aaiún
nördlicher Wendekreis
ALGERIEN
SAHARA (marokkanische Verwaltung)
Sahara
MAURETANIEN

© Klett
Barentssee
Nordkap
Murmansk
Halbinsel Kola
Lappland
Weißes Meer
Archangelsk
Nördliche Dwina
Petschora
Workuta
Narodnaja 1894
Uralgebirge
Ob
Surgut
Sibirien
Irtysch
Tobolsk
Omsk
Serow
Tjumen
Jekaterinburg
Perm
Tscheljabinsk
Astana
Rudny
Ufa
1640
Magnitogorsk
RUSSLAND
Kama
Kasan
Nischni Nowgorod
Jaroslawl
Moskau
Samara
Tula
Saratow
Woronesch
Wolga
Onegasee
Ladogasee
St. Petersburg
Peipussee
FINNLAND
Helsinki
Åland (finn.)
Tallinn
ESTLAND
LETTLAND
Riga
LITAUEN
Wilna
Königsberg (russisch)
Minsk
WEISSRUSSLAND
Gomel
Duna
Bottnischer Meerbusen
WEDEN
tockholm
Gotland
Ostsee
Warschau
Weichsel
POLEN
Krakau
UKRAINE
Kiew
Charkiw
Dnipropetrowsk
Donezk
Dnipro
Don
Rostow
Wolgograd
Krasnodar
KASACHSTAN
Ural
Aral
Syr-Darja
Aralsee
USBEKISTAN
Moynoq
Amu-Darja
Daşoguz
Kaspische Senke
-28
Astrachan
Kaspisches Meer
TURKMENISTAN
Aschgabat
Kaukasus
Elbrus 5642
Sotschi
GEORGIEN
Tiflis
ASERBAIDSCHAN
Baku
ARMENIEN
Eriwan
Ararat 5165
4821
Täbris
Urumiehsee
Elburs
5604
Teheran
Qom
IRAN
Isfahan
Zagrosgebirge
4548
Shiraz
Karpaten
2655
SLOWAK. REP.
Pressburg
Budapest
UNGARN
Chişinău
MOLDAU
Odessa
RUMÄNIEN
2543
Bukarest
Donau
Belgrad
SERBIEN
Sarajewo
MONTENEGRO
Podgorica
Priština
KOS.
Skopje
MAZED.
Tirana
ALBANIEN
2911
BULGARIEN
Balkan
Sofia
GRIECHENLAND
Athen
Peloponnes
Kreta
Halbinsel Krim
1545
Schwarzes Meer
Istanbul
Bosporus
Pontisches Gebirge
Bursa
Ankara
Anatolien
TÜRKEI
Vansee
Diyarbakır
İzmir
Taurus
3585
Adana
Antalya
Aleppo
SYRIEN
Hims
Tigris
Kirkuk
Bagdad
Mesopotamien
Euphrat
IRAK
ZYPERN
Nikosia
LIBANON
Beirut
Damaskus
ISRAEL
Tel Aviv-Jaffa
Jerusalem
Amman
-422
JORDANIEN
Al Basrah
KUWAIT
Kuwait
Persischer Golf (Arabischer Golf)
Manama
BAHRAIN
KATAR
Doha
V.A.E.
SAUDI-ARABIEN
Alexandria
Nil
Kairo
Halbinsel Sinai
2637
-133
ÄGYPTEN
IBYEN
Meer
323

Anforderungsbereiche und Operatoren

Nach einer Vereinbarung der Kultusminister sollen die Prüfungsanforderungen im Abitur in allen Bundesländern vergleichbar sein. Diese Vergleichbarkeit soll dadurch hergestellt werden, dass die Prüfungsaufgaben bzw. Klausuren die **drei** nebenstehenden **Anforderungsbereiche** vorgeben.
Um diesen Anforderungsbereichen gerecht zu werden, aber auch um den Prüflingen das Verständnis für die Aufgabenstellung in den Klausuren zu erleichtern, sind den Anforderungsbereichen sogenannte **Operatoren** zugeordnet. Sie sind als Verben formuliert (z. B. nennen, erläutern, beurteilen) und geben an, was der Prüfling konkret tun soll.
Diese Übersicht bietet Ihnen eine Hilfe zum Verständnis sowohl der Anforderungsbereiche als auch der Aufgabenstellungen in allen Klausuren der Oberstufe bis hin zu den Abiturklausuren sowie in der mündlichen Abiturprüfung. Viele der Operatoren tauchen bereits in den diversen Aufgaben zu den einzelnen Kapiteln dieses Buches auf. Sie decken aber nicht alle Aufgabentypen eines Schulbuches ab, da dieses nicht eine primäre Abfrage- bzw. Prüfungsfunktion hat, sondern auch andere, weitergehende Ziele verfolgt.

Anforderungsbereiche	Erläuterungen
Anforderungsbereich I	
Reproduktion Der Anforderungsbereich I umfasst das Wiedergeben und Darstellen von fachspezifischen Sachverhalten aus einem begrenzten Gebiet und im gelernten Zusammenhang sowie die Verwendung gelernter und geübter Arbeitstechniken und Methoden.	– Wiedergeben von grundlegendem Fachwissen unter Verwendung der Fachterminologie – Bestimmen der Art des Materials – Entnehmen von Informationen aus unterschiedlichen Materialien – Benennen und Anwenden von Arbeitstechniken und Methoden
Anforderungsbereich II	
Reorganisation und Transfer Der Anforderungsbereich II umfasst das selbstständige Bearbeiten, Ordnen und Erklären bekannter Sachverhalte sowie das angemessene Anwenden gelernter Inhalte und Methoden.	– Erklären kategorialer, struktureller und zeitlicher Zusammenhänge – sinnvolles Verknüpfen und Einordnen unterschiedlicher (z. B. politischer, ökonomischer, soziologischer, historischer, raumspezifischer) Sachverhalte – Unterscheiden zwischen Sach- und Werturteil
Anforderungsbereich III	
Reflexion und Problemlösung Der Anforderungsbereich III umfasst den reflexiven Umgang mit neuen Problemstellungen, den eingesetzten Methoden und gewonnenen Erkenntnissen, um zu Begründungen, Folgerungen, Beurteilungen und Handlungsoptionen zu gelangen.	– selbstständiges Erörtern unterschiedlicher Sachverhalte – Entfalten einer strukturierten, multiperspektivischen und problemorientierten Fragestellung – Reflektieren der eigenen Urteilsbildung – problemorientiertes Umsetzen von Kenntnissen und Erkenntnissen in gestaltender Form